高等学校计算机基础课规划教材

信息技术应用基础教程

吴长海　陈达　主编

科学出版社

北京

内 容 简 介

本书以 Windows XP 为操作平台，介绍了包括信息技术基础知识、计算机基础知识、Windows XP 操作系统、Word 2003 应用、Excel 2003 应用、PowerPoint 2003 应用、网页制作的基础、数据库 Access 2003 应用、多媒体基础知识、计算机网络基础、信息安全技术及信息处理工具的应用等众多的计算机及信息技术知识内容。

本书内容全面，实践性强，习题内容丰富，是高校学生和其他读者学习掌握计算机信息技术基础知识及操作的一本较好的学习及辅导教材，也可以作为全国计算机等级考试(一级)的培训教材和其他计算机信息技术基础知识学习与操作的参考用书。

图书在版编目（CIP）数据

信息技术应用基础教程/吴长海，陈达主编. —北京：科学出版社，2011.2
高等学校计算机基础课规划教材
ISBN 978-7-03-030134-5

I.①信… Ⅱ.①吴…②陈… Ⅲ.①电子计算机－高等学校－教材 Ⅳ.①TP3

中国版本图书馆 CIP 数据核字(2010)第 014660 号

责任编辑：张颖兵/责任校对：梅 莹
责任印制：彭 超/封面设计：苏 波

科 学 出 版 社 出版
北京东黄城根北街 16 号
邮政编码：100717
http://www.sciencep.com

武汉市新华印刷有限责任公司印刷
科学出版社发行 各地新华书店经销

*

2011 年 1 月第 一 版 开本：787×1092 1/16
2011 年 1 月第一次印刷 印张：16 3/4
印数：1—5 000 字数：409 000

定价：33.00 元
（如有印装质量问题，我社负责调换）

《信息技术应用基础教程》编委会

主　编	吴长海	陈　达	
主　审	赵　臻	白春清	
副主编	蒋厚亮	蔡晓鸿	王　慧　曾　琳
编　委	邓贞嵘	胡　芳	李卫平　彭　瑜
	吴劲芸	曾洁玲	邓文萍　刘　艳
	沈绍武	解　丹	刘红梅　孙扬波
	夏　炜	张　威	杨海丰　周　婷
	肖　勇	常　凯	肖　瑞　雷　宇
	胡胜森	陈　冲	徐盛秋　付　颖
	熊壮志		

前　言

　　21 世纪将是以信息技术和生物技术为核心的科技进步与创新的世纪,也将深刻地改变人类的生产和生活方式。当今,计算机信息技术已经渗透到各个科学领域。可以说,没有计算机信息技术,就没有现代化,掌握计算机信息技术的基本知识和基本操作,已经成为各行各业、特别是高等学校毕业生的必备条件。

　　高等学校学生在毕业后的工作中都离不开计算机及信息技术的基本应用,利用计算机可以对文字、表格、图形、图像、声音等数据进行处理,也就是信息技术在日常办公事务中的文字表格应用、各类常规数据信息的检索管理、多媒体基础知识以及计算机网络的基本应用等。

　　进入 21 世纪之后,我国明显加快了建设世界教育大国的步伐,现在正向世界强国的目标迈进。实现这个历史任务的最为关键指标是要有国际公认的高等教育质量,而高水平的教材是一流教育质量的重要保证。

　　计算机基础教育改革一直在不断地深化,课程体系和教学内容趋于更加合理和科学。本书是根据教育部高等教育司制订的《普通高等学校计算机基础课程教学大纲》,为适应当前高等学校新生在计算机及信息处理技术方面不断提高的要求,由长期从事计算机基础及信息技术教学工作的一线教师,根据他们多年的教学经验而编写的。在编写过程中,作者力求做到概念准确、语言清晰、易学易用、通俗简明。

　　本书主要面向对象为高等学校非计算机专业本、专科学生。全书共分 12 章,包括信息技术基础知识、计算机基础知识、Windows XP 操作系统、Word 2003 应用、Excel 2003 应用、PowerPoint 2003 应用、多媒体基础知识、数据库 Access 2003 应用、计算机网络基础、网页制作的基础、信息安全技术及信息处理工具的应用。

　　本书充分结合学生的知识结构与特点,并考虑非零起点的学生和学生来源的差别,强调计算机信息技术的基础知识和计算机及信息技术实践操作能力的训练。在内容上应用示例学习的方法,贯穿技术性、应用性和示范性。

　　本书在编写中存在的不足之处,敬请广大读者和同行批评指正。

编　者

2010 年 11 月

目　　录

第 1 章 信息技术基础知识

1.1 信息技术概念

21 世纪是信息化的崭新时代,信息技术的应用更是日新月异、突飞猛进,给人类社会带来了前所未有的变革,同时也对我们提出了更高的要求。如何应用信息科学的原理和方法对信息进行综合的研究和处理,已成为科学技术水平的一个重要标准。

信息与物质、能量被并称为构成世界的三大要素,其原因有以下几点。

(1)自然界和人类社会自古至今无时无处不存在着信息。因为有了信息,物质和能量才有其千差万别的性质和状态;因为有了信息的传递和交换,物质才有运动,能量才有转换,客观世界才有了时空的延展和组织的秩序;复杂的生物化学反应过程一直贯穿着信息的传递和交换;自然界的和谐与秩序、生物链的相关与制约,无不表现出信息传递与交换的巨大作用。

(2)人类社会离不开信息的传递和交换。人类社会是一个复杂系统,人的一切行为和社会活动,都要依靠信息的传递和交换。如果没有信息传递与信息交换的功能,无论是作为一个个体,还是一个组织或整个社会,都会陷于瘫痪甚至崩溃。

(3)大脑是人类的重要信息处理器官。

(4)信息处理、传递与交换,需要载体。信息是客观事物存在方式或无能运动状态的反映和表述。

1.2 数据与信息

数据是指某一目标定性、定量描述的原始资料,包括数字、文字、符号、图形、图像以及它们能够转换成的数值等形式。信息是向人们或机器提供关于现实世界新的事实的知识,是数据、消息中所包含的意义。

信息是客观事物属性的反映,是经过加工处理并对人类客观行为产生影响的数据表现形式。数据是反映客观事物属性的记录,是信息的具体表现形式。任何事物的属性都是通过数据来表示的。数据经过加工处理之后成为信息;而信息必须通过数据才能传播,才能对人类有影响。例如,一组数据 1,3,5,7,9,11,13,15,如果对它进行分析便可以得出它是一组等差数列,能够比较容易地知道后面的数字,那么它便是一条信息,是有用的数据;而数据 1,3,2,4,5,1,41,看似不能告诉我们任何东西,便不算是信息。

信息是较宏观的概念,它由数据有序排列组合而成,能传达给读者某个概念方法。数据是构成信息的基本单位,离散的数据没有任何实用价值。由此可知数据与信息的联系和区别如下。

（1）信息与数据是不可分离的。信息由与物理介质有关的数据表达，数据中所包含的意义就是信息。信息是对数据解释、运用与解算，即使是经过处理以后的数据，只有经过解释才有意义，才成为信息。就本质而言，数据是客观对象的表示，而信息则是数据内涵的意义，只有数据对实体行为产生影响时才成为信息。

（2）数据是记录下来的某种可以识别的符号，具有多种多样的形式，也可以加以转换；但其中包含的信息内容不会改变，即不随载体的物理设备形式的改变而改变。

（3）信息可以离开信息系统而独立存在，也可以离开信息系统的各个组成和阶段而独立存在；而数据的格式往往与计算机系统有关，并随载荷它的物理设备的形式而改变。

（4）数据是原始事实，而信息是数据处理的结果。

（5）知识不同、经验不同的人，对于同一数据的理解，可得到不同信息。

1.3 信息处理

由于信息通常加载在一定的信号上，对信息的处理总是通过对信号的处理来实现，信息处理往往和信号处理具有类同的含义。进行信息处理的主要目的如下。

（1）提高有效性的信息处理。根据信宿的性质和特点，压缩信息量的各种方法都属于这一类。例如，通过过滤、预测、信源编码和阈变换等方法，就可以在一定程度上压缩频带、压缩动态范围、压缩数据率。在允许一定失真条件下，信息率—失真理论是这类信息处理技术的理论基础。

（2）提高抗干扰性的信息处理。为了提高抗干扰的能力，针对干扰的性质和特点，对载荷信息的信号进行适当的变换和设计。例如，通过过滤和综合来消除画面的条纹干扰或孤立斑点；通过适当的设计使信号具有较强的相关性来抑制随机噪声的干扰；通过对信号附加适当的剩余，使信号具有发现和纠正错误的能力等。

（3）改善主观感觉效果的信息处理。这类技术主要应用在图像处理方面。例如，通过灰度变换和修正，通过频率成分的加重和调整来改善图像的质量；为了便于观察图像各个部分的差别，把灰度差转换为色彩差，形成假彩色图等。此外，广播中的立体声处理也是改善主观感觉效果的信息处理技术。

（4）识别和分类的信息处理。这是信息处理技术发展较快的一个分支，通常称为模式识别。这种方法的要点是根据用户要求，合理地抽取模式的特征，然后根据一定的准则来对模式进行识别和分类。具体实现的方法主要有两类：①基于模式的统计特征和统计推断理论的统计识别方法，要求先抽取模式的特征，得到原始的特征空间，然后把它变换到低维空间，并根据一定的准则，如最小均方误差准则、最大熵准则等，对它进行分类（线性分类或非线性分类，后者具有较好的分类效果，但比较复杂）；②基于模式结构特征和文法推理的文法识别方法，要求先选取模式的元素（即结构特性），然后进行文法分析和推断，通过样板匹配的方法，按照相似度准则来识别模式。目前，数码识别、文字识别、语声识别和特定图形（如指纹、染色体、癌细胞等）的识别等都取得了较大进展。

（5）选择与分离的信息处理。通常从内容随时增减变动的数据库中有选择地提取信息，或情报检索和文字加工等，都属于信息选择。另外一类是分离信息，如在多数人交谈的环境中，只选取一个人的讲话。这需要有发话者的语声识别器。例如，利用基频和音调等特征来识别出选择的对象,然后再将有关信息提取出来。在场景识别中,为了从背景中将活动物体图像分离出来,可以仿照蛙眼识别活动目标的原理,通过侧抑制方法来实现。

信息处理一般是对电信号进行的处理,但也有对光信号、超声信号等直接进行处理的。在图像处理中,通常采用串行处理。为了适应复杂图像实时处理等需要,还要研究并行处理的技术。在计算机技术不断发展的基础上,如能加上对事物的理解、推理和判断能力,信息处理的效果就会有更大的改进。

信息处理的一个基本规律是"信息不增原理"。这个原理表明,对载荷信息的信号所做的任何处理,都不可能使它所载荷的信息量增加。一般来说,处理的结果总会损失信息,而且处理的环节和次数越多这种损失的机会就越大,只有在理想处理的情况下,才不会丢失信息,但是也不能增加信息。虽然信息处理不能增加信息量,却可以突出有用信息,提高信息的可利用性。随着信息理论和计算机技术的发展,信息处理技术得到越来越广泛的应用。

1.4 信息化的特征

社会的信息化,也就是信息社会。信息化是人类社会进步发展到一定阶段所产生的一个新阶段。它的实质是在信息技术高度发展的基础上实现社会的信息化。信息化可以从下面几个方面来叙述。

(1) 信息化是在计算机技术、数字化技术和生物工程技术等先进技术基础上产生的。

(2) 信息化使人类以更快、更便捷的方式获得并传递人类创造的一切文明成果,它将提供给人类非常有效的交往手段,促进全人类之间的密切交往和对话,增进相互理解,有利于人类的共同繁荣。

(3) 信息化是人类社会从工业化阶段发展到一个以信息为标志的新阶段。与工业化不同,信息化不是关于物质和能量的转换过程,而是关于时间和空间的转换过程。在信息化这个新阶段里,人类生存的一切领域,如政治、商业,甚至个人生活中,都是以信息的获取、加工、传递和分配为基础。

信息资源毫无疑问已成为第一战略资源,信息化也就理所应当地处于最突出的战略地位。信息化是从有形的物质产品创造价值的社会向无形的信息创造价值的新阶段的转化,也就是以物质生产和物质消费为主,向以精神生产和精神消费为主的阶段的转变。信息化可概括为"四化"和"四性"。

1.4.1 信息化的四化

(1) 智能化。知识的生产成为主要的生产形式,知识成了创造财富的主要资源。这种资源可以共享,可以倍增,可以"无限制地"创造。这一过程中,知识取代资本,人力资源比货币资本更为重要。

(2) 电子化。光电和网络代替工业时代的机械化生产,人类创造财富的方式不再是工厂化的机器作业,有人称之为"柔性生产"。

(3) 全球化。信息技术正在取消时间和距离的概念,信息技术的发展大大加速了全球化的进程。随着因特网的发展和全球通信卫星网的建立,国家概念将受到冲击,各网络之间可以不考虑地理上的联系而重新组合在一起。

（4）非群体化。在信息时代，信息和信息交换遍及各个地方，人们的活动更加个性化。信息交换除了在社会之间、群体之间进行外，个人之间的信息交换日益增加，以至将成为主流。

1.4.2　信息化的四性

（1）综合性。信息化在技术层面上指的是多种技术综合的产物，它整合了半导体技术、信息传输技术、多媒体技术、数据库技术和数据压缩技术等。在更高的层次上它是政治、经济、社会、文化等诸多领域的整合。人们普遍用协同（synergy）一词来表达信息时代的这种综合性。

（2）竞争性。信息化进程与工业化进程不同的一个突出特点是，信息化是通过市场和竞争推动的，政府引导、企业投资、市场竞争是信息化发展的基本路径。

（3）渗透性。信息化使社会各个领域发生全面而深刻的变革，它同时深刻影响物质文明和精神文明，已成为经济发展的主要牵引力。信息化使经济和文化的相互交流与渗透日益广泛和加强。

（4）开放性。创新是高新技术产业的灵魂，是企业竞争取胜的法宝。参与竞争，在竞争中创新，在创新中取胜。开放不仅是指社会开放，更重要的是心灵的开放。开放是创新的心灵开放，开放是创新的源泉。

1.5　信息编码与数据表示

在日常生活中，人们最常用和最熟悉的就是十进制数；而在计算机内部，数据的计算和处理，都是采用的二进制计数法、八进制数和十六进制数。本节简单介绍十进制数、二进制数、八进制数和十六进制数，以及它们之间的相互转换。

1.5.1　进位计数制规则

现实生活中，人们用十进制计数法时，使用 0,1,2,3,4,5,6,7,8,9 这 10 个数字符号。这些数字符号称为数码，其进位规则是"逢十进一"，借位规则为"借一当十"。十进制中数码在数中所处的位置不同，它所代表的数值就不同。例如，547.125 可按其各位的权值展开为

$$547.125 = 5 \times 10^2 + 4 \times 10^1 + 7 \times 10^0 + 1 \times 10^{-1} + 2 \times 10^{-2} + 5 \times 10^{-3}$$

上式称为十进制数 547.125 的按权展开和式。

1.5.2　进位制之间的转换

同一个数可以用不同的进位制来表示，这带来了不同进位制数之间的转换的问题。

1. 任意进制数与十进制数之间的转换

任意进制数与十进制数之间的转换只需将按权展开和式，进行相加求和，就可以得到相应的十进制数。

例 1　将 $(1110)_2$ 转换为十进制数。

解　　　$(1110)_2 = 1 \times 2^3 + 1 \times 2^2 + 1 \times 2^1 + 0 \times 2^0 = 8 + 4 + 2 + 0 = (14)_{10}$

例 2　将 $(1110)_8$ 转换为十进制数。

解　　　$(1110)_8 = 1 \times 8^3 + 1 \times 8^2 + 1 \times 8^1 + 0 \times 8^0 = 512 + 64 + 8 + 0 = (584)_{10}$

例 3 将 $(1110)_{16}$ 转换为十进制数。

解　　$(1110)_{16}=1\times16^3+1\times16^2+1\times16^1+0\times16^0=4096+256+16+0=(4368)_{10}$

2. 十进制数与二进制数之间的转换

（1）十进制整数转换成二进制整数。转换方法为，将被转换的十进制整数反复地除以 2，直到商为 0，所得的余数（从末位读起）就是这个数的二进制表示。简单地说，就是"除 2 取余法"。

例 4　将十进制整数 $(156)_{10}$ 转换成二进制整数。

解　方法如下：

2	156	┄┄┄┄┄┄ 余 0
2	78	┄┄┄┄┄┄ 余 0
2	39	┄┄┄┄┄┄ 余 1
2	19	┄┄┄┄┄┄ 余 1
2	9	┄┄┄┄┄┄ 余 1
2	4	┄┄┄┄┄┄ 余 0
2	2	┄┄┄┄┄┄ 余 0
	1	┄┄┄┄┄┄ 余 1

于是，$(156)_{10}=(10011100)_2$。

知道十进制整数转换成二进制整数的方法以后，十进制整数转换成八进制或十六进制就很容易了。十进制整数转换成八进制整数的方法是"除 8 取余法"，十进制整数转换成十六进制整数的方法是"除 16 取余法"。

（2）十进制小数转换成二进制小数。转换方法为，将十进制小数连续乘以 2，选取进位整数，直到满足精度要求为止，简称"乘 2 取整法"。

例 5　将十进制小数 $(0.8125)_{10}$ 转换成二进制小数。

解　方法如下：

$$
\begin{array}{r}
0.8125 \\
\times\quad\quad 2 \\
\hline
1.6250 \quad\text{取整数,1} \\
0.6250 \\
\times\quad\quad 2 \\
\hline
1.2500 \quad\text{取整数,1} \\
0.2500 \\
\times\quad\quad 2 \\
\hline
0.5000 \quad\text{取整数,0} \\
\times\quad\quad 2 \\
\hline
1.0000 \quad\text{取整数,1}
\end{array}
$$

于是，$(0.8125)_{10}=(0.1101)_2$。

知道十进制小数转换成二进制小数的方法以后，十进制小数转换成八进制或十六进制小数就很容易了。十进制小数转换成八进制小数的方法是"乘 8 取整法"，十进制小数转换成十六进制小数的方法是"乘 16 取整法"。

十进制数既有整数,又有小数,转换成二进制数时,要将十进制数的整数部分和小数部分分别进行转换,最后将结果合并起来。

3. 二进制数与八进制数、十六进制数之间的转换

由于二进制数与八进制数、十六进制数之间存在特殊的关系,即 $8^1=2^3$,$16^1=2^4$,每位八进制数可用 3 位二进制数表示,每位十六进制数可用 4 位二进制数表示,它们之间的转换方法就比较容易。

(1) 二进制数转换成八进制数。转换方法为,将二进制数从小数点开始,整数部分从右向左 3 位一组,小数部分从左向右 3 位一组,不足 3 位用 0 补足即可。

例 6 将 $(11110101010.11111)_2$ 转换为八进制数。

解 方法如下:

```
011   110   101   010 . 111   110
 ↓     ↓     ↓     ↓     ↓     ↓
 3     6     5     2  .  7     6
```

于是,$(11110101010.11111)_2=(3652.76)_8$。

(2) 八进制数转换成二进制数。转换方法为,以小数点为界,向左或向右每一位八进制数用相应的三位二进制数取代,然后将其连在一起即可。

例 7 将 $(5247.601)_8$ 转换为二进制数。

解 方法如下:

```
 5     2     4     7  .  6     0     1
 ↓     ↓     ↓     ↓     ↓     ↓     ↓
101   010   100   111 . 110   000   001
```

于是,$(5247.601)_8=(101010100111.110000001)_2$。

(3) 二进制数转换成十六进制数。二进制数的每 4 位,刚好对应于十六进制数的一位,即 $(16^1=2^4)$,其转换方法是,将二进制数从小数点开始,整数部分从右向左 4 位一组,小数部分从左向右 4 位一组,不足四位用 0 补足,每组对应一位十六进制数即可得到十六进制数。

例 8 将二进制数 $(111001110101.100110101)_2$ 转换为十六进制数。

解 方法如下:

```
1110   0111   0101  .  1001   1010   1000
 ↓      ↓      ↓       ↓      ↓      ↓
 E      7      5    .  9      A      8
```

于是,$(111001110101.100110101)_2=(E75.9A8)_{16}$。

(4) 十六进制数转换成二进制数。转换方法为,以小数点为界,向左或向右每一位十六进制数用相应的 4 位二进制数取代,然后将其连在一起即可。

例 9 将 $(7FE.11)_{16}$ 转换成二进制数。

解 方法如下:

```
  7      F      E   .   1      1
  ↓      ↓      ↓       ↓      ↓
0111   1111   1110  . 0001   0001
```

于是,$(7FE.11)_{16}=(11111111110.00010001)_2$。

1.5.3 常见的信息编码

1. BCD 码

BCD(binary code decimal)码是用若干个二进制数表示一个十进制数的编码,BCD 码有多种编码方法,常用的有 8421 码,见表 1.1。

表 1.1 十进制数与 8421 码对照表

十进制	二进制	八进制	十六进制	8421 码
0	0	0	0	0000
1	01	1	1	0001
2	10	2	2	0010
3	11	3	3	0011
4	100	4	4	0100
5	101	5	5	0101
6	110	6	6	0110
7	111	7	7	0111
8	1000	10	8	1000
9	1001	11	9	1001
10	1010	12	A	0001 0000
11	1011	13	B	0001 0001
12	1100	14	C	0001 0010
13	1101	15	D	0001 0011
14	1110	16	E	0001 0100
15	1111	17	F	0001 0101
16	10000	20	10	0001 0110
...	...	...	...	...
255	11111111	377	FF	0010 0101 0101

8421 码是将十进制数码 0~9 中的每个数分别用 4 位二进制编码表示,这种编码方法比较直观、简要,对于多位数,只需将它的每一位数字按表 1.1 中所列的对应关系直接列出即可。

例 10 将$(1209.56)_{10}$转换成 BCD 码。

解 $(1209.56)_{10}=(0001\ 0010\ 0000\ 1001.0101\ 0110)_{BCD}$

8421 码与二进制之间的转换不是直接的,要先将 8421 码表示的数转换成十进制数,再将十进制数转换成二进制数。

例 11 将$(1001\ 0010\ 0011.0101)_{BCD}$转换成二进制数。

解 $(1001\ 0010\ 0011.0101)_{BCD}=(923.5)_{10}=(1110011011.1)_2$

2. ASCII 码

在计算机系统中,字符编码必须确定标准。英文字符的编码是以当今世界上使用最广泛的编码——ASCII 码为标准的。ASCII 码全称是美国国家信息交换标准代码(American standard code for information interchange），是二进制代码，在存储时占 1 个字节，有 7 位 ASCII 码和 8 位 ASCII 码两种，7 位 ASCII 码称为标准 ASCII 码，8 位 ASCII 码称为扩充 ASCII 码。ASCII 码由美国国家标准学会（ANSI）提出，后由国际标准组织（ISO）确定为国际标准字符编码。7 位 ASCII 码用 7 位二进制数表示一个字符，共定义了 128 个字符，包括 10 个阿拉伯数字、52 个英文大小写字母、32 个标点符号和运算符以及 34 个控制码，见表 1.2。

表 1.2　ASCII 字符编码

$b_7 b_6 b_5$ / $b_4 b_3 b_2 b_1$	000	001	010	011	100	101	110	111
0000	NUL(空白)	DLE(转义)	SP(空格)	0	@	P	`	p
0001	SOH(序始)	DC1(设控 1)	!	1	A	Q	a	q
0010	STX(文始)	DC2(设控 2)	"	2	B	R	b	r
0011	ETX(文终)	DC3(设控 3)	#	3	C	S	c	s
0100	EOT(送毕)	DC4(设控 4)	$	4	D	T	d	t
0101	ENQ(询问)	NAK(否认)	%	5	E	U	e	u
0110	ACK(应答)	SYN(同步)	&	6	F	V	f	v
0111	BEL(告警)	ETB(组终)	'	7	G	W	g	w
1000	BS(退格)	CAN(作废)	(	8	H	X	h	x
1001	HT(横表)	EM(载终)	)	9	I	Y	i	y
1010	LF(换行)	SUB(取代)	*	:	J	Z	j	z
1011	VT(纵表)	ESC(扩展)	+	;	K	[	k	{
1100	FF(换页)	FS(卷隙)	,	<	L	\	l		
1101	CR(回车)	GS(勘隙)	-	=	M	]	m	}
1110	SO(移出)	RS(录隙)	.	>	N		n	~
1111	SI(移入)	US(元隙)	/	?	O		o	DEL(删除)

3. 汉字的编码

我国用户在使用计算机进行信息处理时，一般都要用到汉字，因此必须解决汉字输入输出以及汉字处理等一系列问题。为此，国家标准 GB 2312—1980 规定了汉字信息交换用的基本图形字符及其二进制编码，这是一种用于计算机汉字处理和汉字通信系统的标准交换代码，它于 1981 年 5 月由国家标准总局颁布，简称国家标准汉字编码，也叫国标码。

GB 2312—1980 中规定了信息交换用的 6 736 个汉字和 682 个非汉字图形符号（包括几种外文字母、数字和符号）的代码。6 763 个汉字又根据所使用频率、组词能力以及用途大小分成一级常用汉字 3 755 个和二级汉字 3 008 个。此标准的汉字编码表有 94 行、94 列，其行号称为区号，列号称为位号。每个汉字占用两个字节，用高字节表示区号，低字节表示位号。非汉字图形符号置于 1～11 区，一级汉字 3 755 个置于 16～55 区，二级汉字 3 008 个置于 56～87 区。

信息产业部和国家质量技术监督局在 2000 年 3 月 17 日联合发布 GB 18030—2000《信息技术信息交换用汉字编码字符集基本集的扩充》，它包括 27 533 个汉字，该标准从 2001 年 9 月 1 日起执行。

1.6 信息人才的培养

信息化人才是随着信息技术与信息产业发展而形成的一类特殊的人才群体,是推动信息化发展的动力,是信息化建设最宝贵的资源。重视信息化人才培养、提高全民信息素养和信息技能是信息化建设的迫切任务。

近年来,我国信息化人才的培养逐步受到重视,力度也在加大。高等学校作为向社会输送信息化人才的主力,正在发挥巨大的作用。据不完全统计,目前信息产业从业人员中有70%以上由高等学校及科研机构培养,这批人才对加快信息化进程发挥了重要作用。前几年,全国高等学校设有信息类相关专业点2 000多个,在校生百万余人。不少的大专院校设有计算机科学学院,部分高校还建立了软件学院等。随着科技经济的迅猛发展,信息工作的内涵和外延都发生了深刻的变化,服务领域的拓展、市场经济的形成、现代信息技术的广泛应用,以及国外信息领域的迅速发展给我国信息事业带来了新的挑战。21世纪初国家信息化测评中心的调研报告显示,我国信息化人才资源指数仅为13.43,信息化人才建设的压力很大。在这种形势下,我国信息化人才培养显得难以适应要求,当前主要存在以下几个方面的问题。

(1)信息化人才数量紧缺。据不完全统计,我国在今后相当长的一段时间内,每年至少存在100万计算机应用专业人才的缺口和20万软件人才的缺口。2005~2009年,中国IT行业以18.5%的年复合增长率高速增长;但是各大专院校信息人才的培养有限,因此供不应求,特别是高层次复合型信息人才是我国目前最急需、最短缺的人才。其他专业的本、专科生分配较难,而信息领域的本、专科生相对就业就较容易,信息领域的研究生就更为抢手。博士生也就较难求了。在信息化发展势头的带动下,信息化人才缺乏已经成为制约信息产业发展的重要因素。

(2)信息化人才结构不够合理,人才素质较弱。一方面缺乏高端技术专家和复合人才;另一方面也缺乏低端技术人才和熟练技能人才。紧缺人才中软件人才结构呈现两头小、中间大的橄榄型结构,不仅缺乏一大批能从事基础性工作的人才,更缺乏既懂技术又懂管理的软件人才。由于政策倾斜力度不够,我国高等学校信息人才教育滞后、投资不足,相关院校和专业较少,虽然招生规模在逐步扩大,但本、专科与研究生教育的协调发展不够,造成了普通高等教育对信息人才的培养上,存在着重数量轻质量、重知识传授轻创造能力培养的现象,使本来短缺的信息人才很难提高个人素质。现有信息人才的继续教育方面存在着重文凭轻素质、重学历轻高层次内容研究的现象,并且在办学过程中普遍规模小、方式少,致使现有从事信息工作的人员素质偏低、知识老化、创新意识不强。在信息化建设中,最缺的就是那种处于管理专业和计算机专业中间地带、精通计算机同时又非常了解管理专业的综合性人才,这种人在管理部门非常难得也非常需要。随着信息技术与信息产业的发展,信息化人才的培养机制有待于进一步的调整和完善。

(3)信息化人才培养模式需要改进。目前信息化人才的技术水平一般要依靠各正规院校的学历教育,主要集中在本科阶段。据不完全统计,中国当前软件从业人员76%以上来自于各高校和科研机构的计算机与软件相关专业,来自职业技术学院及各社会培训机构的软件从业人员尚不足总数的24%。而在国外的经验值得我们借鉴,如印度软件产业的快速发展给我们很大的启示,在印度软件人才的培养模式中,占据主导地位的是职业教育,而非学历教育。

在教学方面,采取的办法是让学生先从动手能力的培养开始,在做的过程中,如遇到问题,再以此问题为基点去学习专业理论,边实践边理论的学习,无疑是对几乎千篇一律从理论到实践的一种创新。

(4)信息化人才严重外流。由于我国信息产业发展起步较晚,加上体制不健全,用人机制不灵活,待遇低、工作环境条件差,还不具备提供各种实验的条件,信息化人才严重外流。美国等发达国家通过托福考试、移民、合作攻关、科学旅游、企业和研究机构招聘等优惠政策和手段,千方百计招揽挖掘信息人才,造成我国信息人才严重外流。截至 2008 年,中国已经派出接近 140 万留学生,居世界之最;而滞留在海外的留学生已经超过百万,无论数量还是比例都是世界罕见。中国留学生学成不归的占留美学成人员总数的 85%。在此环境下,信息人才被层层截流。目前华人已成为美国硅谷中的中流砥柱,支撑着美国高科技产业、信息业的蓬勃发展。随着国际间人才竞争的升级,我们面临着人才外流的严重危机。

第 2 章 计算机基础知识

2.1 计算机的发展与分类

电子计算机(electronic computer),又称计算机或电脑(computer),诞生于 20 世纪 40 年代,它是一种能够按照事先存储的程序,自动、高速地进行大量数值计算和各种信息处理的电子设备。

2.1.1 计算机的发展

1946 年 2 月,美国军方和宾夕法尼亚大学莫尔学院联合研制的第一台电子计算机 ENIAC(Electronic Numerical Integrator And Calculator)在美国加州问世,ENIAC 用了 18 000 个电子管和 86 000 个其他电子元件,总体积约 90 m^3,重达 30 t,占地 170 m^2,耗电量 174 kW,运算速度却只有 300 次/秒各种运算或 5 000 次/秒加法,耗资 100 多万美元。它能进行平方运算和立方运算,尽管 ENIAC 有许多不足之处,但它毕竟是计算机的始祖,揭开了计算机时代的序幕。

多年来,人们以计算机物理器件的变革为标志,将计算机的发展划分为 4 个时代。

1946~1959 年为第一代,称为“电子管时代”。第一代计算机的内部元件使用的是电子管。由于一台计算机需要几十只电子管,每个电子管都会散发大量的热量,如何散热是一个令人头痛的问题。电子管的寿命最长只有 3 000 小时,计算机运行时常常发生由于电子管被烧坏而使计算机死机的现象。第一代计算机主要用于科学研究和工程计算。

1960~1964 年为第二代,由于在计算机中采用了比电子管更先进的晶体管,也称为“晶体管时代”。晶体管比电子管小得多,不需要预热时间,能量消耗较少,处理更迅速、更可靠。第二代计算机的程序语言从机器语言发展到汇编语言。接着,高级语言 FORTRAN 语言和 COBOL 语言相继开发出来并被广泛使用。这时,开始使用磁盘和磁带作为辅助存储器。第二代计算机的体积和价格都有所下降,使用的人也多起来了,计算机工业迅速发展。第二代计算机主要用于商业、大学教学和政府机关。

1965~1970 年为第三代,由于集成电路被应用到计算机中来,也称为“中小规模集成电路时代”。集成电路(integrated circuit,IC)是做在硅晶片上的一个完整的电子电路,这个晶片比手指甲还小,却包含了几千只晶体管元件。第三代计算机的特点是体积更小、价格更低、可靠性更高、计算速度更快。第三代计算机的代表是 IBM 公司花了 50 亿美元开发的 IBM 360 系列。

从 1971 年到现在为第四代,被称为“大规模集成电路时代”。第四代计算机使用的元件依然是集成电路,不过这种集成电路已经大大改善,它包含着几十万到上百万只晶体管,人们称之为大规模集成电路(large scale integrated circuit,LSI)和超大规模集成电路(very large scale integrated circuit,VLSI)。采用 VLSI 是第四代计算机的主要特征,运算速度可达每秒几百万次,甚至上亿次基本运算。计算机也开始向巨型机和微型机两个方向发展。

集成电路技术的发展十分迅速,但集成度(每片芯片晶体管数)是有限的,不可能无限制地增加下去,总会有达到饱和的一天。所以,人们在发展集成电路技术的同时,还在积极地探索其他替代技术,如光子和生物芯片技术等。光计算机是利用光作为载体进行信息处理的计算机。光子不像电子那样需要在导线中传播,即使在光线相交时,它们之间也不会相互影响,并且在不满足干涉的条件下也互不干扰。光束的这种互不干扰的特性,使得光学计算机能够在极小的空间内开辟很多平行的信息通道,密度大得惊人。一块截面为5分硬币大小的棱镜,其通过能力超过全球现有全部电话电缆的许多倍。生物计算机主要是以生物电子元件构建的计算机。科学家发现,蛋白质有开关特性,用蛋白质分子作元件制成集成电路,称为生物芯片。用蛋白质制造的电脑芯片,存储量可以达到普通电脑的10亿倍。生物电脑元件的密度比大脑神经元的密度高100万倍,传递信息的速度也比人脑思维的速度快100万倍。

另外,科学家从原理上提出重新构建新一代的计算机,如智能计算机和神经网络计算机。智能计算机是一种有知识、会学习、能推理的计算机,具有能理解自然语言、声音、文字和图像的能力,并且具有说话的能力,使人机能够用自然语言直接对话,它可以利用已有的和不断学习到的知识,进行思维、联想、推理,并得出结论,能解决复杂问题,具有汇集、记忆、检索有关知识的能力。神经网络计算机可以模仿人的大脑判断能力和适应能力,并具有可并行处理多种数据功能。与以逻辑处理为主的智能计算机不同,它本身可以判断对象的性质与状态,并能采取相应的行动,而且它可同时并行处理实时变化的大量数据,并引出结论。以往的信息处理系统只能处理条理清晰、经络分明的数据。而人的大脑却具有能处理支离破碎、含糊不清信息的灵活性,神经网络计算机将具备类似人脑的智慧和灵活性。

2.1.2　计算机的分类

计算机种类很多,可以从不同的角度对计算机进行分类。按照计算机用途分类,可分为专用计算机和通用计算机。

专用计算机是为某种特定目的而设计的计算机,如用于数控机床、轧钢控制、银行存款等的计算机。专用计算机针对性强、效率高、结构比通用计算机简单。通用计算机可以进行科学计算、工程计算,又可用于数据处理和工业控制等,它是一种用途广泛、结构复杂的计算机。

按照计算机的运算速度、存储容量和用户数等性能分类,可分为巨型机(super computer)、大型机(mainframe)、中小型机(minicomputer)、工作站(workstation)和个人计算机(personal computer)5大类。

(1)巨型计算机。人们通常把最快、最大、最昂贵的计算机称为巨型机或超级计算机。巨型机一般用在国防和尖端科学领域。目前,巨型机主要用于战略武器(如核武器和反导弹武器)的设计、空间技术、石油勘探、长期天气预报以及社会模拟等领域。世界上只有少数几个国家能生产巨型机,著名巨型机有美国的 Cray 系列(Cray-1,Cray-2,Cray-3,Cray-4 等),我国自行研制的银河系列及曙光系列等。现在世界上运行速度最快的巨型机是由国防科技大学研制的"天河一号"二期系统,已达到每秒4 700万亿次的峰值性能和每秒2 507万亿次的实测性能。

(2)大型计算机。大主机价格比较贵,运算速度没有巨型机那样快,一般只有大中型企事业单位才有必要配置和管理它。以大型主机和其他外部设备为主,并且配备众多的终端,组成一个计算中心,才能充分发挥大型主机的作用。美国 IBM 公司生产的 IBM360,IBM370,IBM9000 系列,就是国际上有代表性的大型主机。

（3）中小型计算机。中小型计算机一般为中小型企事业单位或某一部门所用，例如高等院校的计算中心都以一台小型机为主机，配以几十台甚至上百台终端机，以满足大量学生学习程序设计课程的需要。当然其运算速度和存储容量都比不上大型主机。美国 DEC 公司生产的 VAX 系列机、IBM 公司生产的 AS/400 机，以及我国生产的太极系列机都是小型计算机的代表。

（4）工作站。工作站是介于个人计算机和小型计算机之间的一种高档微型机。1980 年，美国 Apollo 公司推出世界上第一台工作站 DN-100。近十几年来，工作站迅速发展，现已成长为专于处理某类特殊事务的一种独立的计算机系统。著名的 Sun，HP 和 SGI 等公司，是目前最大的几个生产工作站的厂家。工作站通常配有高档 CPU、高分辨率的大屏幕显示器和大容量的内外存储器，具有较强的数据处理能力和高性能的图形功能。它主要用于图像处理、计算机辅助设计（CAD）等领域。

（5）个人计算机。个人计算机又称为 PC 机，第四代计算机时期出现的一个新机种。它虽然问世较晚，却发展迅猛，初学者接触和认识计算机，多数是从 PC 机开始的。PC 机的特点是轻、小、价廉、易用。在过去 20 多年中，PC 机使用的 CPU 芯片平均每两年集成度增加一倍，处理速度提高一倍，价格却降低一半。随着芯片性能的提高，PC 机的功能越来越强大。今天，PC 机的应用已遍及各个领域，从工厂的生产控制到政府的办公自动化，从商店的数据处理到个人的学习娱乐，几乎无处不在，无所不用。目前，PC 机占整个计算机装机量的 95％以上。

2.1.3　微型计算机发展史

上面所述的第四代计算机的另一个重要分支是以大规模、超大规模集成电路为基础发展起来的微处理器和个人计算机，中央处理器（central processing unit，CPU）是计算机的核心部件，因为个人计算机的 CPU 是将电路集成在一片或少数几片大规模集成电路芯片上，所以又称微处理器，因此个人计算机又称为微型计算机。微型计算机的发展跟微处理器是分不开的，微型计算机的性能很大程度上由 CPU 的性能决定。到目前为止，微处理器的发展过程按 CPU 字长位数和功能来划分，可大致分为以下 6 代。

第一阶段是 1971～1973 年。它们采用 PMOS 工艺，集成度达 2000 个晶体管/片。1971 年 Intel 公司研制出 MCS 4 微型计算机（CPU 为 4040，4 位机），后来又推出 CPU 8008 为核心的 MCS-8 型。

第二阶段是 1973～1977 年，微型计算机的发展和改进阶段。它们采用 NMOS 工艺，集成度达 9 000 个晶体管/片以上。初期产品有 Intel 公司的 MCS-80 型（CPU 为 8080，8 位机）。1977 年，苹果公司创始人之一的沃兹尼克设计的 APPLE-II 型可以说是世界上第一台真正的个人计算机。

第三阶段是 1978～1983 年，16 位微型计算机的发展阶段。它们采用 HMOS 工艺，集成度更高，达 7 万只晶体管/片。1981 年 8 月 12 日，IBM 正式推出 IBM 5150。它的 CPU 是 Intel 8088，主频为 4.77 MHz，主机板上配置 64 KB 存储器，另有 5 个插槽供增加内存或连接其他外部设备用。它还装备着显示器、键盘和两个软磁盘驱动器，而操作系统是微软的 DOS 1.0。IBM 将 5 150 称为 Personal computer（个人计算机），不久，"个人计算机"的缩写 PC 成为所有个人计算机的代名词。

第四阶段便是从 1983 年开始为 32 位微型计算机的发展阶段。采用 CHMOS 工艺，集成度达 15 万～120 万只晶体管/片，将 PC 机从 16 位时代带入了 32 位时代，386 和 486 微型计算机是初期产品。

第五阶段始于 1993 年,是奔腾(Pentium)系列微处理器时代,通常称为第五代。采用亚微米的 CMOS 技术设计,集成度高达 330 万只晶体管/片。1993 年 3 月 22 日全面超越 486 的新一代 586 CPU问世,为了摆脱 486 时代微处理器名称混乱的困扰,Intel 公司把自己的新一代产品 CPU 命名为 Pentium(奔腾)以区别 AMD 和 Cyrix 的产品。1999 年 1 月,Intel 推出奔腾 3 处理器。

第六阶段以 2000 年 11 月 20 日 Intel 正式发布第六代处理器——奔腾 4 为起始标志。Intel 公司最新推出的酷睿 i7 980X(至尊版)集成了 11.7 亿只晶体管。

2.1.4 计算机的发展趋势

计算机技术是世界上发展最快的科学技术之一,产品不断升级换代。当前计算机正朝着巨型化、微型化、智能化、网络化等方向发展,计算机本身的性能越来越优越,应用范围也越来越广泛,从而使计算机成为工作、学习和生活中必不可少的工具。

(1)多极化。如今,个人计算机热已席卷全球,但由于计算机应用的不断深入,对巨型机、大型机的需求也稳步增长,巨型、大型、小型、微型机各有自己的应用领域,形成了一种多极化的形势。例如,巨型计算机主要应用于天文、气象、地质、核反应、航天飞机和卫星轨道计算等尖端科学技术领域和国防事业领域,它标志一个国家计算机技术的发展水平,目前运算速度为每秒几百亿次到几千万亿次的巨型计算机已经投入运行,并正在研制更高速的巨型机。

(2)智能化。使计算机具有模拟人的感觉和思维过程的能力,而成为智能计算机,是目前正在研制的新一代计算机要实现的目标。智能化的研究包括模式识别、图像识别、自然语言的生成和理解、博弈、定理自动证明、自动程序设计、专家系统、学习系统和智能机器人等。目前,已研制出多种具有人的部分智能的机器人。

(3)网络化。网络化是计算机发展的又一个重要趋势。从单机走向联网是计算机应用发展的必然结果。所谓计算机网络化,是指用现代通信技术和计算机技术把分布在不同地点的计算机互联起来,组成一个规模大、功能强、可以互相通信的网络结构。网络化的目的是使网络中的软件、硬件和数据等资源能被网络上的用户共享。目前,大到世界范围的通信网,小到实验室内部的局域网已经很普及,因特网(Internet)已经连接包括我国在内的 240 多个国家和地区。由于计算机网络实现了多种资源的共享和处理,提高了资源的使用效率,因而深受广大用户的欢迎,得到了越来越广泛的应用。

(4)多媒体化。多媒体计算机是当前计算机领域中最引人注目的高新技术之一。多媒体计算机就是利用计算机技术、通信技术和大众传播技术,来综合处理多种媒体信息的计算机。这些信息包括文本、视频图像、图形、声音、文字等。多媒体技术使多种信息建立了有机联系,并集成为一个具有人机交互性的系统。多媒体计算机将真正改善人机界面,使计算机朝着人类接受和处理信息的最自然的方式发展。

2.1.5 计算机的特点

(1)运算速度快。计算机的运算速度指计算机在单位时间内执行指令的平均速度,可以用每秒钟能完成多少次操作(如加法运算)或每秒钟能执行多少条指令来描述,随着半导体技术和计算机技术的发展,计算机的运算速度已经从最初的每秒几千次发展到每秒几十万次、几百万次,甚至每秒几百亿次、上千亿次,是传统的计算工具所不能比拟的。

(2)计算精度高。计算机中数的精度主要表现为数据表示的位数,一般称为机器字长,字长越长精度越高,目前微型计算机的字长已达 64 位。

（3）具有"记忆"和逻辑判断功能。计算机不仅能进行计算,而且还可以把原始数据、中间结果、运算指令等信息存储起来,供使用者调用,这是电子计算机与其他计算装置的一个重要区别。计算机还能在运算过程中随时进行各种逻辑判断,并根据判断的结果自动决定下一步应执行的命令。

（4）程序运行自动化。计算机内部的运算处理是根据人们预先编制好的程序自动控制执行的,只要把解决问题的处理程序输入计算机中,计算机便会依次取出指令,逐条执行,完成各种规定的操作,不需要人工干预。

2.1.6　计算机的应用

计算机具有高速精确的计算能力,以及由此产生的超凡的数据处理能力、逻辑判断能力,决定了计算机的应用相当广泛,涉及科学研究、军事技术、工农业生产、文化教育、日常生活等诸多方面。

（1）科学计算。科学计算也称数值计算,是利用计算机解决科学研究和工程设计等方面的数学计算问题。科学计算的特点是计算量大、要求精度高、结果可靠。利用计算机高速性、大存储容量、连续运算能力,可以处理人无法实现的各种科学计算问题。例如,人造卫星轨道的计算、宇宙飞船的制导、气象预报等。

（2）数据处理。数据处理指的是对信息进行采集、加工、存储、传递,并进行综合分析,常泛指非科学计算方面的以管理为主的所有应用。例如,财务管理、统计分析、企业管理、商品销售管理、档案管理、图书检索等。数据处理的特点是原始数据量大,算术运算较简单,有大量的逻辑运算与判断,结果要求以表格或文件的形式存储或输出等。

（3）过程控制。将计算机用来控制各种自动装置、自动仪表、生产过程等,都称为过程控制或实时控制。例如,交通运输方面的行车调度,农业方面人工气候箱的温、湿度控制,工业生产自动化方面的巡回检测、自动记录、监视报警、自动启停、自动调控等内容,家用电器中的某些自动功能等,都是计算机在过程控制方面的应用。

（4）计算机辅助系统。计算机辅助系统包括计算机辅助设计（CAD）、计算机辅助制造（CAM）、计算机辅助教学（CAI）、计算机辅助测试（CAT）等。

（5）人工智能。人工智能是用计算机执行某些与人的智能活动有关的复杂功能,目前研究的方向有模式识别、自然语言理解、自动定理证明、自动程序设计、知识表示、专家系统、数据智能检索等。例如,用计算机模拟人脑的部分功能进行学习、推理、联想和决策,模拟著名医生给病人诊病的医疗诊断专家系统等。

（6）计算机通信、计算机网络。利用通信设备和线路将地域不同的计算机系统互联起来,并在网络软件支持下实现资源共享和传递信息的系统。大到遍及全世界的 Internet,小到几台计算机连成的局域网,计算机网络正在普遍应用。

（7）办公自动化。是指用计算机或数据处理系统来处理日常例行的各种工作,是当前最为广泛的一类应用,它具有完善的文字和表格处理功能,较强的资料、图像处理和网络通信能力,可以进行各种文档的存储、查询、统计等工作。例如,起草各种文稿,收集、加工、输出各种资料信息等。

2.2 计算机系统的基本组成与工作原理

2.2.1 计算机系统的基本组成

一个完整的计算机系统包括硬件系统和软件系统两大部分。所谓硬件,是指构成计算机的物理设备,即由机械、电子器件构成的具有输入、存储、计算、控制和输出功能的实体部件。软件也称"软设备",广义地说软件是指系统中的程序以及开发、使用和维护程序所需的所有文档的集合。人们平时讲到"计算机"一词,都是指含有硬件和软件的计算机系统。硬件和软件是相辅相成的。没有任何软件支持的计算机称为裸机。裸机本身几乎不具备任何功能,只有配备一定的软件,才能发挥其功能。计算机系统的构成如图 2.1 所示。

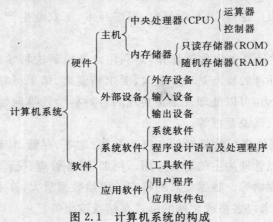

图 2.1 计算机系统的构成

1. 运算器

运算器又称算术逻辑单元(arithmetic logic unit,ALU),是用来进行算术运算和逻辑运算的部件。算术运算是指按照算术运算规则进行的运算,如加、减、乘、除等。逻辑运算是指用于判断与、或、非及比较大小等运算。运算器在控制器的控制下实现其功能,运算结果由控制器指挥送到内存储器中。

2. 控制器

控制器是控制计算机各个部件的指挥中心,使各部件有条不紊地协调工作。它通过总线接受各个部件发送来的信息,并对信息进行译码,然后根据信息的功能向有关部件发出控制指令。

3. 存储器

计算机内部存储的信息都是以二进制码 0 或 1 组成的字符系列表示的,一个二进制码称为 1 个位(bit,简写为 b),8 个二进制码称为 1 个字节(Byte,简写为 B)。字节是计算机数据处理和度量存储容量的基本单位。与其他度量单位一样,存储容量单位也由一个体系。1 024 个字节称为 1 千字节(KB),1 024 KB 称为 1 兆字节(MB),1 024 MB 称为 1 吉字节(GB),1 024 GB 称为 1 太字节(TB),1 024 TB 称为 1 拍字节(PB),还有 EB,ZB,JB 等容量单位。计算机处理数据时,一次可以运算的数据长度称为一个"字",或称计算机字。字的长度称为字长,一个字可以是一个字节,也可以是多个字节。微型计算机发展分代的依据之一 CPU 字长位数就是指的计算机字长。

存储器是用来存放程序和数据的部件,可分为内存储器和外存储器两种。

（1）内存储器。内存储器俗称内存,它直接与 CPU 相连接,容量小、速度快,用于存放计算机运行时所需的程序和数据,并直接与 CPU 交换信息。计算机关闭后,内存中的信息将被清空。内存由许多存储单元组成。存储器的存储容量以字节为基本单位,每个字节都有自己的编号,称为地址。如要访问存储器中的某个信息,就必须知道它的地址,然后再按地址存入或取出信息。

（2）外存储器。外存储器也称外存或辅存,它是内存的扩充,是用户存放大量日常使用的程序和文件的地方。外存容量大、价格低,但存取速度慢。外存只能与内存交换信息,不能被计算机系统的其他部件直接访问。

4. 输入/输出设备

输入输出设备简称 I/O(input/output)设备。输入设备是用来向计算机主机输入程序和数据的设备。输出设备是将计算机处理的数据、计算结果等内部信息按人们要求的形式输出。

人们通常将运算器、控制器和内存储器合称为计算机主机。而主机以外的设备称为外部设备或外设。

计算机能够自动地完成某项工作。要做到这一点,除了以上介绍的计算机必须配置的硬件外,还必须配置软件。软件是程序、数据和文档的总称。任何软件要发挥其作用,都是通过程序在 CPU 上执行而获得的,最终是转化为机器指令被执行。

2.2.2 基于冯·诺伊曼模型的计算机

早期的计算机都是在存储器中储存数据,利用配线或开关进行外部编程。每次使用计算机时,都需重新布线或调节成百上千的开关,效率很低。针对 ENIAC 在存储程序方面存在的致命弱点,美籍匈牙利科学家冯·诺伊曼于 1946 年 6 月提出了一个“存储程序”的计算机方案:①采用二进制数的形式表示数据和指令;②将指令和数据按执行顺序都存放在存储器中;③由控制器、运算器、存储器、输入设备和输出设备 5 大部分组成计算机。

此方案工作原理的核心是“存储程序”和“程序控制”,就是通常所说的“顺序存储程序”的概念。人们将按照这一原理设计的计算机称为“冯·诺伊曼型计算机”。

冯·诺伊曼提出的体系结构奠定了现代计算机结构理论,被誉为计算机发展史上的里程碑,直到现在,各类计算机仍没有完全突破冯·诺伊曼结构的框架。冯·诺伊曼模型如图 2.2 所示。

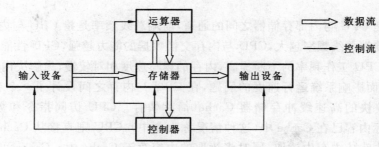

图 2.2 冯·诺伊曼模型结构图

2.2.3 计算机的工作过程

1. 指令与程序

指令是指挥计算机进行基本操作的命令,由操作码、操作数或操作数地址两部分组成。操作码指明该指令要完成的操作,如加减乘除等。操作数是指参加运算的数。操作数地址是参加运算的数的存放地址。操作码构成了计算机内部所能执行的所有操作,它的集合称为计算机的指令系统。

程序是完成某一任务或解决某一问题的有限指令的集合。为解决某一具体问题,将一条条指令按一定的顺序排列起来,就组成了程序。

2. 工作步骤

计算机的工作步骤是,将所要执行的程序从外存载入内存中,然后由 CPU 根据指令计数器的指示从内存中取出程序中相应的指令,进行分析译码,判断该指令要完成的操作,然后向相关部件发出完成该操作的控制信号,完成该指令的功能。取指令、译码和执行称为一个机器周期,CPU 利用循环的机器周期完成一个程序要解决的问题。

2.3 微型计算机的硬件系统

从外观上看,微机主要由主机、显示器、键盘和鼠标等组成,有时根据需要还可以增加打印机、扫描仪、音箱等外部设备。

2.3.1 中央处理器

CPU 是微机硬件系统的核心,一般由高速电子线路组成,主要包括运算器和控制器及寄存器组,有的还包含了高速缓冲存储器(Cache)。CPU 从存储器或高速缓冲存储器中取出指令,放入指令寄存器,并对指令译码。它把指令分解成一系列的微操作,然后发出各种控制命令,执行微操作系列,从而完成一条指令的执行。

由于 CPU 在微机中的关键作用,人们往往将 CPU 的型号作为衡量和购买机器的标准,如 586,PIII,P4 等 CPU 都成为机器的代名词。

决定 CPU 性能的指标很多,其中主要是时钟频率、前端总线频率和 Cache。

时钟频率是指 CPU 内数字脉冲信号振荡的速度,也称为主频。相同类型的 CPU 主频越高,运算速度越快,性能就越好。CPU 的主频的单位是 GHz,目前主流 CPU 的主频都在 3.0 GHz 以上。

前端总线是 CPU 与内部存储器之间的通道,前端总线频率是指 CPU 与内部存储器交换数据的速度。前端总线频率越大,CPU 与内存交换数据的能力越强,CPU 性能越好。

随着微机 CPU 工作频率的不断提高,内存的读写速度相对较慢,为解决内存速度与 CPU 速度不匹配,从而影响系统运行速度的问题,在 CPU 与内存之间设计了一个容量较小(相对主存)但速度较快的高速缓冲存储器 Cache,简称快存。CPU 访问指令和数据时,先访问 Cache,如果目标内容已在 Cache 中(这种情况称为命中),CPU 则直接从 Cache 中读取;否则为非命中,CPU 就从主存中读取,同时将读取的内容存于 Cache 中。Cache 可看成是主存中面向 CPU 的一组高速暂存存储器。这种技术早期在大型计算机中使用,现在应用在微机中,使微机的性能大幅度提高。随着 CPU 的速度越来越快，系统主存越来越大，Cache 的存储容量也由 128 KB、256 KB 扩大到现在的 512 KB 或 2 MB。Cache 的容量并不是越大越好，过大的 Cache 会降低 CPU 在 Cache 中查找的效率。

2.3.2　总线与主板

总线是系统中传递各种信息的通道，也是微型计算机系统中各模块间的物理接口，它负责 CPU 和其他部件之间信息的传递。主板不但是整个电脑系统平台的载体，还负担着系统中各种信息的交流。

1. 总线

任何一个微处理器都要与一定数量的部件和外部设备连接，但如果将各部件和每一种外部设备都分别用一组线路与 CPU 直接连接，那么连线将会错综复杂，甚至难于实现。为了简化硬件电路设计、简化系统结构，常用一组线路，配置以适当的接口电路，与各部件和外部设备连接，这组共用的连接线路被称为总线。采用总线结构便于部件和设备的扩充，尤其制定了统一的总线标准，则容易使不同设备间实现互连。

微机的总线分为内部总线、系统总线和外部总线。内部总线是指在 CPU 内部的寄存器之间和算术逻辑部件 ALU 与控制部件之间传输数据的通路；系统总线是指 CPU 与内存和输入/输出设备接口之间进行通信的通路。通常所说的总线一般指系统总线，系统总线分为数据总线（data bus，DB）、地址总线（address bus，AB）和控制总线（control bus，CB）。外部总线则是微机和外部设备之间的总线，微机作为一种设备，通过该总线和其他设备进行信息与数据交换，它用于设备一级的互连。

数据总线用来传输数据。数据总线是双向的，既可以从 CPU 送到其他部件，也可以从其他部件传输到 CPU。数据总线的位数，也称宽度，与 CPU 的位数相对应。

地址总线用来传递由 CPU 送出的地址信息，和数据总线不同，地址总线是单向的。地址总线的位数决定了 CPU 可以直接寻址的内存范围。

控制总线用来传输控制信号，其中包括 CPU 送往存储器或输入/输出接口电路的控制信号，如读信号、写信号和中断响应信号等；还包括系统其他部件送到 CPU 的信号，如时钟信号、中断请求信号和准备就绪信号等。

由于总线是连接计算机各种设备的通道，随着计算机硬件技术的发展，总线也在不断地发展和完善，下面介绍几种常见的总线。

（1）PCI（peripheral component interconnect）总线是由 Intel 公司推出的一种局部总线，它定义了 32 位数据总线，且可扩展为 64 位。PCI 总线主板插槽的体积比原 ISA 总线插槽还小，其功能比起 VESA，ISA 有极大的改善，支持突发读写操作，最大传输速率可达 132 MB/s，可同时支持多组外部设备。PCI 局部总线不能兼容现有的 ISA，EISA，MCA（micro channel architecture）总线，但它不受制于处理器，是基于奔腾等新一代微处理器而发展的总线。

（2）通用串行总线（universal serial bus，USB）是由 Intel，Compaq，Digital，IBM，Microsoft，NEC，Northern Telecom 这 7 家世界著名的计算机和通信公司共同推出的一种新型接口标准。它基于通用连接技术，实现外设的简单快速连接，达到方便用户、降低成本、扩展 PC 连接外设范围的目的。它可以为外设提供电源，而不像普通的使用串、并口的设备需要单独的供电系统。另外，快速是 USB 技术的突出特点之一，USB 的最高传输率可达 12 MB/s 比串口快 100 倍，比并口快近 10 倍，而且 USB 还能支持多媒体。

（3）小型计算机系统接口（small computer system interface，SCSI）是一种用于计算机和智能设备（硬盘、软驱、光驱、打印机、扫描仪等）之间系统级接口的独立处理器标准。SCSI是一种智能的通用接口标准，是各种计算机与外部设备之间的接口标准。

2. 主板

主板是一块多层印刷信号电路板，外表两层印刷信号电路，内层印刷电源和地线。主板插有微处理器（CPU），它是微型机的核心部分；还有 6～8 个长条形插槽，用于插显示卡、声卡、网卡（或内置 modem）等各种选件卡；还有用于插内存条的插槽及其他接口等。主机性能的好坏对微型机的总体指标将产生举足轻重的影响。主板上常见部件如图 2.3 所示。

图 2.3 主板示意图

（1）北桥（north bridge）芯片。北桥芯片是主板芯片组中起主导作用的最重要的组成部分，也称为主桥（host bridge）。一般来说，芯片组的名称就是以北桥芯片的名称来命名的，例如 Intel 965P 芯片组的北桥芯片是 82965P，Intel 975P 芯片组的北桥芯片是 82975P 等。北桥芯片负责与 CPU 的联系并控制内存、AGP，PCI-E 数据在北桥内部传输，提供对 CPU 的类型和主频、系统的前端总线频率、内存的类型（SDRAM，DDR，DDR2 以及未来的 DDR3 等）和最大容量、AGP 插槽、PCI-E 插槽、ECC 纠错等支持。北桥芯片通常在主板上靠近 CPU 插槽的位置，这主要是考虑到它与处理器之间的通信最密切，为了提高通信性能而缩短传输距离。因为北桥芯片的数据处理量非常大，发热量也越来越大，所以现在的北桥芯片都覆盖着散热片用来加强北桥芯片的散热。

（2）南桥（south bridge）芯片。南桥芯片是主板芯片组的重要组成部分，一般位于主板上离 CPU 插槽较远的下方，PCI 插槽的附近，这种布局是考虑到它所连接的 I/O 总线较多，离处理器远一点有利于布线。南桥芯片负责 I/O 总线之间的通信，如 PCI 总线、USB、LAN、ATA、SATA、音频控制器、键盘控制器、实时时钟控制器、高级电源管理等。南桥芯片的发展方向主要是集成更多的功能，例如网卡、RAID、IEEE 1394、甚至 WI-FI 无线网络等。

（3）CPU 插槽。CPU 需要通过某个接口与主板连接才能进行工作。CPU 经过这么多年的发展，采用的接口方式有引脚式、卡式、触点式、针脚式等。而目前 CPU 的接口都是针脚式接口，对应到主板上就有相应的插槽类型。不同类型的 CPU 具有不同的 CPU 插槽，因此选择 CPU,就必须选择带有与之对应插槽类型的主板。主板 CPU 插槽类型不同,在插孔数、体积、形状都有变化,所以不能互相接插。

(4) 内存插槽。主板所支持的内存种类和容量都由内存插槽来决定。目前常见的内存插槽为 SDRAM 内存、DDR 内存插槽。需要说明的是不同的内存插槽的引脚、电压、性能和功能都是不尽相同的,不同的内存在不同的内存插槽上不能互换使用。

(5) PCI 插槽。PCI 是一种由英特尔(Intel)公司 1991 年推出的用于定义局部总线的标准。此标准允许在计算机内安装多达 10 个遵从 PCI 标准的扩展卡。它为显卡、声卡、网卡、电视卡、MODEM 等设备提供了连接接口。

2.3.3　外存储器

外存储器可用来长期存放程序和数据。外存不能被 CPU 直接访问,其中保存的信息必须调入内存后才能被 CPU 使用。微机的外存相对于内存来讲大得多,一般指软盘、硬盘、光盘和 USB 闪存等。

1. 软盘存储器

由软盘、软盘驱动器(简称软驱)和软盘控制适配器(或软盘驱动卡)三部分组成,软盘是存储介质,只有插入软驱中且在软盘驱动卡的控制下才能完成工作。

常用的软驱是 3.5 英寸薄型高密驱动器,适用于存储量为 1.44 MB 的 3.5 英寸高密软盘。这是 20 世纪 90 年代微机软驱的主流产品,现逐渐被淘汰。

2. 硬盘存储器

硬磁盘由硬质合金材料构成的多张盘片组成,硬磁盘与硬盘驱动器作为一个整体被密封在一个金属盒内,合称为硬盘。硬盘通常固定在主机箱内。与软盘相比,硬盘具有使用寿命长、容量大、存取速度快,以及防潮、防腐、防霉、防尘性能好等优点,如果使用得当,硬盘上的数据可保存数年之久。

应用最广的小型温式(温彻斯特式)硬磁盘机,是在一个轴上平行安装若干个圆形磁盘片,它们同轴旋转。每片磁盘的表面都装有一个读写头,在控制器的统一控制下沿着磁盘表面径向同步移动,于是几层盘片上具有相同半径的磁道可以看成是一个圆柱,每个圆柱称为一个柱面(cylinder)。硬盘容量的计算公式为

$$硬盘容量 = 每扇区字节数(512) \times 磁头数 \times 柱面数 \times 每磁道扇区数$$

除了存储容量,硬盘的另一个主要性能指标是存取速度。影响存取速度的因素有盘片旋转速度、数据传输率、平均寻道时间等。目前微型机硬盘盘片的转速达 7 200 r/min,存储容量可达数百 GB。

3. 光盘存储器

光盘存储器由光盘和光盘驱动器组成,光盘驱动器使用激光技术实现对光盘信息的读出和写入。光盘有以下特点:①存储容量大,多数普通的 CD-ROM 盘片容量达 650 MB,DVD 光盘有单面单层、单面双层、双面单层和双面双层 4 种结构,单张 DVD-ROM 的单面单层盘片容量达 4.7 GB,单面双层或双面单层的 DVD-ROM 盘片容量达 9.4 GB,双面双层的 DVD 盘片容量达 17 GB,蓝光光盘(使用蓝色激光代替普遍使用的红色激光)的数据存储量达 27 GB;②读取速度快,早期光驱的数据传输速率为 150 KB/s,这个速率被称为单倍速,以后速率都以它的倍数提高,于是就以倍速来代称光驱的数据传输速率,如 300 KB/s 称为 2 倍速,1 500 KB/s

称为 10 倍速,现在的光驱数据传输速率已达到 56 倍速甚至更高;③可靠性高,信息保留寿命长,可用做文献档案、图书管理和多媒体等方面的应用;④价位低;⑤携带方便。

光盘按性能可分为只读型、可写入一次型和可重写型三种类型。只读型光盘又称 CD-ROM;可写入一次型光盘又称 WORM 或简称 WO 光盘;可重写型光盘又称 CD-RW。

4. 移动式存储器

为适应移动办公存储大容量数据发展的需要,新型的、可移动的外部存储器已广泛使用。例如,可移动硬盘、U 盘等。

(1) 可移动硬盘。传统概念上的硬盘是与机箱固定在一起的,作为计算机的一个组成部分而存在的。随着计算机技术的发展,采用 USB 接口的移动硬盘应运而生,并且以其超强抗震、热拔插、无外接电源、支持多种操作系统等诸多优势,随着价格的下降开始流行。其速度达到普通软盘的 20 多倍,并且在安全性方面更是超过了易坏的软盘。

(2) U 盘,也称优盘。移动硬盘的存储介质还是采用原始的计算机硬盘,只不过把台式机的硬盘换成笔记本上的硬盘。U 盘是一种基于闪存介质和 USB 接口的移动存储设备,其优点是无需驱动器和额外电源,只需从其采用的标准 USB 接口总线取电;可热拔插,真正即插即用;通用性高、容量大(一般为 1 GB,2 GB,4 GB)、读写速度快;抗震防潮、耐高低温、带写保护开关(防病毒)、安全可靠,可反复使用 10 年;体积小(与一般的打火机差不多)、轻巧景致、美观时尚、易于携带。U 盘在 Windows ME/2000/XP,Mac OS 9. x/M OS X,Linux Kernel 2.4 下均不需要驱动程序,可直接使用。

注意 插拔 U 盘时,必须等指示灯停止闪烁时方可进行;写保护的关闭和打开,均须在从接口上拔下的状态下进行。

2.3.4 声音、显示、网络适配器

适配器就是一个接口转换器,它可以是一个独立的硬件接口设备,允许硬件或电子接口与其他硬件或电子接口相连,也可以是信息接口。在计算机中,适配器通常内置于可插入主板上插槽的卡中(也有外置的)。卡中的适配信息与处理器和适配器支持的设备间进行交换。

(1) 音频适配器。又称声卡,是多媒体技术中最基本的组成部分,是实现声波/数字信号相互转换的一种硬件。声卡的基本功能是把来自话筒、磁带、光盘的原始声音信号加以转换,输出到耳机、扬声器、扩音机、录音机等声响设备,或通过音乐设备数字接口(MIDI)使乐器发出美妙的声音。现在的声卡一般有板载声卡和独立声卡之分。在早期的电脑上并没有板载声卡,电脑要发声必须通过独立声卡来实现。

(2) 显示适配器。又称显卡,可将计算机系统所需要的显示信息进行转换驱动,并向显示器提供行扫描信号,控制显示器的正确显示,是连接显示器和个人电脑主板的重要元件,是"人机对话"的重要设备之一。显卡作为电脑主机里的一个重要组成部分,承担输出显示图形的任务,对于从事专业图形设计的人来说显卡非常重要。一般有集成显卡和独立显卡两大类。如果需要图形显示效果较好,可采用独立显卡。显卡中重要的性能指标是 GPU(图形处理器)和显存。显存越大,图形核心的性能越强。

(3) 视频采集卡。也称视频卡,可将模拟摄像机、录像机、LD 视盘机、电视机输出的视频信号等输出的视频数据或者视频音频的混合数据输入电脑,并转换成电脑可辨别的数字数据,存储在电脑中,成为可编辑处理的视频数据文件。例如,要把网上直播的节目存储起来方便以后观看,需要利用视频采集技术进行处理。

（4）网络适配器。又称网卡（NIC），是使计算机联网的设备，即将计算机、工作站、服务器等设备连接到网络上的通信接口装置。网卡插在计算机主板插槽中，负责将用户要传递的数据转换为网络上其他设备能够识别的格式，通过网络介质传输。

2.3.5　输入和输出设备

输入和输出设备是人或外部与计算机进行交互的一种装置，用于把原始数据和处理这些数据的程序输入计算机中或将计算机处理的结果进行展示。

1. 输入设备

微型计算机常用的输入设备有键盘、鼠标、扫描仪、数码相机及数码摄像机等。

（1）键盘。键盘是向计算机发布命令和输入数据的重要输入设备。在微机中，它是必备的标准输入设备。按键盘的外形可分为标准键盘和人体工程学键盘。人体工程学键盘是在标准键盘上将指法规定的左手键区和右手键区这两大板块左右分开，并形成一定角度，使操作者不必有意识地夹紧双臂，保持一种比较自然的形态，键盘结构通常由主键盘、小键盘和功能键区三部分组成。主键盘即通常的英文打字机用键，在键盘中部；小键盘即数字键组，在键盘右侧，与计算器类似；功能键区在键盘上部，标注有 F1～F12。

（2）鼠标。鼠标是一种指点式输入设备，其作用可代替光标移动键进行光标定位操作和替代回车键操作。在各种软件支持下，通过鼠标上的按钮可完成各种特定的功能，鼠标已经成为微机上普遍配置的输入设备。鼠标按其结构分为机械式鼠标和光电式鼠标。

（3）扫描仪。一种计算机外部仪器设备，通过捕获图像并将之转换成计算机可以显示、编辑、存储和输出的数字化输入设备。对照片、文本页面、图纸、美术图画、照相底片、菲林软片，甚至纺织品、标牌面板、印制板样品等都可作为扫描对象，提取和将原始的线条、图形、文字、照片、平面实物转换成可以编辑及加入文件中的装置。

（4）数码相机。数码相机是一种利用电子传感器把光学影像转换成电子数据的照相机。它集成了影像信息的转换、存储和传输等部件，具有数字化存取模式，与电脑交互处理和实时拍摄等特点。

2. 输出设备

输出设备的主要作用是把计算机处理的数据、计算结果等内部信息转换成人们习惯接受的信息形式，如字符、图像、表格、声音等进行输出。常见的输出设备有显示器、打印机、绘图仪等。

（1）显示器。显示器通过显示卡接到系统总线上，两者一起构成显示系统。显示器是微型计算机最重要的输出设备，是"人机对话"不可缺少的工具。显示器的种类很多，按所采用的显示器件分类，有阴极射线管（CRT）显示器、液晶（LCD）显示器、等离子显示器等。分辨率就是屏幕图像的精密度，是指显示器所能显示的像素的多少。由于屏幕上的点、线和面都是由像素组成的，显示器可显示的像素越多，画面就越精细，同样的屏幕区域内能显示的信息也越多，所以分辨率是个非常重要的性能指标之一。以分辨率为 $1\,024\times768$ 的屏幕来说，即每一条水平线上包含有 1 024 个像素点，共有 768 条线，即扫描列数为 1 024 列，行数为 768 行。分辨率不仅与显示尺寸有关，还受显像管点距、视频带宽等因素的影响。显示器必须配置正确的适配器（显示卡），才能构成完整的显示系统。常见的显示卡类型有：① VGA（video graphics array），显示图形分辨率为 640×480，文本方式下分辨率为 720×400，可支持 16 色；②SVGA（super VGA），分辨率提高到 800×600、$1\,024\times768$，而且支持 16.7 M 种颜色，称为"真彩色"；

③AGP(accelerate graphics porter)，在保持了 SVGA 的显示特性的基础上，采用了全新设计、速度更快的 AGP 显示接口，显示性能更加优良，是目前最常用的显示卡。

（2）打印机。打印机也是计算机系统最常用的输出设备。在显示器上输出的内容只能当时查看，便于用户查看与修改，但不能保存。为了将计算机输出的内容留下书面记录以便保存，就需要用打印机打印输出。根据打印机的工作原理，可以将打印机分为点阵打印机、喷墨打印机和激光打印机三类：①针式打印机打印的字符和图形是以点阵的形式构成的，它的打印头由若干根打印针和驱动电磁铁组成，打印时使相应的针头接触色带击打纸面来完成，目前使用较多的是 24 针打印机，其主要特点是价格便宜、使用方便，但打印速度较慢、噪音大；②喷墨打印机是直接将墨水喷到纸上来实现打印，它价格低廉、打印效果较好，较受用户欢迎，但喷墨打印机使用的纸张要求较高，墨盒消耗较快；③激光打印机是激光技术和电子照相技术的复合产物，其技术来源于复印机，但复印机的光源是用灯光，而激光打印机用的是激光，由于激光光束能聚焦成很细的光点，激光打印机能输出分辨率很高且色彩很好的图形。

（3）绘图仪。绘图仪是一种常用的图形输出设备。通过专用的绘图软件，用户的绘图要求变为对绘图仪的操作指令。常见的绘图仪有平板型和滚筒型两种类型。

2.3.6　移动计算

移动计算是随着移动通信、互联网、数据库、分布式计算等技术的发展而兴起的新技术。移动计算技术将使计算机或其他信息智能终端设备在无线环境下实现数据传输及资源共享。它的作用是将有用、准确、及时的信息提供给任何时间、任何地点的任何客户。这将极大地改变人们的生活方式和工作方式。常用的移动计算设备有以下几种。

（1）笔记本电脑。与台式机电脑相比，它们的基本构成是相同的（显示器、键盘/鼠标、CPU、内存和硬盘），但是笔记本电脑的优势还是非常明显的。便携性就是笔记本相对于台式机电脑最大的优势，一般的笔记本电脑的重量只有 2 kg 多一些，无论是外出工作还是外出旅游，都可以随身携带，非常方便。其主要优点是体积小、重量轻、携带方便，超轻超薄是其主要发展方向，它的性能会越来越高，功能会更加丰富。其便携性和备用电源使移动办公成为可能，因此越来越受用户推崇，市场容量迅速扩展。

（2）平板电脑。平板电脑是 PC 家族新增加的一名成员，其外观和笔记本电脑相似，但不是单纯的笔记本电脑，它可以被称为笔记本电脑的浓缩版。其外形介于笔记本和掌上电脑之间，但其处理能力大于掌上电脑，比之笔记本电脑，它除了拥有其所有功能外，还支持手写输入或者语音输入，移动性和便携性都更胜一筹。平板电脑有两种规格，一为专用手写板，可外接键盘、屏幕等，当成一般 PC 用；另一种为笔记型手写板，可像笔记本一般开合。

（3）掌上电脑。掌上电脑即 PDA(personal digital assistant)，就是个人数字助理的意思。顾名思义就是辅助个人工作的数字工具，功能丰富、应用简便，可以满足日常的大多数需求，主要提供记事、通讯录、名片交换及行程安排等功能，可以看书、游戏、字典、学习、记事和看电影等。它不仅可用来管理个人信息，如通讯录，计划等，更重要的是可以上网浏览，收发 E-mail，可以发传真，甚至还可以当成手机来用。尤为重要的是，这些功能都可以通过无线方式实现。掌上电脑的核心是操作系统，目前市场上的掌上电脑主要采用 Palm 和微软 Win CE 两类操作系统。

（4）智能手机。智能手机具有独立的操作系统，像个人电脑一样支持用户自行安装软件、游戏等第三方服务商提供的程序，并通过此类程序不断对手机的功能进行扩充，同时可通过移动通信网络来实现无线网络接入。智能手机除了具备手机的通话功能外，还具备了 PDA 的大部分功能，特别是个人信息管理以及基于无线数据通信的浏览器，GPS 和电子邮件功能。智能手机为用户提供了足够的屏幕尺寸和带宽，既方便随身携带，又为软件运行和内容服务提供了广阔的舞台，很多增值业务可以就此展开，如股票、新闻、天气、交通、商品、应用程序下载、音乐图片下载等。结合 3 G 通信网络的支持，智能手机势必成为一种功能强大，集通话、短信、网络接入、影视娱乐为一体的综合性个人手持终端设备。

2.4 计算机的软件系统

软件系统一般指为计算机运行工作服务的全部技术和各种程序。计算机系统的软件分为系统软件和应用软件。

2.4.1 系统软件

系统软件是指控制和协调计算机及外部设备，支持应用软件开发和运行的系统，是无需用户干预的各种程序的集合，主要功能是调度、监控和维护计算机系统；负责管理计算机系统中各种独立的硬件，使得它们可以协调工作。系统软件使得计算机使用者和其他软件将计算机视为一个整体而不需要顾及底层每个硬件是如何工作的。系统软件包括操作系统（operating system，OS）、语言编译程序、数据库管理系统（database management system，DBMS）和联网及通信软件。

1. 操作系统

操作系统是最基本、最重要的系统软件。它负责管理计算机系统的全部软件资源和硬件资源，合理地组织计算机各部分协调工作，为用户提供操作和编程界面。随着计算机技术的迅速发展和计算机的广泛应用，用户对操作系统的功能、应用环境、使用方式不断提出了新的要求，因而逐步形成了不同类型的操作系统。

2. 语言编译程序

人和计算机交流信息使用的语言称为计算机语言或称程序设计语言。计算机语言通常分为机器语言（machine language）、汇编语言（assemble language）和高级语言（high level language）三类。

（1）机器语言。机器语言是一种用二进制代码"0"和"1"形式表示的，能被计算机直接识别和执行的语言。用机器语言编写的程序，称为计算机机器语言程序。它是一种低级语言，用机器语言编写的程序不便于记忆、阅读和书写。通常不用机器语言直接编写程序。

（2）汇编语言。汇编语言是一种用助记符表示的面向机器的程序设计语言。汇编语言的每条指令对应一条机器语言代码，不同类型的计算机系统一般有不同的汇编语言。用汇编语言编制的程序称为汇编语言程序，机器不能直接识别和执行，必须由"汇编程序"（或汇编系统）翻译成机器语言程序才能运行。这种"汇编程序"就是汇编语言的翻译程序。汇编语言适用于编写直接控制机器操作的低层程序，它与机器密切相关，不容易使用。

（3）高级语言。高级语言是一种比较接近自然语言和数学表达式的一种计算机程序设计语言。一般用高级语言编写的程序称为"源程序"，计算机不能识别和执行，要把用高级语言编写的源程序翻译成机器指令，通常有编译和解释两种方式。编译方式是将源程序整个编译成目标程序，然后通过链接程序将目标程序链接成可执行程序。解释方式是将源程序逐句翻译，翻译一句执行一句，边翻译边执行，不产生目标程序。由计算机执行解释程序自动完成。如BASIC语言和Perl语言。常用的高级语言程序有：①BASIC语言，是一种简单易学的计算机高级语言，尤其是Visual Basic具有很强的可视化设计功能，给用户在Windows环境下开发软件带来了方便，是重要的多媒体编程工具语言；②FORTRAN语言，是一种适合科学和工程设计计算的语言，它具有大量的工程设计计算程序库；③PASCAL语言，是结构化程序设计语言，适用于教学、科学计算、数据处理和系统软件的开发；④C语言，是一种具有很高灵活性的高级语言，适用于系统软件、数值计算、数据处理等，使用非常广泛；⑤JAVA语言，是近些年发展起来的一种新型的高级语言，它简单、安全、可移植性强，适用于网络环境的编程，多用于交互式多媒体应用。

3. 数据库管理系统

数据库管理系统的作用是管理数据库。数据库管理系统是有效地进行数据存储、共享和处理的工具。目前，微机系统常用的单机数据库管理系统有DBASE，FoxBase，Visual FoxPro等，适合于网络环境的大型数据库管理系统有Sybase，Oracle，DB2，SQL Server等。当今数据库管理系统主要用于档案管理、财务管理、图书资料管理、仓库管理、人事管理等数据处理。

4. 联网及通信软件

网络上的信息和资料管理比单机上要复杂得多。因此，出现了许多专门用于联网和网络管理的系统软件。例如，局域网操作系统Novell NetWare，Microsoft Windows NT；通信软件有Internet浏览器软件，如Netscape公司的Navigator，Microsoft公司的IE等。

2.4.2　应用软件

应用软件是用户可以使用的各种程序设计语言，以及用各种程序设计语言编制的应用程序的集合，分为应用软件包和用户程序。应用软件包是利用计算机解决某类问题而设计的程序的集合，供多用户使用。

（1）办公软件。办公软件指可以进行文字的处理、表格的制作、幻灯片制作、简单数据库的处理等方面应用于日常工作的软件，包括文字处理软件、表格处理软件、幻灯片制作软件、公式编辑器、绘图软件等。

（2）互联网软件。互联网软件是指在互联网上完成语音交流、信息传递、信息浏览等事务的软件，如即时通信软件、电子邮件客户端、网页浏览器、FTP客户端和下载工具等软件。

（3）多媒体软件。多媒体软件是指媒体播放器、图像编辑软件、音讯编辑软件、视讯编辑软件、计算机辅助设计软件、计算机游戏、桌面排版软件等。

（4）分析软件。分析软件主要有计算机代数系统、统计软件、数字计算软件、计算机辅助工程设计软件等。

（5）商务软件。商务软件是为企业经营提供支持的各类软件，如会计软件、企业工作流程分析软件、客户关系管理软件、企业资源规划软件、供应链管理软件、产品生命周期管理软件等。

2.5 多媒体计算机

现在的 PC 机几乎全属于多媒体计算机。

"多媒体"一词译自英文 Multimedia,媒体(medium)原有两重含义,一是指存储信息的实体,如磁盘、光盘、磁带、半导体存储器等,中文常译为媒质;二是指传递信息的载体,如数字、文字、声音、图形等,中文译为媒介。从字面上看,多媒体就是由单媒体复合而成的。

多媒体技术从不同的角度有着不同的定义。有人定义多媒体计算机是一组硬件和软件设备,结合了各种视觉和听觉媒体,能够产生令人印象深刻的视听效果。在视觉媒体上,包括图形、动画、图像和文字等媒体;在听觉媒体上,则包括语言、立体声响和音乐等媒体。用户可以从多媒体计算机同时接触到各种各样的媒体来源。也有人定义多媒体是"文字、图形、图像以及逻辑分析方法等与视频、音频以及为了知识创建和表达的交互式应用的结合体"。概括起来就是,多媒体技术,即是计算机交互式综合处理多媒体信息——文本、图形、图像和声音,使多种信息建立逻辑连接,集成为一个系统并具有交互性。简言之,多媒体技术就是具有集成性、实时性和交互性的计算机综合处理声文图信息的技术。

多媒体系统主要由多媒体硬件系统、多媒体操作系统、媒体处理系统工具和用户应用软件4 部分的内容组成。

多媒体操作系统也称为多媒体核心系统(Multimedia kernel system),具有实时任务调度、多媒体数据转换和同步控制对多媒体设备的驱动和控制,以及图形用户界面管理等。

多媒体硬件系统,包括计算机硬件、声音/视频处理器、多种媒体输入/输出设备及信号转换装置、通信传输设备及接口装置等。其中,最重要的是根据多媒体技术标准而研制生成的多媒体信息处理芯片、光盘驱动器等。

媒体处理系统工具,或称为多媒体系统开发工具软件,是多媒体系统重要组成部分。

用户应用软件,是根据多媒体系统终端用户要求而定制的应用软件或面向某一领域的用户应用软件系统,它是面向大规模用户的系统产品。

多媒体个人电脑(Multimedia personal computer,MPC)就是具有了多媒体处理功能的个人计算机,它的硬件结构与一般所用的个人机并无太大的差别,只不过是多了一些软硬件配置而已。一般用户如果要拥有 MPC 大概有两种途径:一是直接够买具有多媒体功能的 PC 机;二是在基本的 PC 机上增加多媒体套件而构成 MPC。其实,现在最近用户所购买的个人电脑绝大多都具有了多媒体应用功能。

第3章 中文 Windows XP 操作系统

Windows XP 是微软公司继 Windows 2000 之后推出的最新一代操作系统,和 Windows 2000 一样,Windows XP 操作系统基于 NT 技术,是纯 32 位操作系统,而不像 Windows 9x 是 16/32 位操作系统,这使 Windows XP 更稳定、更安全。新一代的 Windows XP 集成了更为强大的功能,硬件兼容性、系统稳定性和安全性都大为提高,增强的网络功能和更人性化的用户界面都不能不令人为之动容,强大的多媒体功能更是用户选择它的一个重要原因。本章将由浅入深逐步讲解 Windows XP 的使用,从友好的界面使用到一些较为高级的 Windows XP 设置。

3.1 Windows XP 的界面及操作

Windows XP 登录后,屏幕上较大的区域称为系统桌面,也可简称为桌面,如图 3.1 所示。在屏幕底部有一条狭窄条带,称为任务栏。在计算机上做的每一件事情都显示在称为窗口的框架中。可以一次随意打开很多的窗口,还可重新调整它们的大小、向四周移动或以任意顺序重排,如图 3.2 所示。图中桌面上打开了**我的文档**文件夹、**WinRaR** 压缩文件软件和**图片收藏**文件夹三个窗口。

图 3.1 启动到桌面

图 3.2 打开多个窗口

如果是第一次启动到桌面,在任务栏的消息通知区域(右端)将出现一个**漫游 Windows XP** 的"气球"提示信息,单击这个"气球"的任一处,将打开**漫游 Windows XP** 的 Web 页面,可以单击各个链接查看关于 Windows XP 基础知识、安全保护、数字媒体、家庭办公、电子商务等方面的简单介绍。也可以直接单击右上角的"×"按钮关闭它。通过菜单命令**开始→所有程序→附件→漫游 Windows XP** 也可以打开该 Web 页面。

3.1.1 桌面项目

桌面上的小型图片称为图标,也可称为桌面快捷方式。可以将它们视为到达计算机上存储的文件和程序的大门。将鼠标放在图标上会出现文字、标示其名称和内容。要打开文件或程序,可以双击该图标。

桌面快捷方式中有几个是系统定义的,分别是**我的电脑**、**我的文档**、**回收站**、**网上邻居**和**Internet Explorer**,如图3.3所示。还有一些用户自己定义的快捷方式,这些快捷方式图标左下角带有一个小箭头。通过这些图标可以访问程序、文件、文件夹、磁盘驱动器、网页、打印机、其他计算机等。快捷方式图标仅仅提供到所代表的程序或文件等的链接。可以添加或删除该图标而不会影响实际的程序或文件等。

图3.3 系统定义的桌面图标

第一次启动 Windows XP 时,为了使桌面整洁美观,用户将只看到右下角的一个图标——**回收站**,如图3.1所示。用户可以将计算机中要删除的文件放到这里。此时,**我的电脑**、**我的文档**、**网上邻居**和 **Internet Explorer** 图标被隐藏起来了。通过下面步骤,可以将这些系统定义的桌面图标显示出来:①右击桌面任意空白处,在弹出的快捷菜单中选择**属性**选项;②在弹出的**显示 属性**对话框中选择**桌面**选项卡;③单击**自定义桌面**按钮,弹出**桌面项目**对话框;④在**桌面图标**栏中,选定需要显示的桌面图标名称复选框后,单击**确定**按钮;⑤再次单击**确定**按钮,被选定的桌面图标就显示在桌面上了。

3.1.2 任务栏

任务栏一般出现在桌面的下方,它由**开始**按钮、应用程序栏和通知栏组成。

(1)**开始**按钮。单击**开始**按钮可以打开**开始**菜单。

(2)应用程序栏。显示已经启动的应用程序名称,可以在多个窗口间实现切换选择操作。

(3)通知栏。显示时钟等系统当时的状态。

3.1.3 "开始"菜单

1. 打开"开始"菜单

在 Windows XP 中,用户绝大部分的工作都从**开始**菜单开始。在任务栏的左侧有一个**开始**按钮,单击它即可打开**开始**菜单。

2. "所有程序"菜单

通常,安装在 Windows XP 中的应用程序都会在**所有程序**级联菜单中留有一个启动它的相应选项,因此可以通过单击**所有程序**级联菜单中的相应选项来启动应用程序。例如,启动 Windows XP 提供的记事本功能,可以执行如下操作:①单击**开始**按钮,打开**开始**菜单;②将鼠标指针指向**所有程序**选项,打开**所有程序**级联菜单;③再将鼠标指针指向**附件**选项,打开**附件**级联菜单;④单击**记事本**命令,启动记事本应用程序。

3. "我最近的文档"菜单

"我最近的文档"菜单中,列出了用户最近使用编辑过的文档文件。该级联菜单中最多可以记录 15 个文件项。

4．控制面板

　　控制面板提供了丰富的专门用于更改 Windows 的外观和行为方式的工具。有些工具可帮助用户调整计算机设置，从而使得操作计算机更加有趣。例如，可以通过**鼠标**将标准鼠标指针替换为可以在屏幕上移动的动画图标，或通过**声音和音频设备**将标准的系统声音替换为自己选择的声音。其他工具可以帮用户将 Windows 设置得更容易使用。例如，如果用户习惯使用左手，则可以利用**鼠标**功能项更改鼠标按键，以便利用鼠标右按键执行选择和拖放等主要功能。

5．搜索

　　选择**开始**菜单中的**搜索**选项可以启动 Windows 的**搜索助理**，通过它可以搜索图片、音乐和文档，以及打印机、计算机和用户的所有类型对象。

6．帮助和支持

　　帮助和支持中心全面提供 Windows XP 操作系统的各种工具和信息的资源。

7．运行

　　使用**运行**菜单命令，可以运行 Windows XP 操作系统中已安装的所有应用程序；但主要是为了运行**开始**菜单中未被列出的应用程序。例如，要运行 Windows XP 操作系统自带的**记事本**程序，应执行如下操作：①单击**开始**按钮，打开**开始**菜单；②单击**运行**命令，弹出**运行**对话框；③在**打开**组合框中输入路径和程序名称 **C：\Windows\Notepad．exe**；④单击**确定**按钮，即可启动**记事本**程序。

3.1.4　窗口与对话框

　　Windows XP 是一个多任务操作系统，可以同时启动若干个任务。窗口是 Windows XP 的标准用户界面，可分为应用程序窗口、文档窗口和对话框三类。

1．应用程序窗口

　　应用程序窗口是一个应用程序运行时的人机界面，程序的数据输入和结果输出都在一个窗口中，该类窗口可放在桌面上的任意位置，在应用程序窗口顶部的标题栏会出现应用程序名和有关文档名。图 3.4 所示为"Windows 资源管理器"窗口，其窗口的组成元素如下：

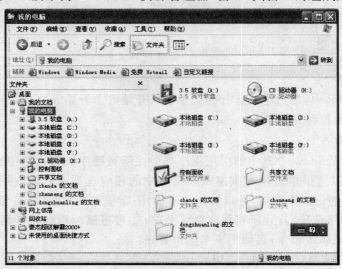

图 3.4　标准窗口

（1）控制按钮。控制按钮是位于窗口左上角的图标。单击该按钮即打开控制菜单。通过控制菜单可以改变窗口的大小、窗口的位置及关闭窗口。

（2）标题栏。标题栏位于窗口第一行,用于显示正在运行的应用程序名称。如果在桌面上同时打开多个窗口,当前窗口(即用户正在操作的窗口,也称为活动窗口)的标题栏显示蓝色,其他窗口标题栏显示灰色。

（3）菜单栏。菜单栏位于标题栏下面,用于显示当前运行的程序所提供的功能。通过鼠标单击菜单项或按住 Alt 键加对应菜单项后面的字母键,可以选择菜单项中的功能。

（4）工具栏。工具栏在菜单栏下面。在工具栏中列出了一系列工具按钮。单击这些按钮,就能执行相应的操作。

（5）地址栏。地址栏用于输入文件夹名、用户想要到达的 Web 页地址等。输入完成后,按回车键就能到达指定的文件夹或 Web 页。在"资源管理器"窗口的地址栏中,主要是用于显示系统当前所处的文件夹位置。

（6）状态栏。状态栏位于窗口底部,用于显示窗口的状态,如对象个数和可用空间等信息。

（7）最大化、最小化、关闭和还原窗口按钮。标题栏最右边有三个按钮,其中顺序为**最小化按钮**、**最大化按钮**和**关闭**按钮。当窗口处于最大化状态时,**最大化**按钮将变为还原按钮。

（8）工作区。窗口的内部区域称为工作区或工作空间。工作区中的内容可以是对象图标,还可以是文档内容,随窗口类型的不同而不同。当窗口无法显示所有内容时,工作区中将出现水平滚动条和垂直滚动条。

2. 文档窗口

文档(document)是指 Windows 应用程序所生成的文件。文档窗口是应用程序中向应用程序显示文档文件的窗口。文档窗口共享应用程序窗口的菜单栏,如 Word 生成的文稿、画图程序生成的画图文件等。

3. 窗口的基本操作

窗口的基本操作有最大化、还原、最小化、移动窗口、改变窗口的大小及滚动窗口等。可以使用窗口标题栏中的控制菜单来实现,也可以通过鼠标操作来完成。

4. 多个窗口的操作

当运行有多个应用程序时候,将在任务栏上显示有多个按钮。可以在任务栏上单击来选择切换各个窗口操作。

5. 对话框

对话框是一种特殊的窗口,它是系统和用户进行信息交流的一个界面。一般来说,对话框与标准窗口的区别是,对话框没有菜单栏、工具栏等大型组件,而是一些特别具有针对性的选择按钮之类,且对话框不能改变其大小。图 3.5 所示为 Word 中的**段落**对话框。

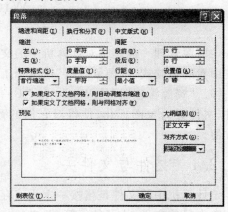

图 3.5　**段落**对话框

3.1.5 应用程序的启动及退出

1. 启动程序

启动应用程序完成某项工作任务是使用计算机的主要工作任务。在 Windows XP 中,主要有三种启动应用程序的方法。

(1)通过**开始**菜单启动应用程序。这是 Windows XP 操作系统执行应用程序的最常用的一种方法。在**开始**菜单的**所有程序**级联菜单中,几乎包括了所有安装在计算机中应用程序的快捷方式图标,可以通过直接单击所要启动的应用程序图标来启动相应的应用程序。例如,要启动"资源管理器"应用程序,单击**所有程序**级联菜单下**附件**子菜单中 **Windows 资源管理器**命令,即可打开该应用程序。

(2)在"资源管理器"中启动应用程序。"资源管理器"窗口里可以浏览所有的文件夹及应用程序,要打开某个应用程序,只要在"资源管理器"窗口中找到该程序的图标,双击就可以将其打开。一般应用程序的可执行文件的扩展名是 exe。如果已利用某应用程序建立了文档,在"资源管理器"窗口中双击这样的文档,首先打开该应用程序,然后打开该文档。对系统中安装的任何应用程序,总可以通过"资源管理器"找到它的可执行文件,然后双击该文件来启动它。这样的可执行文件通常以 exe 或 com 为扩展名。

(3)用桌面快捷图标启动应用程序。如在桌面上建立放置了应用程序的快捷方式,则可在桌面上通过双击该快捷方式,打开该应用程序。也可在桌面上右击该快捷方式,然后在弹出菜单中执行**打开**命令来启动该应用程序。

2. 退出程序

应用程序通常可通过单击其窗口的**关闭**按钮,或**文件**菜单中**退出**命令来退出。有时候,由于某种原因系统处于半死机状态,关闭应用程序的命令来不及响应,此时通过正常的方法无法关闭应用程序,只能采用结束任务的方法来终止。操作方法如下:①按 Ctrl＋Alt＋Del 组合键,打开一个 **Windows 任务管理器**对话框;②在**应用程序**选项卡的列表框中选定要终止的不正常应用程序名;③单击**结束任务**按钮,打开**结束任务**对话框;④单击**立即结束**按钮,关闭应用程序。

3.2 Windows XP 资源管理器

资源管理一般是指对计算机中的文件、文件夹和磁盘驱动器的管理。在 Windows XP 中,使用**我的电脑**或"资源管理器"这两个工具来进行资源的管理。两个工具的管理操作方法基本一样。"资源管理器"是 Windows XP 一个重要的文件、文件夹管理工具,它将计算机中的文件、文件夹对象图标化,使得对它们的查找、复制、删除、移动等操作管理变得非常容易、非常方便。

3.2.1 文件与文件夹

计算机中的文件是指按一定格式存储在外存储器(如磁盘等)上的相关信息的集合。磁盘上有大量的文件,为了便于管理,必须将文件分门别类地进行组织管理。在 Windows XP 中,采用树形结构的文件夹形式组织和管理文件。

1. 文件的命名规则

在 Windows 中,系统对于文件是"按名存取"的,所以每个文件都必须有一个名字,而且在同一文件目录下的文件不能同名。文件名一般由主文件名和文件扩展名组成,它们之间用下圆点分隔。格式为＜主文件名＞[. 扩展文件名]。在 Windows 中文件的命名一般规则如下:

(1) 主文件名必须用英文字母、汉字或下划线开头,后接英文字母、数字、汉字、下划线以及空格等字符组成,长度为不超过 255 个 ASCII 字符;

(2) 文件的扩展名用于说明文件的类型,由 0~3 个 ASCII 字符组成,可以没有,一般用户不要随意乱用和更改;

(3) 文件名中不得包含的 ASCII 码字符有"/"、"\"、":"、"＊"、"?"、"＜"、"＞"、""""、"|"。

2. 文件类型和相应的图标

文件的类型主要由文件的扩展名来识别。Windows XP 注册了一些常用的文件类型。这些被注册了扩展名的文件在窗口中列表显示时,将显示相应的图标。不同类型的文件在 Windows XP 中对应不同的文件图标。如 Microsoft Word 类型文件对应在图标 📄;Microsoft Excel 类型文件对应在图标📄。而没有注册的文件类型,其显示的图标均为📖图标形式。表 3.1 是常见的 Windows XP 注册的文件类型及显示的图标。

表 3.1　文件类型及显示的图标

文件类型	文本文件	幻灯片文件	Word 文件	Excel 文件	帮助文件	图片文件	Windows 媒体文件	未注册类型文件
图标	📄	📄	📄	📄	❓	🖼	▶	📖

3. 文件夹

在 Windows XP 中以文件夹(相当于 DOS 中的目录概念)的形式对磁盘中的文件进行组织和管理。文件夹就是将相关文件分门别类存放在一起的有组织的实体。一个文件夹中可以包含一个或多个文件,也可以包含一个或多个下一级文件夹,从而构成树状层次结构。文件夹同样也必须有一个名称,其命名方法与文件一样,但文件夹通常不使用扩展名。

3.2.2　资源管理器

1. 资源管理器的启动

启动 Windows XP 资源管理器主要有以下两种方法。

(1) 单击**开始→所有程序→附件→Windows 资源管理器**命令,进入资源管理器。

(2) 右击**开始**按钮,在弹出的快捷菜单中单击**资源管理器**命令。

打开后的"资源管理器"的窗口,如图 3.6 所示。

2. "资源管理器"窗口的组成

"资源管理器"窗口主要包括有标题栏、菜单栏、工具栏、主体窗口、状态栏等几个部分。

"资源管理器"的主体窗口分为两部分,左边的称为**文件夹**窗格,它以树型目录的形式显示了计算机中的磁盘及文件夹结构;右边的称为"文件列表"窗格,在左窗格中被选定的磁盘或文件夹中的内容将显示在右窗格里。

图 3.6 "资源管理器"窗口

3. 工具栏的显示和隐藏

资源管理器窗口中有**标准按钮**、**地址栏**和**链接**三个工具栏,其中**标准按钮**是最主要的操作用工具栏。用户可以根据需要调整各个工具栏的显示与隐藏,操作方法如下:①单击"资源管理器"窗口中的**查看**菜单项,打开其下拉菜单;②选择下拉菜单中的**工具栏**选项,打开**工具栏**级联菜单;③单击级联菜单中的命令选项,当选项名前出现"✔"符号时,则表示该选项已被选定,对应的工具栏将出现在窗口中。再次单击相应的选项即可取消该工具栏的显示。

4. 自定义工具栏

为了方便用户操作,Windows XP在**标准按钮**工具栏中设置有20多种常用的工具按钮;但在初始状态下,工具栏中仅显示了少量的几种工具,如**后退**、**前进**、**向上**、**查看**等。用户可根据需要在工具栏中显示其他常用的工具按钮,操作方法如下:①单击**查看→工具栏→自定义**命令,弹出**自定义工具栏**对话框,如图3.7所示;②在左侧的**可用工具栏按钮**列表框中选择要添加的工具按钮图标,然后单击**添加**按钮,该按钮图标即被添加显示在右侧的**当前工具栏按钮**列表框中,如此反复操作选择所要添加的全部按钮图标;③对于不需要在工具栏中显示的工具按钮,可以在右侧的**当前工具栏按钮**列表框中选定后,单击**删除**按钮将其删除;④关闭对话框窗口后,可以看到所选择添加的工具按钮出现在工具栏中。

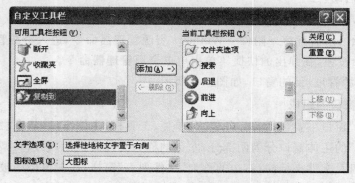

图 3.7 **自定义工具栏**对话框

为了操作方便，用户最好将**剪切、复制、粘贴、删除、撤消、文件夹选项**及**属性**工具按钮添加到工具栏中。

5. 标准按钮的功能

在**标准按钮**工具栏中列出了部分菜单命令的快捷按钮，其主要按钮的功能如下。

（1）**后退**或**前进按钮**。单击此按钮，将返回到上一步操作时的驱动器或文件夹窗口，或前进到当前窗口的下一步窗口（如果使用过后退操作）。**后退**和**前进**按钮是根据访问的历史顺序来进行切换的，当用户进行了许多操作之后，就很难分辨所要找的文件夹是当前文件夹的前面还是后面，此时用户就可以单击这两个按钮右边的小三角按钮，在列出的选项中选取所要操作的窗口项目。

（2）**向上按钮**。它用于回到当前文件夹的上一级文件夹或磁盘窗口中，最顶层的窗口为桌面。

（3）**文件夹按钮**。单击此按钮，可将资源管理器窗口切换为**我的电脑**窗口形式；再单击此按钮，可返回到"资源管理器"窗口中来。

（4）**查看按钮**。单击此按钮右侧的向下小三角按钮，打开一个下拉菜单，其中列出了**缩略图、平铺、图标、列表**和**详细信息** 5 种文件的排列方法。如果设置了文件夹属性为**图片**显示方式，还将出现**幻灯片浏览**排列方法。

（5）**撤消按钮**。该按钮的作用是取消程序中最近的操作。注意有些操作是不能取消的，有些程序可以取消多次操作，但有一个最大次数限制。

其他按钮如**剪切、复制、粘贴、删除**等将在后面对文件的操作中介绍。

3.2.3　资源管理器窗口的基本操作

"资源管理器"窗口由左右两个窗格组成，左侧**文件夹**窗格以树型目录的形式显示文件夹结构，右侧"文件列表"窗格显示在左窗格中选定的磁盘驱动器或文件夹（也称为当前驱动器、当前文件夹）中的内容。移动窗口中间的分隔条，可以调节改变左、右窗格的大小。

如果在左窗格选定一个文件夹，右窗格中就显示该文件夹中所包含的文件和下一级子文件夹。如果一个文件夹包含有下一级子文件夹，则会在左窗格该文件夹的左边显示一个方框，其中包含一个加号"＋"或减号"－"。

单击某个文件夹左边含有"＋"号的方框时，就会在左窗格中展开该文件夹，即显示其中的所有下一级文件夹。文件夹左边的方框含有"－"号则表示已展开该文件夹的下级文件夹。单击此"－"号，则会收缩折叠该文件夹。文件夹左边没有"＋"号或"－"号表示该文件夹中不包含有下级文件夹，如图 3.8 所示。

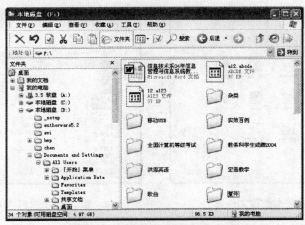

图 3.8　文件夹的展开和折叠

单击文件夹左边的"＋"号展开或"－"号折叠文件夹时，一般不会影响到在右窗格中显示的文件列表内容；但如果单击当前文件夹上级文件夹左边的"－"号，在右窗格中将显示被折叠的文件夹中的文件列表。在左窗格中选择文件夹和展开、折叠文件夹是两种不同的操作。

1. 查看文件或文件夹

查看文件或文件夹是在资源管理器右窗格中进行的。用户可以通过工具栏中的**查看**按钮或在**查看**菜单选择不同的方式来查看文件或文件夹。

（1）缩略图方式。选择此种方式，系统将使窗口中的所有文件、文件夹对象均以很大的图标显示，这样显示的效果非常清楚。缩略图方式最大优点是可以将图像文件中的图像内容直接显示为缩略图，因而可以快速识别该文件或文件夹中的图像内容，如图 3.9 所示。

（2）平铺方式。平铺视图以较大图标显示文件和文件夹，并将显示文件的分类信息，如图 3.10 所示。例如，如果将文件按类型分类，则 **Microsoft Word 文档**的字样将出现在 Word 文档的文件名下。

图 3.9　按缩略图方式查看文件　　　　　　　　图 3.10　按平铺方式查看文件

（3）图标方式。选择此种方式，将使窗口中的所有对象均以小图标来显示。文件名显示在图标之下，但是不显示分类信息，如图 3.11 所示。

（4）列表方式。该方式以文件或文件夹名列表显示文件夹内容，其内容前面为小图标。当文件夹中包含有很多文件，并且想在列表中快速查找一个文件名时，这种显示方式非常有用，如图 3.12 所示。

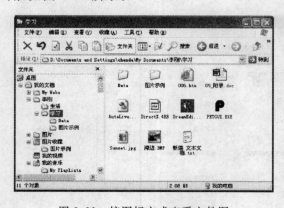
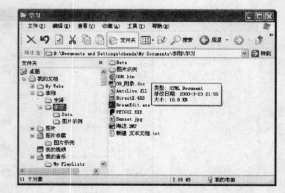

图 3.11　按图标方式查看文件图　　　　　　　　图 3.12　按列表方式查看文件

（5）详细信息方式。在此种显示方式下，对象以单列小图标的方式显示，同时在窗口中显示每个文件的详细信息,包括文件的名称、大小、类型和修改时间等内容,对于驱动器则显示其类型、大小和可用空间,如图 3.13 所示。用户可根据自己的需要设定文件显示的信息内容,方法是单击**查看→选择详细信息**命令,弹出**选择详细信息**对话框,在其中选中需显示的信息项。用户有时为了便于查看,可以调节各信息列的宽度,方法是将鼠标指针指向列标题,并移动到列分界线上,直到鼠标指针变成双箭头,按住鼠标左键不放并左右拖动即可调节列的宽度。当窗口中的图标太多时,用户可以利用**查看菜单排列图标**级联菜单中的命令,按名称、类型、大小、修改时间或自动排列、按组排列等将图标排序,以便于查找所需的文件,如图 3.14 所示。其中的按组排列允许通过文件的任何细节,如名称、大小、类型或更改日期对文件进行分组。例如,按照文件类型进行分组时,图像文件将显示在同一组中,Microsoft Word 文件将显示在另一组中,而 Excel 文件将显示在又一个组中,如图 3.15 所示。按组排列可用于缩略图、平铺、图标和详细信息视图方式。如果文件夹中存放的是 BMP、JPEG 等图像格式文件,可以使用幻灯片方式浏览查看文件夹内容。

图 3.13　按详细信息方式查看文件

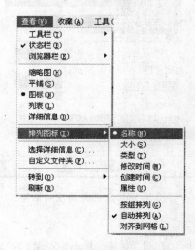

图 3.14　**排列图标级联菜单**

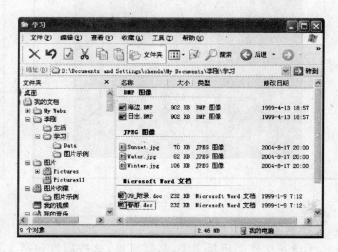

图 3.15　按类型分组排列文件

　　(6) 幻灯片方式。该方式可用于图片文件夹中。图片以单行缩略图形式显示。可以通过使用左右箭头按钮滚动图片。单击一幅图片时,该图片显示的图像比其他图片大,如图 3.16

所示。要编辑、打印或保存图像到其他文件时，可双击该图片，打开**图片和传真查看器**窗口，如图 3.17 所示，并可进行相关图片的操作。设置幻灯片方式浏览查看的方法是，在窗口中选定要设置幻灯片方式浏览的文件夹，单击**文件**菜单中**属性**命令，弹出文件夹**属性**对话框，如图 3.18所示。在**自定义**选项卡**用此文件夹类型作为模板**下拉列表框中选择**图片**或**相册**选项，单击**确定**按钮即可。

图 3.16　幻灯片方式查看文件

图 3.17　图片和传真查看器

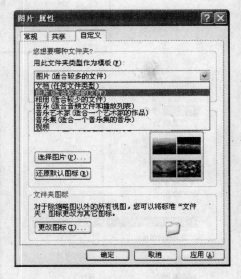

图 3.18　文件夹**属性**对话框

2. 文件及文件夹的属性

无论是文件夹还是文件，都有属性，这些属性包括文件的类型、位置、大小、名称、创建时间、只读、隐藏、存档、系统属性等。这些属性对于文件和文件夹的管理十分重要，因此用户必须要经常查看文件或文件夹的属性。

（1）文件夹的属性。在"资源管理器"窗口中右击要查看属性的文件夹，单击弹出的快捷菜单中**属性**命令,弹出文件夹**属性**对话框,如图 3.19 所示。在**常规**选项卡中可以了解到文件夹多方面的信息,包括文件夹类型、文件夹的位置、文件夹的大小、文件夹内包括的文件个数和子文件夹的数目、文件夹的创建时间、文件夹可设置的属性等。其中,文件夹的可设置属性包括:①只读,设置了只读属性的文件或文件夹不能被更改或删除;②隐藏,设置了隐藏属性的文件或文件夹,不能被"看见",能更好地受到保护;③存档,某些程序利用此项属性来控制是否备份该文件或文件夹。

(2)文件的属性。查看文件属性的方法与查看文件夹属性的方法完全一样。文件的属性有文件类型、打开方式、文件的位置、大小、创建、修改及访问的时间等。图 3.20 显示了一个文件的**属性**对话框。

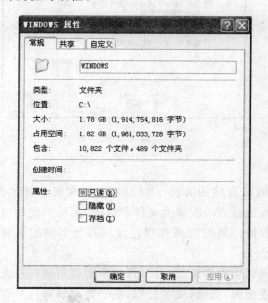

图 3.19　文件夹的属性

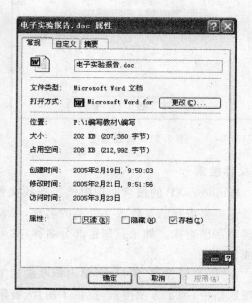

图 3.20　文件的属性

3. 文件夹选项工具

在文件夹选项工具中,用户可以方便地自定义文件夹的打开视图方式及文件的一些显示方式。在"资源管理器"窗口单击**工具**菜单中**文件夹选项**命令,可打开**文件夹选项**对话框,如图 3.21 所示。**文件夹选项**对话框包括**常规**、**查看**、**文件类型**和**脱机文件** 4 个选项卡。

(1)**常规**选项卡。该选项卡是**文件夹选项**对话框的默认选项卡。在**打开项目的方式**选项组中,选定**通过单击打开项目**(**指向时选定**)单选按钮表示鼠标指针指向文件或文件夹时即选定它,单击就能打开它;选定**通过双击打开项目**(**单击时选定**)单选按钮表示单击文件或文件夹时选定它,双击时打开它。

(2)**查看**选项卡。该选项卡如图 3.22 所示。为了使屏幕的显示更加简洁,可以将一些已知类型文件的扩展名隐藏起来,即在**高级设置**列表框中选定**隐藏已知文件类型的扩展名**复选框;有时为了安全起见,需要将一些重要的文件隐藏起来,这时可选定**不显示隐藏的文件和文件夹**单选按钮,当需要显示它们时,可选定**显示所有文件和文件夹**单选按钮;如果要在资源管理器中查看所选文件或文件夹的完整目录路径,可以选定**在标题栏中显示完整路径**复选框。

以上两选项卡的更多功能,读者可在实践中熟悉。**文件类型**选项卡和**脱机文件**选项卡这里不作介绍。

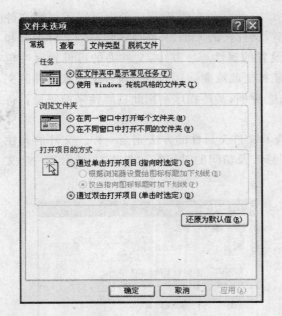
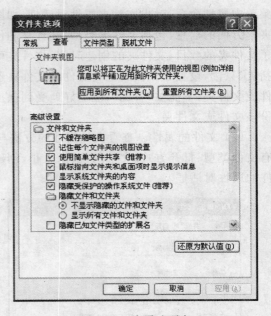

图 3.21　常规选项卡　　　　　　　图 3.22　查看选项卡

4. 文件搜索

WindowsXP 的搜索助理提供了查找文件的最直接的方法。如果要查找常规文件类型，或者记得要查找的文件或文件夹的名称，或者知道最近一次修改文件的时间，都可以使用搜索助理来帮助查找。如果只知道部分名称，则可以使用通配符来查找包含该部分名称的所有文件或文件夹。

在"资源管理器"窗口中，单击**标准按钮**工具栏里**搜索**按钮，可打开**搜索助理**窗格。在**搜索助理**窗格中，为了方便搜索，提供了**图片、音乐或视频**，**文档（文字处理、电子数据表等）**，**所有文件和文件夹**，以及**计算机或人** 4 种搜索类型的链接，如图 3.23 所示。这里以搜索图片、音乐或视频文件为例，介绍如何进行文件的搜索。

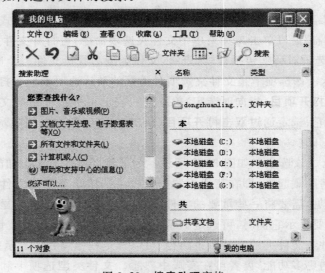

图 3.23　**搜索助理窗格**

如果要利用搜索助理对图片、音乐或视频文件进行搜索,应执行如下操作:①选定**图片和相片、音乐**或**视频**复选框,如果不选择,则默认是对这三种类型的文件都进行搜索;②在**全部或部分文件名**文本框中输入要搜索的文件全名或包含的局部字符,值得注意的是,如果不输入文件名,则默认是对所有指定类型的文件进行搜索,文件名中可以使用通配符"?"和"＊",通配符"?"用于代替文件名中的任一字符,通配符"＊"则用于代替文件名中任意长度的字符串,如果要搜索多个文件名,在输入时还可以使用分号、逗号或空格作为分隔符;③单击**搜索**按钮即可对计算机中的相应类型的文件按指定文件名进行搜索,搜索过程结束后,在资源管理器的右窗格中会列出搜索结果。

如果还想进行更详细的搜索设置,可以单击**更多高级选项**链接,如图 3.24 所示。在**文件中的一个字或词组**文本框中可以输入要搜索的文件中包含的字符;在**在这里寻找**下拉列表框中可以设定文件搜索的位置;如果知道该文件是何时进行修改的,可以单击**什么时候修改的**旁的下拉按钮,设定文件创建或修改的日期,如图 3.25 所示;如果知道要搜索的文件大小,可以单击**大小是**旁的下拉按钮,设定文件的大小范围,如图 3.26 所示。

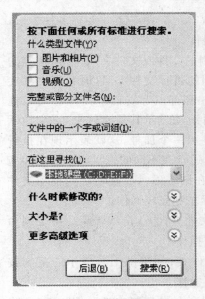

图 3.24 更多高级选项

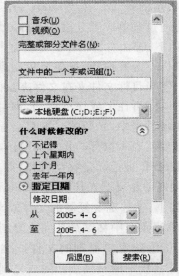

图 3.25 设定日期

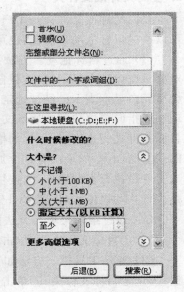

图 3.26 设定文件大小

单击**更多高级选项**旁的下拉按钮,可以对一些选项进行设定。其中,选定**搜索子文件夹**复选框,可在指定文件夹包含的各个子文件夹中进行搜索;选定**区分大小写**复选框,可以精确搜索匹配的文件。

单击**搜索**按钮即可按照设定的条件进行相应的搜索;单击**停止**按钮可以退出搜索,但此时系统会提示是否退出,并可以选择已完成搜索,也可修改搜索条件,或者开始新的搜索。

3.2.4 文件及文件夹管理

管理文件和文件夹是资源管理器的主要功能,主要包括对文件或文件夹的选择、复制、移动、删除、重命名、属性等基本操作。由于采用树形结构组织计算机中的资源,使操作非常方便。

1. 选定文件或文件夹

在 Windows 中无论是打开文件、运行程序、删除文件还是复制文件,用户都必须先选定文件或文件夹。Windows 还允许同时选择多个文件或文件夹一起进行操作。

(1) 选定单个文件或文件夹。有以下几种方法：①单击要选定的文件或文件夹；按 Home 键或 End 键，可选定当前文件夹中的第一个或最后一个文件或文件夹；③按字母键，可选定第一个以该字符为文件名或文件夹名首字母的文件或文件夹，例如，按 A 键将选定以字母为 A 开头的第一个文件或文件夹，这对以中文命名的文件或文件夹也有效，只是要输入文件名中的第一个"汉字"。

(2) 选定多个连续的文件或文件夹。单击选定第一个文件，再按住 Shift 键，单击选定最后一个文件即可。

(3) 选定多个不连续的文件或文件夹。按住 Ctrl 键，逐个单击要选定的文件即可。

(4) 选择全部文件和文件夹。单击**编辑**菜单中**全部选定**命令或按 Ctrl＋A 组合键，可选择当前文件夹中的所有文件和文件夹。

(5) 取消对文件或文件夹的选定。单击被选定的文件或文件夹之外的窗口任意处即可。

2. 复制文件或文件夹

复制文件或文件夹是用户常用的操作。在 Windows 中，复制文件或文件夹有多种方法，可以通过鼠标拖动来复制，也可通过菜单或工具栏来进行复制。

(1) 通过鼠标拖动。方法如下：①在右窗格中选定要复制的文件或文件夹，这时被选定的对象呈蓝色反白显示；②按住鼠标左键并拖动，指向要复制到的目标文件夹，这时目标文件夹会呈反白显示表示已经被选定；③当目标文件夹在**文件夹**窗格顶部以上或底部以下时，可以拖动鼠标指向窗口顶部或底部文件夹，再往上或往下移动，即可滚动显示其他文件夹，直到显示目标文件夹为止；④在鼠标的拖动过程中，光标的右下角会显示一个加号，这就表示现在执行的是复制操作，如果没有这个加号就表示执行的是移动操作，通常在不同的磁盘驱动器之间拖动文件是执行复制操作，如按住 Shift 键拖动是移动操作；而在同一磁盘驱动器之间拖动文件是执行移动操作，如按着 Ctrl 键拖动是复制操作；⑤释放鼠标左键完成操作。

(2) 通过**编辑**菜单。方法如下：①选定要复制的文件或文件夹；②单击**编辑**菜单中**复制**命令；③选定目标文件夹；④单击**编辑**菜单中**粘贴**命令完成复制操作。

(3) 通过工具栏。方法如下：①选定要复制的文件或文件夹；②单击工具栏中的**复制**按钮；③选定目标文件夹；④单击工具栏中的**粘贴**按钮完成复制操作。

(4) 通过**文件**菜单。用户还可以通过**文件**菜单中**发送到**命令来复制文件。例如，若要将文件复制到 U 盘中时，可以如下方法操作：①插入 U 盘，确认未被写保护；②选定要复制的文件，然后单击**文件→发送到→**"U 盘盘符"命令，即可将文件复制到 U 盘中。

如果目标文件夹中有与要复制的文件同名的文件，则复制文件时会打开**确认文件替换**对话框，如图 3.27 所示。用户可以根据两个文件的大小、日期和时间等信息来决定哪个文件要保留，以此来决定是否替换目标文件夹中的同名文件。

3. 移动文件或文件夹

文件或文件夹的移动类似于文件或文件夹的复制。不同的是，执行完复制操作后，不仅在目标文件夹生成一个文件，而且在原来的位置上仍然有这个文件；而执行完移动操作后，仅仅在目标文件夹生成一个文件，原来的位置上就没有这个文件了。

上面曾经提到过，在同一磁盘驱动器里使用鼠标拖动可以进行文件移动操作，在不同磁盘驱动器之间按着 Shift 键拖动也是移动操作。除此之外，还可以通过鼠标右键拖动、菜单命令和工具栏中的按钮来执行移动文件的操作。

（1）通过鼠标右键拖动。方法如下：①选定要移动的文件或文件夹；②在选定的文件或文件夹上按住鼠标右键，然后向目标文件夹拖动；③当拖动到目标文件夹时，释放鼠标，打开一个快捷菜单，如图 3.28 所示；④选择**移动到当前位置**命令，完成文件或文件夹的移动过程。

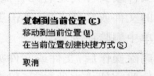

图 3.27　**确认文件替换**对话框　　　　　　　图 3.28　鼠标右键拖动快捷菜单

（2）通过**编辑**菜单。方法如下：①选定要移动的文件或文件夹；②单击**编辑**菜单中**剪切**命令；③选定目标文件夹；④单击**编辑**菜单中**粘贴**命令，完成对文件的移动操作。

（3）通过工具栏。方法如下：①选定要移动的文件或文件夹；②单击工具栏中的**移至**按钮，弹出**移动项目**对话框，如图 3.29 所示；③用户可以在窗口中通过滚动条来选择目标文件夹，或也可以单击**新建文件夹**按钮来创建新的目标文件夹；④单击**移动**按钮，完成对文件的移动操作。

4．删除文件或文件夹

如果总是保留不需要的文件和文件夹，硬盘剩余的可用空间就会越来越少，因此需要将无用的文件和文件夹删除。文件或文件夹的删除实际是将文件或文件夹移到回收站中，如果以后要用到此文件，用户可以将它从回收站还原到文件删除前的位置。用户应注意的是，删除一个文件夹时，将连同该文件夹中的所有文件和下层子文件夹一起删除。删除文件或文件夹的操作如下：①选定要删除文件或文件夹（可以是多个文件或文件夹）；②右击已选定的文件，弹出快捷菜单，如图 3.30 所示；③单击**删除**命令，打开一个确认消息框，如图 3.31 所示；④单击**是**按钮，将文件删除到回收站中，从软盘中或 U 盘中删除的文件将不会被送到回收站中，它们将被永久删除。

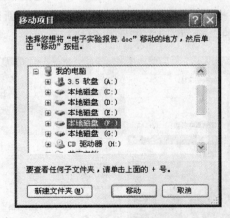

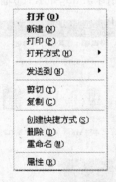

图 3.29　**移动项目**对话框　　　　　　图 3.30　右击文件时打开的快捷菜单

如果单击**删除**命令的同时按下了 Shift 键，则被删除文件将不进入回收站，而被彻底删除。此时在打开的**确认文件删除**消息框中单击**是**按钮，就永远地删除了该文件，如图 3.32 所示。

图 3.31 确认文件删除消息框 1　　　　　　图 3.32 确认文件删除消息框 2

删除文件或文件夹还有几种操作方法：①选定要删除的文件或文件夹后，按 Del 键；②选定要删除的文件或文件夹后，单击工具栏中的**删除按钮**；③选定要删除的文件或文件夹后，单击**文件**菜单中**删除**命令。

执行删除操作后，文件或文件夹由原文件夹的位置移动到**回收站**文件夹中。用户如果确实要删除这些文件或文件夹，可以在回收站中进行删除操作，即可将文件或文件夹从硬盘上彻底删除。具体操作可参见回收站的使用方法。

5. 重命名文件或文件夹

要改变文件或文件夹的名称可执行如下操作：①右击要重命名的文件或文件夹，弹出快捷菜单；②单击**重命名**命令，文件名呈蓝色反白显示；③输入要更改的新文件名；④单击窗口空白处或按回车键，完成文件的重命名。

选定文件后单击**文件**菜单中**重命名**命令，也可以执行文件重命名的操作。

如果同时选定多个文件进行重命名操作，只需输入更改其中的一个文件名称，其他被选定的多个文件即可以同时被重命名为名称相同、序号各不相同的一系列新文件名。

在对文件重命名时，用户应注意不要轻易改变文件的类型名，即扩展名；否则可能会导致重命名后的文件不能使用。

注意 对文件的移动、删除或重命名操作，都只能在文件没有被别的应用程序使用的时候进行，如果这个文件正在被别的应用程序使用，就不能进行操作。

6. 创建文件夹

(1)通过**文件**菜单创建文件夹。方法如下：①在"资源管理器"窗口左窗格中选定要创建的文件夹所处的上一级文件夹；②单击**文件→新建→文件夹**命令，创建一个临时名称为**新建文件夹**的新文件夹，如图 3.33 所示；③输入新文件夹的名称，按回车键完成创建新文件夹。

图 3.33 新建文件夹

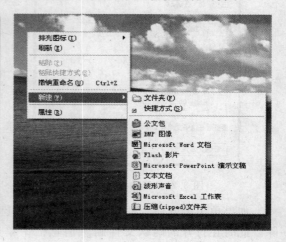

图 3.34 桌面快捷菜单

（2）通过右击快捷菜单创建文件夹。方法如下：①右击桌面上的空白处，弹出快捷菜单，如图 3.34 所示；②单击**新建**级联菜单中**文件夹**命令，在桌面出现一个新的文件夹；③输入新文件夹的名称，按回车键完成创建新文件夹。

（3）在对话框中创建文件夹。当用户用应用程序编写文档时，在许多对话框中都有一个**创建文件夹**按钮，可以直接用来新建文件夹。例如，**打开**、**保存**、**另存为**等对话框。图 3.35 所示为在**记事本**窗口中单击**文件**菜单中**打开**命令所弹出的**打开**对话框，该对话框包含了**创建新文件夹**按钮，单击该按钮即可在当前文件夹下建立下一个临时名称为**新建文件夹**的新文件夹，用户再输入要创建的文件夹名称即可。在对话框中创建文件夹有很大的好处，使得用户在打开、保存文件内容时不必再返回到资源管理器中去创建文件夹。

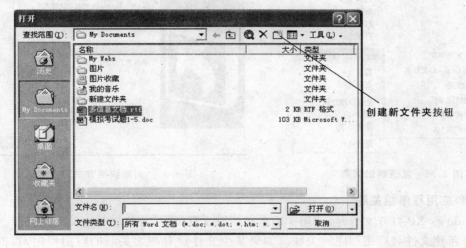

图 3.35 打开对话框

7. 创建新文件

在"资源管理器"窗口中也可以按用户的需要创建新文件，其操作方法如下：①在"资源管理器"窗口左窗格中选定要创建的文件所处的上级文件夹；②单击**文件**菜单**新建**级联菜单中的某一类型的文件命令，如 **Microsoft Word 文档**，在右窗格中建立一个该类型的新文件；③输入新文件的名称，按回车键即可。

在桌面上也可以创建新文件，方法与在桌面上建立文件夹雷同。创建新文件后，可以双击打开该文件，输入内容后再保存文件。

创建新文件使用最多的方式，是在应用程序中建立文件，后面的章节中将详细介绍这种方法。

8. 创建快捷方式

快捷方式使得用户可以快速启动程序和打开文档。Windows XP 可以在桌面上、文件夹中等许多地方创建快捷方式。快捷方式图标和应用程序图标几乎是一样的，只是左下角有一个小箭头。快捷方式可以指向任何对象，如程序、文件、文件夹、打印机或磁盘等。创建对象的快捷方式的方法有以下几种。

（1）通过右击快捷菜单。右击要创建快捷方式的对象，单击弹出的快捷菜单中**创建快捷方式**命令，则在对象的当前位置创建一个快捷方式图标。如果单击快捷菜单中**发送到→桌面快捷方式**命令，则将快捷方式创建在桌面上。右击快捷菜单中相应的命令，如图 3.36 所示。

（2）通过右击拖动。例如，要在桌面上创建指向**控制面板**的快捷方式，可先打开**我的电脑**窗口，右击拖动**控制面板**图标到桌面上，释放鼠标右键，然后在弹出的快捷菜单中单击**在当前**

位置创建快捷方式命令。如果在**我的电脑**窗口中没有显示**控制面板**图标,可在"资源管理器"窗口**工具**菜单**文件夹选项**命令弹出的**文件夹选项**对话框中设置显示。

(3) 通过**创建快捷方式**向导。例如,要在桌面上创建一个文件的快捷方式,可右击桌面的空白处,在弹出的快捷菜单中单击**新建→快捷方式**命令,弹出**创建快捷方式**向导对话框,如图3.37所示。直接输入文件的位置或通过浏览按钮查找文件的位置,并根据向导的提示一步步完成创建工作。

快捷方式可以被删除和重命名,方法与一般文件相同。

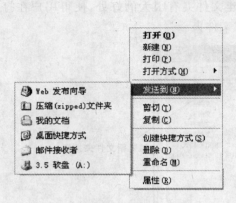

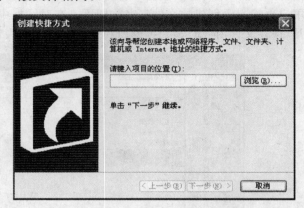

图3.36 **发送到**级联菜单   图3.37 **创建快捷方式**向导对话框

9. 文件和应用程序相关联

Windows XP 打开文件时,使用扩展名来识别文件类型,并建立与之关联的程序。

(1) 新建文件与应用程序的关联。如果某个文件没有与之关联的应用程序,双击它时会弹出**打开方式**对话框,如图3.38所示。**程序**列表框中列出了所有已经在系统中注册的应用程序,可以在列表框中选择用来打开该文件的应用程序。如果想每次都使用该程序打开这类文件,可选定**始终使用选择的程序打开这种文件**复选框,这类文件就和该程序建立了关联。

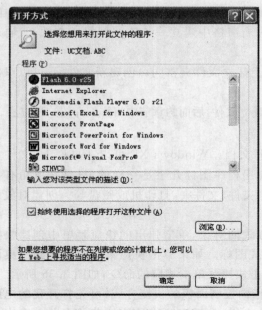

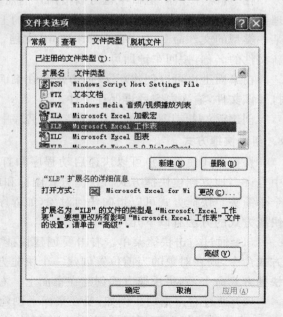

图3.38 **打开方式**对话框   图3.39 **文件夹选项**对话框

（2）修改文件与应用程序的关联。通过"资源管理器"窗口**工具**菜单中**文件夹选项**命令打开**文件夹选项**对话框，在**文件类型**选项卡中可以对文件的关联进行删除、修改和添加等操作，如图 3.39 所示。例如，在**已注册的文件类型**列表框中选定 **TXT 文本文档**，然后单击**更改**按钮，在弹出的**打开方式**对话框中选定**写字板**图标，单击**确定**按钮完成 TXT 文件与**写字板**程序的关联。

10．文件压缩功能

将文件压缩可以减小其大小，并可减小它们在驱动器或可移动存储设备上所占用的空间。Windows XP 操作系统自带了文件压缩功能。

（1）创建压缩文件夹。在 Windows XP 中，是用压缩文件夹来存放和管理被压缩的文件及文件夹。将文件放入压缩文件夹中后，文件将被压缩变小；将文件夹放入压缩文件夹中后，该文件夹及下级文件夹所包含的所有文件都将被压缩变小。创建压缩文件夹的方法如下：①在"资源管理器"窗口左窗格中选定要创建的压缩文件夹所处的上一级文件夹；②单击**文件→新建→压缩（zipped）文件夹**命令，如图 3.40 所示，建立一个压缩文件夹；③为新压缩文件夹输入一个文件名，按回车键完成创建操作。此时建立的压缩文件夹是一个空文件夹，需要压缩文件或文件夹时可以直接将其拖动到压缩文件夹中。压缩文件夹在外观上比普通文件夹多一条由上而下的"拉链"，其扩展名为 zip。

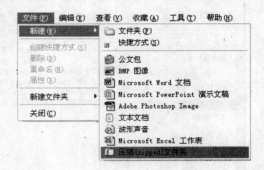

图 3.40　建立压缩文件夹的菜单命令

（2）直接由要压缩的文件或文件夹来建立压缩文件夹。方法是右击要压缩的文件或文件夹，在弹出的快捷菜单中单击**发送到→压缩（zipped）文件夹**命令。这种方式可以直接将文件或文件夹压缩，新建立的压缩文件夹的名称为要压缩的文件或文件夹的名称。也可以一次选择多个文件或文件夹进行压缩，生成的压缩文件夹名称为多个文件名称中的一个。

（3）从压缩文件夹中释放文件。方法如下：①右击压缩文件夹，弹出快捷菜单；②单击**全部提取**命令，弹出提取向导对话框；③查找被压缩文件的释放路径位置，单击**下一步→完成**按钮，完成释放操作。

（4）为压缩文件夹加密。双击打开压缩文件夹，单击**文件**菜单中**添加密码**命令，在弹出的提示框中输入密码并确认即可。

3.2.5　回收站

在 Windows 中，"回收站"就类似于用户日常生活中的废纸篓。用户可以将不用的文件删除，即扔到回收站中。这样当用户误删除了文件，仍可以从回收站中将"扔掉"的文件"捡"回来。但是回收站也不是万能的，如在软磁盘、U 盘中删除的文件就不能从回收站恢复。此外，回收站是按文件或文件夹的删除先后顺序来存放的，当删除的文件越来越多，最终导致回收站满时，则最先被删除放入的文件或文件夹就会被"挤出"回收站，即被永久地删除。

1．"回收站"窗口

在"资源管理器"窗口左窗格中单击**回收站**图标，或双击桌面上的**回收站**图标，即可打开**回收站**窗口，如图 3.41 所示。

回收站中存放的是从硬盘中删除的文件和文件夹。在以**详细信息**方式浏览显示时,可以看到多了**原位置**和**删除日期**两列显示信息,标明了文件删除前在硬盘中的位置及删除时的日期时间信息。

2. 还原文件或文件夹

如果误删除了文件或文件夹,用户可以将该文件或文件夹从回收站中恢复到原位置。如果要恢复被删除文件,应执行如下操作:①选定要恢复的文件或文件夹;②单击**文件**菜单中**还原**命令,或右击选定的文件或文件夹,弹出快捷菜单,如图 3.42 所示,再单击**还原**命令,即可将选定的文件或文件夹从回收站中恢复到其原来所处的位置。

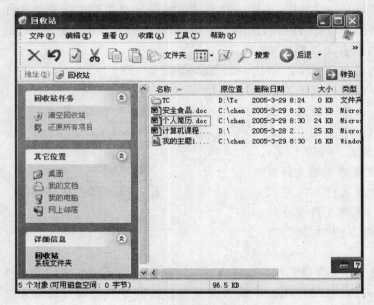

图 3.41　回收站窗口　　　　　　　　　　　图 3.42　回收站快捷菜单

3. 彻底删除文件或清空回收站

如果确认回收站中某些文件或文件夹已无用,可以将其从回收站中删除,即彻底删除;如果确认回收站中的全部内容已无用,也可以选择清空回收站。

(1)在回收站中删除文件或文件夹。选定要删除的文件或文件夹,右击打开快捷菜单,单击**删除**命令,所选定的文件或文件夹,将彻底从硬盘上清除,不能再被恢复。

(2)清空回收站。单击**文件→回收站→清空回收站**命令,即可将回收站中全部文件及文件夹彻底从硬盘上清除。

4. 调整回收站空间的大小

回收站只是一个存放硬盘上暂时不用的文件的文件夹,所以实际上它也需要占据部分硬盘存储空间,其空间的大小可以由用户自己设定;但如果设定的回收站空间太小,用不了太久,回收站就会被装满,此时再删除文件,站中先被删除的文件将被彻底删除,为新文件腾出空间。因此,回收站中的旧文件可能在几周或几个月后丢失,并且如果回收站空间太小而删除的文件又很大,该文件将直接彻底被删除,而不能进入回收站,也无法再从回收站中恢复。

将回收站设置得很大也不是最佳选择,因为分配给回收站的空间不能再挪为他用,所以在出现硬盘空间紧张的情况时,用户可以调整回收站的大小,释放硬盘上的更多空间。

如果要调整回收站的大小，应执行如下操作：①右击"资源管理器"窗口左窗格中**回收站**图标，弹出快捷菜单；②单击**属性**命令，弹出**回收站 属性**对话框，并选择**全局**选项卡，如图 3.43 所示；③向左拖动滑块缩小回收站的空间或向右拖动增大空间，空间的大小以占硬盘空间的百分比显示；④可以取消对**显示删除确认对话框**复选框的选定，以防系统总是询问用户是否删除文件；⑤确认没有选定**删除时不将文件移入回收站，而是彻底删除**复选框，因为如果选择了该复选框，删除文件时文件将被彻底删除而不能恢复；⑥单击**确定**按钮，确认当前的设置，关闭这个对话框。

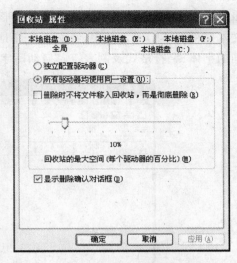

图 3.43 **回收站 属性**对话框**全局**选项卡

用户如果不止有一个硬盘分区，可以分别设置每个硬盘的回收站属性，当然也可以所有的硬盘分区都使用相同的设置。

3.2.6 磁盘操作

1. 磁盘格式化

磁盘是计算机系统中用于存储数据文件的主要设备。通常新磁盘在使用前必须先格式化（有些磁盘在出售前已被格式化过了）。格式化磁盘就是对磁盘的存储区域进行一定的规划，以便通过磁盘驱动器准确地记录和读取数据信息。格式化磁盘还可以发现磁盘中损坏的扇区，并标示出来，避免计算机向这些坏扇区上记录数据。

2. 查看磁盘属性

在 Windows XP 中，用户可以随时查看任何一个磁盘的属性。磁盘的属性包括磁盘的空间大小、已用和可用空间以及磁盘的卷标信息。

用户要查看磁盘的属性应按如下操作：①打开**我的电脑**窗口；②选定要查看的磁盘驱动器图标；③单击文件菜单中**属性**命令，弹出磁盘**属性**对话框。

（1）常规选项卡。在该选项卡中包含了当前驱动器的卷标，用户可以在"卷标"文本框中更改驱动器的卷标。而且，在这个选项卡中还显示出了当前磁盘的类型、文件系统、已用空间和可用空间。对话框中还有一个圆饼图，上面标示出已用和可用空间的比例。

（2）工具选项卡。该选项卡由**查错**、**碎片整理**和**备份**三部分组成。用户利用它们可以对磁盘进行优化操作。

3.3 Windows XP 附件

Windows XP 中提供了几个常用的工具，如**画图**、**写字板**等程序，它们位于**开始→所有程序→附件**级联菜单中。这几个应用程序的功能十分强大和有用。

3.3.1 写字板程序

写字板是 Windows XP 附件中提供的文字处理类的应用程序，在写字板中可以创建和编辑简单文本文档,或者有复杂格式和图形的文档。写字板可将文件保存为纯文本文件、多信息文本文件(RTF)等。其中,纯文本文件是指文档中没有使用任何格式;RTF 文件则可以有不同的字体、字符格式及制表符。启动**写字板**程序后,会出现**写字板**窗口,如图 3.44 所示。

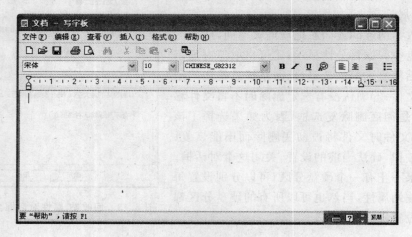

图 3.44　**写字板**窗口

1. 新建文档

　　用写字板程序新建文档的操作方法如下:①启动**写字板**应用程序;②按 Ctrl＋Shift 组合键,选择输入法;③输入文档的内容,如图 3.45 所示。

2. 文档的编辑、排版及格式化

　　(1)设置文本自动换行。单击查看菜单中选项命令,弹出**选项**对话框。在**自动换行**选项组中选择一种换行方式,如图 3.46 所示。

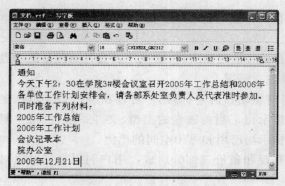

图 3.45　创建新文档

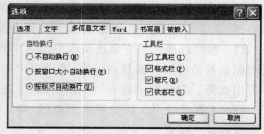

图 3.46　**选项**对话框

　　(2)设置段落缩进。在选项对话框中选定按标尺自动**换行**单选按钮,然后在文档窗口拖动标尺上左右的 4 个段落缩进按钮对文档设置各种段落缩进方式。共有首行缩进、悬挂缩进、左缩进、右缩进 4 种缩进方式。

　　(3)设置文字的格式。可以使用格式栏中的各个按钮,为文档中文字设置各种格式化效果,如字体、字号、粗体、斜体、颜色、对齐及项目符号等。方法是先选定需要设置格式的文字或段落,然后在格式栏中单击对应的格式效果即可。

　　(4)复制文本。选定要复制的文本内容,单击工具栏中的**复制**按钮复制文本,再将光标定位到目的位置后,单击工具栏中的**粘贴**按钮即可以完成复制操作。或者也可以在选定文本内容后,按住 Ctrl 键将文本内容拖动到目的位置。

(5) 移动文本。选定要移动的文本内容,单击工具栏中的**剪切**按钮,再将光标定位到目的位置后,单击工具栏中的**粘贴**按钮即可以完成移动操作。或者也可以在选定文本内容后,将文本内容拖动到目的位置。

3.保存新建的文档

新建文档之后应将它保存起来,以便今后查看和继续编辑。要保存上面创建的文档内容,应执行如下操作:①单击**文件**菜单中**保存**命令,弹出**保存为**对话框;②在**保存在**下拉列表框中选择文件的保存位置,默认为**我的文档**文件夹;③在**文件名**组合框中输入文件的名称,例如"文档";④在**保存类型**下拉列表框中选择文件的类型,例如"Rich Text Format"文档,如图 3.47所示;⑤单击**保存**按钮,保存这个文档。

图 3.47 **保存为**对话框

4.打开已经保存的文档

单击**文件**菜单中**打开**命令,弹出**打开**对话框,如图 3.48 所示。然后在**查找范围**列表框中选择要打开文件的位置,在**文件类型**列表框中选择要打开文件的类型,然后在窗口中选定文件名后单击打开按钮即可。

图 3.48 **打开**对话框

5. 退出程序

结束文档编辑后可以退出**写字板**应用程序。单击**文件**菜单中**退出**命令,或者直接单击标题栏右侧的**关闭**按钮,即可退出**写字板**应用程序。

3.3.2 画图程序

画图程序虽然是一个简单的图形应用程序,但它可满足大部分需要。在**画图**程序中绘制的图像可以嵌入在写字板文档、Word 文档或其他文档中,使文档图文并茂,更加新鲜有趣。

利用画图程序可以绘制线条和图形、在图片中加入文字、对图像进行颜色处理、对图进行局部处理和更改图像在屏幕上的显示方式等。画图程序主要处理的图像格式为位图文件,文件扩展名为 bmp,也可以处理扩展名为 jpg 或 gif 等的其他类型图形格式文件。

1. "画图"程序介绍

要运行画图程序,只要单击**开始→所有程序→附件→画图**命令即可。此时**画图**程序打开一个空白的画图文件,如图 3.49 所示。

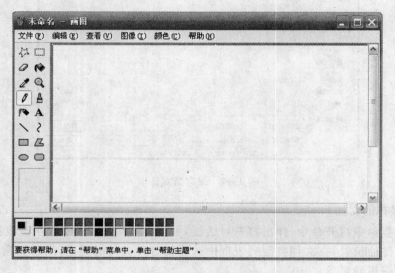

图 3.49　**画图**程序打开一个新空白画图文件

画图程序窗口中,左边竖着的两排按钮是画图工具箱。左下部的红红绿绿的小方格是调色板,又称为"颜料盒"。

2. 绘制线条和图形

在**画图**程序中可以绘制的线条和图形有直线、曲线、任意曲线、圆、椭圆、矩形、正方形和多边形。

(1)画直线。单击工具项中的"＼"按钮,用鼠标左键画线时显示的是前景色,用鼠标右键画线时显示的是背景色。要画水平线、垂直线或 45°度斜线,可按下 Shift 键,同时拖动鼠标。

(2)画曲线。单击工具项中的"？"按钮,画任一条曲线都可以操作鼠标三次来完成。操作一次画出的是直线,操作二次画出曲线,第三次可以调整曲线的形状。

(3)画圆或椭圆。单击工具箱中的"◯"按钮,如果要画圆,可在拖动鼠标时按住 Shift 键。

(4)画矩形和正方形。单击工具箱中的"▭"按钮,拖动鼠标即可。

3. 在图片中添加文字

单击工具箱中的"**A**"按钮,在工具箱中选择文字颜色,在图片编辑区域沿对角线拖动,创建一个文字框,然后选择字体、字号和字形。单击文字框内的任意位置,然后键入文字。

4. 颜色处理

在画图程序中的颜色处理包括用所选的颜色填充、使用刷子涂抹、用喷枪喷涂、自定义颜色、把彩色图转成黑白色、反转图片颜色、更改线条颜色、复制颜色等。可以选择一种颜色填充画图文件中的区域或对象。

(1) 颜色填充。单击工具箱中的"◇"按钮,然后在颜料盒中选一种颜色。单击要填充的区域或对象。要用前景色填充,则单击此区域;要用背景色填充,则右击此区域。

(2) 复制颜色。画图程序还允许在不同图片区域或对象之间复制颜色,方法为单击工具箱中的取色笔工具"✐";单击要复制其颜色的图形或图形上某处的颜色,再单击工具箱中的"◇"按钮后,单击要换为这种颜色的对象和区域。

注意 当选择取色笔工具"✐"并单击选择某种颜色后,实际上就是执行了将这种颜色作为当前的前景颜色的操作,可以从颜料盒左边看出;如果选择取色笔工具"✐"并右击选择某种颜色后,执行的是将这种颜色作为当前的背景颜色的操作处理。

5. 擦除操作

对于图片不满意的部分,可以用特定的颜色覆盖,称为擦除操作。擦除操作如下:①单击工具箱中的橡皮按钮"✐";②要使用不同尺寸的橡皮,可在工具箱底部选择一种;③橡皮擦除后的区域按背景色显示,要更改背景色,可右击一种颜色;④在要擦除的区域内拖动鼠标。

6. 图片局部处理

某些情况下需要对图像进行局部处理,这些处理包括截取图像的一部分、复制图像的一部分、将图像的一部分保存到另一个位图文件等。

要裁剪一片矩形区域,可单击工具箱中的"▭"按钮后,沿该区域的对角线拖动;要裁剪一块形状不规则的区域,可单击工具箱中的"✂"按钮后,沿此区域的边框拖动。然后单击**编辑**菜单中**剪切**命令即可。要取消当前定义的区域,单击该区域外的任意位置即可。

7. 复制图片

要复制图片可进行如下操作:①单击工具箱中的"▭"或"✂"按钮,拖动鼠标,以定义要复制的区域;②单击工具箱中的下部"不覆盖底色"工具,复制的图片部分将不覆盖背景色,若选择"覆盖底色"工具,如图 3.50 所示,复制的图片部分将覆盖背景色;③单击**编辑**菜单中**复制**命令;④单击**编辑**菜单中**粘贴**命令,复制的图形区域出现在画布左上角,有虚线区域框在其四周;⑤将该复制区域拖动到目标位置;⑥单击框外的任意区域,在其四周的虚线区域框消失,完成复制图形操作。

如要粘贴某个对象的多个副本,可以重复上述的④~⑥操作过程。复制图片,还可以在按住 Ctrl 键的同时,拖动粘贴对象到目的位置。

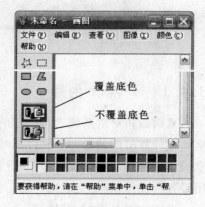

图 3.50 "覆盖底色"工具

3.4 控制面板

作为一个计算机用户,肯定想让系统完全适合自己的使用习惯,想做到这点现在一点也不难,Windows XP 提供了前所未有的调整功能。在 Windows XP 中,可调整的元素很多,显示外观、文件和文件夹外观、桌面、任务栏、字体、键盘、鼠标、多媒体、电源设置等都可以成为调整对象。通过学习本节内容,用户可以创造个性化的 Windows XP,更加高效地利用 Windows XP 完成工作。

控制面板是一个包含了大量工具的文件夹,用户可以用其中的工具来调整和设置系统的各种属性。例如,设置系统的显示属性,安装新的软件和硬件,调整时间、日期等设置。单击**开始**菜单中**控制面板**命令,可打开**控制面板**窗口;用户也可以在"资源管理器"窗口左窗格中选择**控制面板**图标打开**控制面板**窗口,如图 3.51 所示。

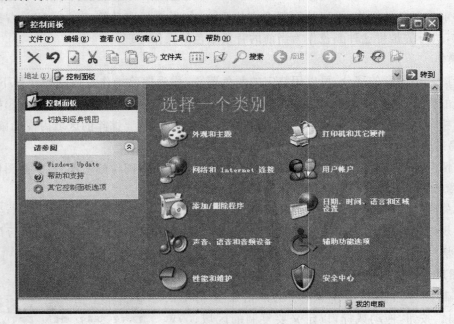

图 3.51 **控制面板**窗口

3.4.1 外观和主题

桌面是用户对系统进行操作的一种媒介,是操作系统的外观。正是 Windows XP 的工作桌面把计算机内的各部分硬件和软件、计算机的外部设备有机地联系在一起,通过 Windows 桌面,就能完成计算机的管理和设置、网络的连接和通信、文件和文件夹的管理、应用程序的使用等各项操作,轻松完成用户的工作。

桌面主题是图标、字体、颜色、声音和其他窗口元素的预定义的集合,它使用户的桌面具有统一和与众不同的外观。可以切换主题、创建自己的主题(通过更改某个主题,然后以新的名称保存)或恢复传统的 Windows 经典外观作为主题。

1. 更改桌面主题

在 Windows XP 中,使用户有更大的调整设置的自由度和灵活性。可以使用户的 Windows XP 操作系统具有完全的个性化色彩,以满足用户的需要和工作方式。用户桌面的外观视觉和功能调整非常容易,操作如下:①单击**开始**菜单中**控制面板**命令,打开**控制面板**窗口;②单击**外观和主题**链接;③在**选择一个任务栏**,单击**更改计算机的主题**项,弹出**显示 属性**对话框,并显示**主题**选项卡,如图 3.52 所示;④在**主题**下拉列表框中可以选择其他主题,选定了新主题后,在**示例**框中将显示新主题应用后的预览图;⑤单击**另存为**按钮,可以使用新名称保存当前主题,系统会弹出**另存为**对话框并提示用户输入新的主题名称;⑥单击**应用**按钮或**确定**按钮,新主题就应用到了当前的系统中。

主题保存时,作为主题的一部分得到保存的特性包括的选项,见表 3.2。其中的控制面板项目指传统界面下的控制面板项目。

图 3.52　**显示 属性**对话框**主题**选项卡

表 3.2　主题中保存的特性选项

控制面板	选项卡	项目
显示	桌面	"背景"、"位置"和"颜色"
显示	桌面	桌面图标(单击"自定义桌面"来更改图标)
显示	屏幕保护程序	"屏幕保护程序"
显示	外观	"窗口和按钮"、"配色方案"和"字体大小"
显示	外观	在"高级外观"对话框(单击"高级")中的所有特性
鼠标	指针	"方案"或各个指针
声音及多媒体设备	声音	"声音方案"和"程序事件"

如果从**主题**下拉列表框中选择的主题不是系统自带的,而是自己另存、创建的,或是第三方的,**删除**按钮可用,此时可以从系统中删除选定的主题。

Windows XP 中系统默认的主题是 **Windows XP**。如果选择 **Windows 经典**主题项,那么整个系统的外观显示就与 Windows 9x 系列或 Windows 2000 的显示情况相似。

目前,随着 Windows XP 的推出,Internet 上已经有大量的 Web 站点推出了与之配套的桌面主题供下载,有些主题非常有创意。

2. 更改桌面背景

桌面的背景也可以称为"墙纸",这是早期 Windows 系统中的称呼,因为其比喻得非常形象,一直沿用到现在。墙纸是可在桌面上显示的图片或图像,在 Windows 系统中的墙纸是用来装饰桌面用的。墙纸文件可以是图像文件或 HTML 文件,可以将多数图形文件,如位图(.bmp)、GIF(.gif)和 JPEG(.jpg)图像,用作墙纸。

其实,作为墙纸用的 HTML 文档是不可同步的,无法引入 Internet 上的实时内容。因此墙纸是早期 Windows 版本的遗留产物,而下面要讲的桌面 Web 内容是墙纸的功能延伸,可以动态更新:①单击**开始**菜单中**控制面板**命令,打开**控制面板**窗口;②单击**外观和主题**链接;③在**选择一个任务**栏单击**更改桌面背景**链接,弹出**显示 属性**对话框,选择桌面选项卡,如图3.53所示;④在背景列表框中选择要更改的背景图片,这些图片是系统中内置或后来安装的,也可以单击**浏览**按钮在计算机上查找其他的图片文件或 HTML 文件作为背景图片,选定的墙纸以及用户所选的任何图案的预览效果都将出现在列表上面监视器的图形中;⑤在**位置**下拉列表框中可确定如何在桌面上显示所选墙纸,如果想将图像放在桌面的中央,可选定**居中**项;如果想将图像中的图案重复排列,可选定**平铺**项;如果想拉伸图片以适应桌面大小,可选定**拉伸**项,如果该选项不可用,可能是由于没有选择任何墙纸,也可能是选择了 HTML 页作为桌面墙纸的缘故;⑥在**颜色**下拉列表框中可选择用于桌面的颜色,或可以自定义新的颜色,如果未选择背景,该颜色将覆盖整个桌面;如果选择了背景,并且在**位置**下拉列表框中选定**居中**项,则会用该颜色填充背景周围的空间;⑦单击**自定义桌面**按钮可决定将在桌面上显示哪些项目,可以在桌面上添加或删除一些 Windows 程序的图标,并且可确定哪些图标将用来代表这些程序,运行**清理桌面向导**可将桌面上从不使用的图标删除;⑧单击**应用**按钮或**确定**按钮,背景图片就应用在桌面上了。

3. 自定义桌面

按上面更改桌面背景的步骤中执行步骤①～⑦后,将弹出**桌面项目**对话框,并显示**常规**选项卡,如图3.54所示。

图 3.53　**显示 属性**对话框**桌面**选项卡　　　　图 3.54　**桌面项目**对话框**常规**选项卡

在**桌面图标**选项组中,选择要在桌面上显示的图标,即选定**我的电脑**、**我的文档**、**网上邻居**和 **Internet Explorer** 复选框即可。

选定一个桌面图标,并单击**更改图标**按钮,可以更改它。单击**还原默认图标**按钮,可以把更改后的桌面图标显示为默认值。

在**桌面清理**栏中,可以运行桌面清理向导,将桌面上没有使用的项目移动到一个文件夹中,使桌面减少混乱程度。

选定**每 60 天运行桌面清理向导**复选框,可指定每隔 60 天就自动运行一次清理桌面向导,该向导允许用户从桌面删除在最近 60 天内未曾使用的图标。这不会在计算机中删除任何程序。

单击**现在清理桌面**按钮,将弹出**清理桌面向导**对话框,单击**下一步**按钮,进入的界面如图 3.55 所示,其中列出了桌面上的所有快捷方式图标,并显示出其上次使用的日期。如果要清理某个图标,可直接选定其前面的复选框。

单击**下一步**按钮再单击**完成**按钮,就完成了清理工作。此时在桌面上创建了一个名为**未使用的桌面快捷方式**文件夹,专门用来放置不常使用的桌面快捷方式。

在 **Web** 选项卡可以设置桌面上的 Web 内容,也就是把网页添加到桌面上,如图 3.56 所示。可以看到缺省状态下,网页列表中仅仅有**当前主页**一项,选定其前面的复选框,并单击**确定**按钮,那么桌面将会显示出 Internet 的当前主页状态。当前必须连接在 Internet 上,否则无法更新内容。

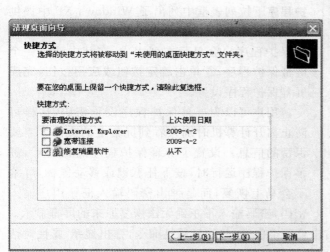

图 3.55　清理桌面上不常用的项目

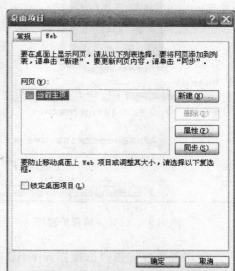

图 3.56　在桌面上设置 Web 内容

如果要想添加新网页项目,可以单击**新建**按钮,然后在弹出的**新建桌面项目**对话框中的**位置**文本框输入 URL。如果想在桌面上添加实时性内容,如股票接收机、标题新闻等,单击**访问画廊**按钮,可以访问 Microsoft 的 Desktop 画廊站点。从中选择需要的项目即可。

可以单击**浏览**按钮选择项目,接着单击**确定**按钮,项目就被添加到了网页列表上。对于用户添加的网页,选定后单击**删除**按钮,可以从列表中删除它。选定列表中的网页,单击**属性**按钮,可以打开网页的属性对话框。单击**同步**按钮,可以刷新显示桌面上的 Web 内容。选定**锁定桌面项目**复选框指定将放置在桌面上的 Web 内容窗口或项目锁定在原位置,不允许移动。如果希望能够移动 Web 内容,应清除该复选框。

Windows XP 的桌面允许用户将"活动内容"从 Web 页或 Internet 频道移到桌面上,而不要打开浏览器。例如,可以将内容不断更新的股票接收机放在桌面上的合适位置,或将喜爱的联机报纸用作桌面墙纸。通过定期添加用户所需的项目,如新闻、天气预报、体育闻、股票接收机或需要放在手边的内容,可以将桌面变成真正属于自己的空间。用户甚至可以添加自己创建的 Web 页作为桌面背景,使桌面完全反映用户的爱好和风格,成为用户实时与 Internet 连通的终端。

在 Windows XP 桌面上,可以显示如下内容:①实况性的、不断更新的信息,如天气预报、股票信息、体育新闻等;②企业内部的 Internet 上的页面;③有活动链接的 Office 文档;④计算机之间共同使用的,有利于协同工作的在网络或 Internet 上的公共桌面。

4．屏幕保护程序

屏幕保护程序有两个作用,一是防止屏幕长期显示同一个画面,造成 CRT 显示器老化;二是屏幕保护程序显示一些运动的图像或文字,隐藏计算机屏幕上显示的信息。当用户的屏幕在一定时间没有刷新后,屏幕保护程序会自动运行。

图 3.57　设置屏幕保护程序

启用屏幕保护程序的操作如下:①单击**开始**菜单中**控制面板**命令,打开控制面板窗口;②单击**外观和主题**链接;③单击**选择一个任务**栏中**选择一个屏幕保护程序**链接,弹出**显示 属性**对话框**屏幕保护程序**选项卡,如图 3.57 所示;④在**屏幕保护程序**下拉列表框中列出了 Windows XP 中提供的所有屏幕保护程序,如果用户安装了其他的屏幕保护程序也会显示在列表中,在其中选定一个屏幕保护程序;⑤单击**确定**按钮或应用按钮,完成屏幕保护程序设置。

用户可以为屏幕保护程序设置密码,这样可防止离开计算机时别人看到屏幕上的文件等需要保密的信息。设置了屏幕保护程序的密码后,屏幕保护程序运行时,按下任意键或移动鼠标,屏幕不会马上恢复,而是弹出密码输入框让用户输入密码,密码输入不正确无法恢复原来的屏幕显示。

启用屏幕保护密码的操作如下:①右击桌面空白处,并选择**属性**命令,弹出**显示 属性**对话框;②选择**屏幕保护程序**选项卡,选定需要的屏幕保护程序;③选定**在恢复时使用密码保护**复选框;④单击**确定**按钮,完成操作。

这样,当从屏幕保护状态恢复时,出现登录密码输入框,输入了正确的密码才能重新进入系统,这个密码就是登录到 Windows XP 的用户的密码。

当用户从屏幕保护程序列表中选择了一种屏幕保护程序时,选项卡中的屏幕状区域就会显示出小的预览图。为了得到更真实的效果,可以单击**预览**按钮,使得选定的屏幕保护程序立即执行,屏幕保护图像将扩大到全屏幕。对于具体的屏幕保护程序,用户还可以单击**设置**按钮,设置更细节的显示方式,如背景声音、动画显示速度等。还可以设置屏幕静止多长时间才启动屏幕保护程序的时间值,这个值在 1~60 分钟之间。

5．更改显示外观

调整 Windows XP 中的各个窗口、对话框中的标题栏、菜单栏、按钮等的显示外观,可在**显示 属性**对话框**外观**选项卡中进行,如图 3.58 所示。

此选项卡的上半部分是对当前窗口和对话框的设置预览情况,如非活动窗口、活动窗口、菜单栏、标题栏和按钮等,下面的**窗口和按钮**、**色彩方案**、**字体大小**下拉列表框中可以选择要应用的窗口和按钮样式、色彩方案和字体大小。

　　除此之外，还可以设置一些特殊效果，单击**效果**按钮，将弹出**效果**对话框，如图 3.59 所示。

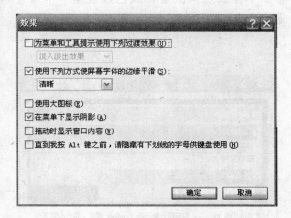

图 3.58　更改显示外观　　　　　　　　　　　图 3.59　**效果**对话框

　　选定**为菜单和工具提示使用下列过渡效果**复选框，其下拉列表框中列出了可用的转换效果。选定**滚动效果**可使菜单、列表和工具提示滑进滑出；而选定**渐弱效果**则会使它们在打开时显示渐弱效果并在关闭时显示分散效果。

　　选定**使用下列方式使屏幕字体的边缘平滑**复选框，其下拉列表框中列出能提高屏幕上的字体可读性的可用选项。对于桌面监视器可选择**标准**项；对于大多数膝上型计算机和其他的平面监视器可选择**清晰**项。

　　选定**使用大图标**复选框即指定使用大图标表示桌面上的文件、文件夹和快捷方式，在较低内存的计算机上，使用大图标会对性能产生轻微影响。

　　选定**在菜单下显示阴影**复选框，指定菜单投射出轻微的阴影，阴影能赋予菜单三维外观。

　　选定**拖动时显示窗口内容**复选框，移动或调整窗口大小时将显示窗口内容；不选定该复选框，移动窗口时只能看到轮廓。

　　选定**直到按 Alt 键之前，请隐藏有下划线的字母供键盘使用**复选框，将取消键盘快捷方式的下划线（菜单和控件中的下划线字符）和输入焦点标识符（对象周围的由点组成的矩形），直到实际使用键盘（通常用 Alt 键、Tab 键或箭头键）开始在 Windows 中定位时。

　　为了对外观进行精确地控制，在**显示 属性**对话框**外观**选项卡中单击**高级**按钮，将弹出**高级外观**对话框，如图 3.60 所示。在该对话框中可以精确地调整影响外观的各个元素，可以单击预览图上当前设置的各个部分，如非活动窗口、活动窗口、菜单栏、标题栏和按钮等，下面的**项目**、**字体**等选项组中的内容相应发生变化，分别对应用户单击的项目的当前设置情况。用户可以调整这个项目的颜色、大小、字体等项目。

　　桌面上的可调整显示元素可以直接从**项目**下拉列表框中选择。Windows 中可供修改的显示元素有标题按钮、菜单、窗口、调色板标题、非活动的标题栏、非活动的窗口边框、工具提示、滚动条、滚动的标题栏、活动的窗口边框、立体对象、图标、图标间距(垂直)、图标间距(水平)、消息框、选定的项目、应用程序背景、桌面。这些项目的大小、颜色、字体(有些项目不可用)等都可以自定义。

6. 设置

显示 属性对话框**设置**选项卡主要用来调节显示器的屏幕分辨率和颜色的设置,如图3.61 所示。分辨率越高,图像的质量越好。分辨率主要由屏幕上有多少行扫描线,每行有多少个像素点来决定。颜色数是指一个像素点可显示成多少种颜色。颜色数越多,图像越逼真。

图 3.60　**高级外观**对话框

图 3.61　**显示 属性**对话框设置选项卡

改变屏幕分辨率及颜色的方法如下:①选择**显示 属性**对话框**设置**选项卡;②在**颜色质量**下拉列表框中,可以选择多种颜色的显示模式;在**屏幕分辨率**标尺上可以拖动滑块来改变分辨率的大小,一般的选择有 800×600,1024×768 等;③单击**确定**按钮,完成设置。

注意　当设置改变了屏幕分辨率,完成设置单击**确定**按钮后,整个屏幕会出现短时间的"黑屏"状态。

3.4.2　鼠标属性

鼠标是在 Windows 中使用频率很高的设备,让鼠标的操作满足用户的使用习惯更是非常必要的。单击**开始→控制面板→打印机和其他硬件→鼠标链接**,可弹出**鼠标 属性**对话框,如图 3.62 所示。

在**鼠标键**选项卡中可以设置改变鼠标键工作方式:①选定**鼠标键配置**选项组中**切换主要和次要的按钮**复选框,即可以将鼠标键工作方式更改为左手习惯,注意,此时鼠标上的左右键功能已更换;②拖动**双击速度**选项组中**速度**滑块,即可以调整系统识别鼠标双击的速度,对鼠标使用比较生疏的用户,可以将双击速度调整慢一些。调整后,可以在滑块右侧的文件夹图标上进行测试。

在**指针**选项卡中可以设置更改鼠标指针方案以及单个事件鼠标指针的外观:①从**方案**下

拉列表框中选择某套方案,如**恐龙**,下面的列表框中就会显示该方案中各种事件所对应的鼠标指针外观,如图3.63所示;②如果对所选方案中的某个指针形状不太满意,可以选定该指针,然后单击**浏览按钮**,在弹出的**浏览窗口**中选择其他指针样式来替代该指针。

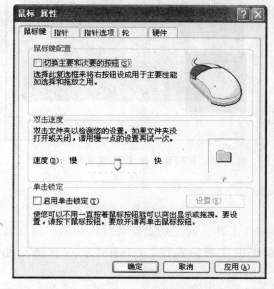

图 3.62 **鼠标 属性**对话框**鼠标键**选项卡

图 3.63 **鼠标 属性**对话框**指针**选项卡

在**指针选项**选项卡中可以设置鼠标指针的一些特殊使用方法:①在**移动**区域拖动滑块,可以调整鼠标移动的速度;②在**取默认按钮**区域,选择复选框,可以在打开对话框时,自动将指针移动到对话框中的默认按钮;③在**可见性**区域,可以设置鼠标指针的显示踪迹。

3.4.3 系统的日期和时间

Windows 系统能够自动记录时间并在任务栏中显示出来。有时候时间会出现误差,或者用户为了避开某个日子,例如 CIH 病毒发作的时间,需要调整时间和日期。

双击任务栏中显示时间的位置,弹出**日期和时间 属性**对话框。在**时间和日期**选项卡中可以看到系统当前的时间、日期等信息,如图 3.64 所示。可以根据需要调整设置系统的时间和日期。

调整日期的方法是,单击年份指示框右边的向上、向下微调按钮,选择年份;单击月份下拉框右边的向下按钮,选择月份;在日期框中单击鼠标选择日期。

调整时间的方法是,在时钟下方时间显示框中,选定"时"、"分"或"秒",然后单击右边的向上、向下微调按钮,即可以调整改变时间显示。

调整时区的方法是,选择**时区**选项卡,如图 3.65 所示。在时区下拉列表中选择所要调整的时区,单击**确定**按钮,即可将计算机系统的时间调整为所选择的时区显示。例如,如果当前北京时间为 2010 年 11 月 4 日中午 12:00 整。调整时区到英国伦敦,可以从时间和日期选项卡中看到伦敦的当前时间为 2010 年 11 月 4 日早上 5:00 整;如调整时区到美国的夏威夷,则夏威夷的当前时间为 2010 年 11 月 3 日晚上 18:00 整,即和北京时区时间相差了近一天。

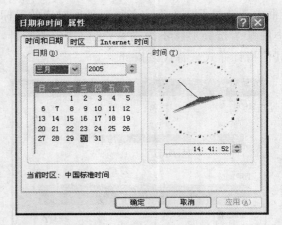

图 3.64 **日期和时间 属性**对话框**时间和日期**选项卡

图 3.65 **日期和时间 属性**对话框**时区**选项卡

3.4.4 安装和删除应用程序

Windows XP 提供了一个安装和删除应用程序的工具。该工具能自动对驱动器中的安装程序进行定位,简化用户安装。对于安装后在系统中注册的程序,该工具能彻底快捷地删除它。

在**控制面板**窗口分类视图中,单击**添加/删除程序**图标,可打开**添加或删除程序**窗口,如图3.66 所示。

图 3.66 **添加或删除程序**窗口

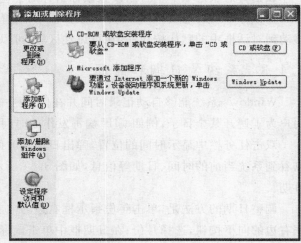

图 3.67 **添加新程序**

1. 安装应用程序

通过**添加或删除程序**窗口安装新的应用程序,可进行如下操作:①单击**添加新程序**按钮,窗口转换为如图 3.67 所示;②单击 **CD 或软盘**按钮,弹出**从软盘或光盘安装程序**对话框,如图3.68 所示;③插入含有安装程序的软盘或 CD-ROM 后,单击**下一步**按钮,安装程序将自动检测各个驱动器,对安装盘进行定位;④如果自动定位不成功,将弹出**运行安装程序**对话框,如图3.69 所示;⑤此时既可以在**打开**文本框中输入安装程序的路径和名称,也可以单击**浏览**按钮定位安装程序；⑥选定安装程序后单击**完成**按钮，便开始应用程序的安装；⑦安装结束后，单击**确定**按钮退出。

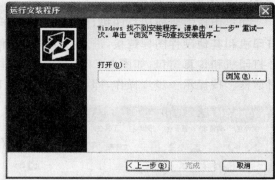

图 3.68　**从软盘或光盘安装程序**对话框　　　　图 3.69　**运行安装程序**对话框

2. 删除应用程序

　　删除应用程序的方法是，在图 3.66 所示的**添加或删除程序**窗口**当前安装的程序和更新**列表框中选定要删除的应用程序，然后单击**删除**按钮，并按窗口提示执行，Windows 便开始自动删除该应用程序。

3. 安装和删除 Windows XP 组件

　　Windows XP 提供了丰富的组件，在安装 Windows XP 的过程中，因为用户的需求和其他限制条件，往往没有把组件一次性安装完全。在使用过程中，用户可以根据需求再来安装某些组件。同样，当某些组件不再需要时，可以删除这些组件。

　　安装/删除 Windows XP 组件步骤如下：①单击**添加或删除程序**窗口中**添加/删除 Windows 组件**按钮，弹出 **Windows 组件向导**对话框，如图 3.70 所示；②在**组件**列表框中，选定要安装的组件复选框，或者清除要删除的组件复选框；③如果要添加或删除一个组件的一部分程序，则先选定该组件，然后单击**详细信息**按钮，选定要添加部分的组件复选框或清除要删除部分的组件复选框；④单击**确定**按钮，即开始安装或删除 Windows 组件应用程序。

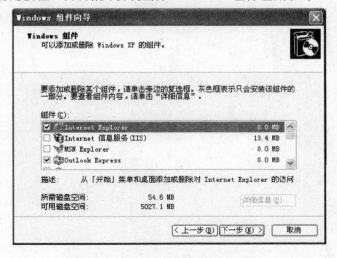

图 3.70　**Windows 组件向导**对话框

3.4.5 打印机

1. 打印机的安装与使用

如果用户需要使用打印机,便需要安装打印机驱动程序。单击**控制面板**分类视图窗口中**打印机和其他硬件**图标链接,进入打印机和其他硬件窗口后,单击**打印机和传真**图标链接,打开打印机和传真窗口,如图 3.71 所示。在窗口中单击**添加打印机**链接,弹出**添加打印机向导**对话框。按提示一步步操作,即可以完成安装工作。

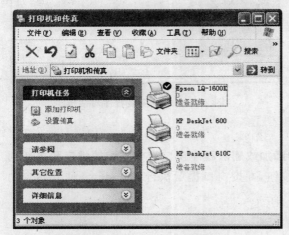

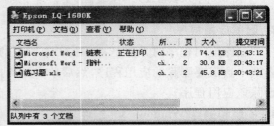

图 3.71　打印机和传真窗口　　　　　　图 3.72　打印机任务列表窗口

2. 打印机状态

如果计算机中安装了多个打印机的驱动程序,可以在**打印机和传真**窗口中选择当前要使用的打印机驱动程序图标,并单击**文件**菜单中**设为默认打印机**命令,将此打印机的设置作为系统的当前设置。在**打印机和传真**窗口中,双击已安装好的打印机的图标,如 LQ-1600K,便弹出打印机任务列表窗口,如图 3.72 所示。在任务列表窗口中,用户可以观察打印作业的队列,对于不想打印的作业可以从打印作业队列中清除掉,也可以将某个打印的作业暂停打印。

第4章　Word 2003 操作基础

　　Microsoft Office 是应用最为广泛的办公系统，Word，Excel，PowerPoint，Access 和 FrontPage 是 Office 套装软件中最为重要的 5 大组成部分，分别用于文字处理、数据处理、演示文稿创作、数据库管理和网页制作。熟练掌握 Word 2003(以下简称 Word)的各种基本操作和使用技巧，不但可以创建出各种不同的文档，而且可以大大提高工作效率。本章主要介绍 Word 软件的基本概念和使用 Word 编辑文档、排版、页面设置、表格制作和图形绘制等基本操作。通过本章的学习应掌握：①Word 的基本概念、启动和退出；②文档的创建、输入、打开、保存、保护和打印；③文本的选定、插入与删除、复制与移动、查找与替换等基本编辑技术；④文字格式、段落设置、页面设置和分栏等基本排版技术；⑤表格的制作、修改，文字的排版和格式设置等；⑥图形或图片的插入，图形的绘制和编辑。

4.1　Word 简介

4.1.1　Word 的主要功能

　　(1) 可制作多种类型文档。Word 是一款功能强大的文字处理软件，利用它可以创建和编辑各种类型的文档，如普通文档、图文混排的文档、包含表格的文档、专业化的文档、简单的 Web 页等。

　　(2) 操作方便的任务窗格。Word 提供了任务窗格形式的任务管理功能，如图 4.1 所示。主要有**新建文档**、**剪贴板**、**搜索**、**剪贴画**、**样式和格式**、**显示格式**、**邮件合并**、**信息检索**等。打开任务窗格的方法是单击**视图**菜单中**任务窗格**命令。

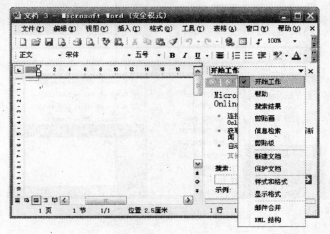

图 4.1　任务窗格

（3）完善的保护功能。Word 中为文档提供了很好的保护措施，可以分为以下三点：①自动恢复功能，防止因意外原因而造成的文档内容的丢失；②密码保护功能，Word 可为文档设置打开权限密码和修改权限密码，使文档免受未授权的更改；③病毒防护功能，设置文档的安全级别，防止病毒的感染和破坏。

（4）自动功能。自动更正功能在输入的同时，自动更正单词的拼写、语法错误。语法、拼写自动检查功能在输入的同时，会自动检查语法和拼写错误。自动输入功能会自动创建编号列表、项目符号表，并自动套用格式、缩进量。当输入当前日期、1 周 7 天的名称、月份、用户的姓名和所在单位名称时会自动提示输入内容。另外，Word 提供了自动更正、自动套用格式、信函向导等一套丰富的自动功能，使用户可以轻轻松松地完成日常工作。

（5）表格处理功能。Word 具有较强的表格处理功能，能任意地对表格的大小、位置进行调整，表格中可以包含图形或其他表格，可以创建、编辑复杂的表格等。可以使用公式对表格数据进行简单的计算、排序，并根据数据创建图表。

（6）图文混排功能。Word 提供一套绘制图形和图片功能，可以十分方便地创建多种效果的文本和图形。绘图功能提供了 100 多种自选图形和 4 种填充效果。增强了图文混排功能，使图片的拖动、插入等操作更加简单。崭新的剪贴库提供了更加丰富的图片资料。充分利用 Word 提供的这些图文混排功能，可以编排出形式多样的文档。

4.1.2 启动与退出

1. 启动 Word

启动 Word 有多种方法，常用的有三种。

（1）从**开始**菜单启动。单击**开始→所有程序→Microsoft Office→Microsoft Office Word 2003** 命令，如图 4.2 所示，即可以启动 Word。

图 4.2　从**开始**菜单启动 Word

（2）通过文档启动。可以通过新建一个 Word 文档或打开一个旧文档启动 Word。例如，右击桌面空白处，在弹出的快捷菜单中单击**新建→Microsoft Word 文档**命令，如图 4.3 所示，即可新建一个 Word 文档，双击此文档图标即可启动 Word。通过已有的文档启动 Word 的方法主要有如下两种：①在"资源管理器"窗口中或桌面上双击要打开的文档；②在**开始**菜单**我最近的文档**级联菜单项中单击要打开的文档（此处的文档是不久前编辑过的），如图 4.4 所示。这种方法不仅会启动 Word 应用程序，而且将在 Word 中打开选定的文档。如果启动 Word 是为了编辑一个已存在的文档，那么使用此方法启动 Word 是很适合的。

图 4.3　在桌面上新建 Word 文档

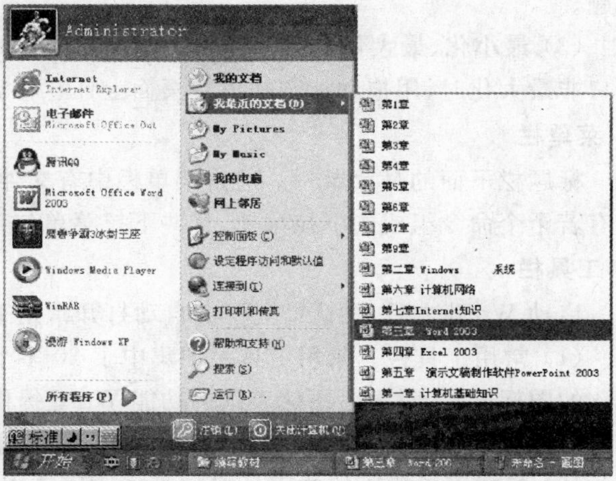

图 4.4　通过已有的文档启动 Word

（3）通过快捷方式启动。用户可以在桌面上为 Word 建立快捷方式图标，双击它即可启动 Word。

2. 退出 Word

退出 Word 常用的方法有两种：①双击 Word 窗口左上角的控制菜单框或单击右上角的**关闭按钮**；②单击**文件**菜单中**退出**命令。

4.1.3　Word 窗口的组成

Word 窗口由标题栏、菜单栏、工具栏、标尺、滚动条、视图切换按钮和状态栏等部分组成，如图 4.5 所示。

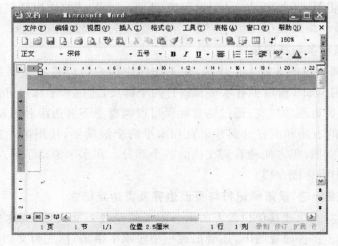
图 4.5　Word 窗口

1. 标题栏

标题栏是 Word 窗口最上端的一栏。

（1）"控制菜单"图标。标题栏最左端的是"控制菜单"图标。单击它可下拉出 Word 窗口的控制菜单，完成对 Word 窗口的最大化、最小化、还原、移动、大小和关闭等操作。

（2）窗口标题。紧接着"控制菜单"图标右边显示的**文档 1－Microsoft Word** 就是窗口标题。

（3）**最小化**、**最大化**（或还原）和**关闭**按钮。在标题栏右端有一组窗口控制按钮，当 Word 窗口非最大化时，用拖动标题栏可在桌面上任意移动 Word 窗口。

2. 菜单栏

标题栏下面的是菜单栏。通常菜单栏中有**文件**、**编辑**等 9 个菜单项。对应每个菜单项包含有若干个命令组成的下拉菜单，这些下拉菜单包含了 Word 的各种功能。

3. 工具栏

启动 Word 之后，默认情况下会自动打开**常用**工具栏和**格式**工具栏。

（1）**常用**工具栏。**常用**工具栏中集中了 20 多个 Word 操作的常用的命令按钮，它们以形象化的图标表示，对每个图标表示的功能 Word 提供了简明的屏幕提示，只要将鼠标指针指向某一图标并在图标上稍停片刻，就会显示该图标功能的简明提示。

（2）**格式**工具栏。**格式**工具栏包括了 Word 中最常使用的格式化命令。其中，以下拉列表框和形象化的图标方式列出了常用的排版命令，可对文字的样式、字体、字号、对齐方式、颜色、段落编号等进行排版。其具体使用方法将在后面排版中介绍。

除在窗口中默认出现的**常用**和**格式**工具栏外，还有诸如**绘图**、**图片**、**其他格式**、**表格与边框**和**自定义**等 18 种工具栏，可单击**视图**菜单**工具栏**级联菜单中的相应工具栏名来打开或关闭，也可以通过右击工具栏，在弹出的快捷菜单中选择某一工具栏按钮的方法，将其显示或隐藏起来。

4. 文档窗口

在 Word 中文档窗口只是作为 Word 窗口的一部分，所以当文档窗口最大化时，窗口标题和 Word 窗口的窗口标题重叠在一起，前面的名字是 Word 文档的名字，如**文档 1**。

当打开一个文档后，在窗口右上角处有两个**关闭**按钮"×"。上面一个"×"的作用是关闭整个 Word 文档编辑器，即关闭 Word 编辑程序；下面一个"×"的作用是仅仅关闭当前打开的文档，而不关闭 Word 编辑程序。

5. 工作区、标尺、滚动条与视图按钮

Word 窗口中间白色的区域为工作区，在工作区中用户可以进行文字的录入和文档的编辑、排版等操作。在 Word 窗口中有水平和垂直两个标尺，通过水平标尺可以查看和设置段落缩进、制表位、左右页边距和栏宽；通过垂直标尺可以调整上下页边距和表格中的行高。

在 Word 窗口的右侧和下方分别有垂直和水平两个滚动条，使用滚动条中的滑块或按钮可滚动工作区内的文档，很方便地看到文档的各个部分。在水平滚动条的左边有 5 个按钮，称为视图按钮，后文中将详细介绍。

6. 插入点、文档结束标记、段落标记符与页面边界及页边距标志

出现在工作区左上角或其他位置上的黑色闪动的竖线为插入点（也称光标），它指示着当前文本的录入位置。在普通视图下，还会出现一小段水平横条，称之为文档结束标记。

在文档中的灰色弯曲的小箭头就是段落标记符,一个段落标记符代表一个段落的结束。通过单击**常用**工具栏中的**显示/隐藏编辑标记**按钮,可以显示或隐藏段落标记符。

在页面视图下可以将工作区看成是一张纸,这张纸的边界就是页面的边界。在工作区的左上、右上、左下、右下角分别有 4 条灰色的折线,即页边距标志。

7. 状态栏

在 Word 窗口的最下面是状态栏。通过状态栏可以很清楚地观察到当前编辑文档的工作状态。

4.2 Word 的基本操作

本节主要讲述如何使用 Word 创建一个新的文档或打开已存在的文档;如何移动插入点、输入文本和保存文档;如何选定文本的一部分并对其进行插入、删除、复制、移动、查找与替换等基本编辑技术。

4.2.1 创建新文档

启动 Word 之后,Word 会自动创建一个空白的文档,就是工作区中的空白页面,此文档的默认名为**文档 1**,如图 4.5 所示。如果要创建第二个文档、第三个文档……需要使用"新建"文档的方法来实现。在 Word 中,新建文档主要有以下几种方法。

(1) 工具栏按钮方法。单击**常用**工具栏中的**新建**按钮即可创建一个新的空白文档。

(2) 菜单方法。操作步骤如下:①单击**文件**菜单中**新建**命令,打开**新建文档**任务窗格,如图 4.6 所示;②单击**新建**栏**空白文档**链接,即可创建一个新的空白文档。

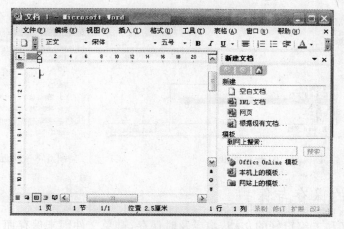

图 4.6　新建文档任务窗格

(3) 键盘方法。操作步骤如下:①按 Alt＋F 组合键,打开**文件**下拉菜单;②用上、下箭头键选定**新建**命令并按 Enter 键,或者直接按 N 键,打开**新建文档**任务窗格;③上、下箭头键选定**空白文档**链接后按 Enter 键。

(4) 快捷键方法。按 Ctrl＋N 组合键可以直接新建一个空白文档。

通过方法(1)和(4)可以快速创建一个新的空白文档。因为 Word 默认的模板就是**常用**选项卡中的**空白文档**,所以这 4 种方法的结果相同。

4.2.2 打开已存在的文档

要对一个已有的文档进行编辑、修改,第一步就是要打开这个文档。Word 可以打开位于本地磁盘上的文档,也可以打开不同格式的文件,如 WPS 文件、纯文本文件等。

1. 打开本地磁盘上的一个或多个 Word 文档

打开一个或多个已存在的 Word 文档的方法主要有下列三种:①单击**常用工具栏中的打开按钮**;②单击**文件菜单中打开命令**;③直接按 Ctrl＋O 组合键。

执行**打开命令**时,Word 会弹出一个**打开**对话框。在**文件类型**下拉列表框中选择要打开的文件的类型,如图 4.7 所示。在**打开**对话框的左侧,有**我最近的文档、桌面、我的文档、我的电脑**等几个常用文件夹图标按钮,如果要打开的文档在这些文件夹中,可以直接单击相应的图标按钮,再从文件列表框中选择;如果要打开的文档不在这些文件夹中,可在**查找范围**下拉列表框内选择文档所在的文件夹,文件列表框内将出现该文件夹中子文件夹和文档。如果要打开的多个文档名,可以先选定多个文档后,再单击**打开**按钮。

2. 打开新近用过的文档

Word 在**文件**菜单的底部列出了新近打开过的文档,如图 4.8 所示。单击它们,或者键入文档名前面的数字,如 **1,2** 等,可打开此文档(如果文档的位置没有变化的话)。

默认情况下,**文件**菜单中保留 4 个最近使用过的文档名。

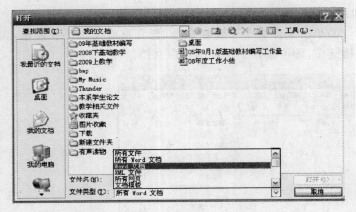

图 4.7 **打开**对话框

图 4.8 新近打开过的文档

4.2.3 文档的保存与保护

对于已编辑好和未编辑好的文档,均应及时保存,避免文件因未保存而丢失。

1. 文档的保存

(1) 保存新建文档。有如下几种:①单击**常用**工具栏中的**保存**按钮;②单击**文件**菜单中**保存**命令;③直接按 Ctrl＋S 组合键。当对新建的文档第一次进行"保存"操作时,**保存**命令相当于**另存为**命令,会弹出**另存为**对话框,如图 4.9 所示。在**保存位置**下拉列表框中选定所要保存文档的文件夹,在**文件名**组合框中键入具体的文件名后,单击**保存**按钮即执行保存操作。保存文档后,该文档窗口并没有关闭,用户可以继续输入或编辑该文档。

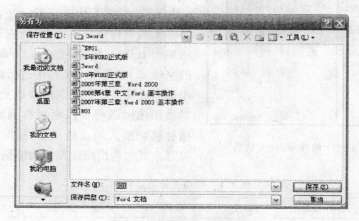

图 4.9　**另存为**对话框

（2）保存已有的文档。对已有的文件打开和修改后,同样可用上述方法将修改后的文档以原来的文件名保存在原来的文件夹中。此时不再出现**另存为**对话框。值得注意的是输入或编辑一个大文档时,最好随时做保存文档的操作,以免计算机的意外故障引起文档的丢失。

（3）用另一文档名保存文档。单击**文件**菜单中**另存为**命令,可将文件以另一个不同的名字保存在同一文件夹下,或保存到不同的文件夹中去。这时既保留编辑修改前的文档,又得到修改后的文档。方法是执行**另存为**命令,弹出**另存为**对话框,其后的操作与保存新建文档一样。

2. 文档的保护

（1）设置密码。设置密码是保护文件的一种方法。给文档设置"打开权限密码"的操作步骤如下:①打开待保护的文档;②单击**工具**菜单中**选项**命令,弹出**选项**对话框,选择**安全性**选项卡;③在**打开文件时的密码**文本框中键入密码后,单击**确定**按钮,弹出**确认密码**对话框;④在**请再键入一遍打开权限密码**文本框中再次键入该密码后,单击**确定**按钮;⑤当返回到文件编辑状态后,单击**保存**按钮存盘即可。

（2）设置文档的属性。将文档属性设置成"只读"也是保护文档不被修改的一种方法,操作如下:①用正确的密码打开该文档;②单击**工具**菜单中**选项**命令,选择**安全性**选项卡;③选定**建议以只读方式打开文档**复选框;④单击**确定**按钮返回,单击**保存**按钮就完成只读属性的设置。

4.2.4　文本输入与基本编辑

1. 输入文本

启动 Word 后,就可以直接在空白文档中输入文本。当输入到行尾时,系统会自动换行。输入到段落结尾时,应按 Enter 键,表示段落结束。如果在某段落中需要强行换行,可以使用 Shift＋Enter 组合键完成。

（1）插入与改写。"插入"和"改写"是 Word 的两种编辑方式。插入是指将输入的文本添加到插入点所在位置,插入点以后的文本依次往后移动;改写是指输入的文本将替换插入点所在位置的文本。按 Ins 键或双击状态栏上的**改写**标志,可以转换插入和改写两种编辑方式。通常缺省的编辑状态为插入,**改写**标志为灰色;如果处于改写状态,**改写**标志就为黑色,如图

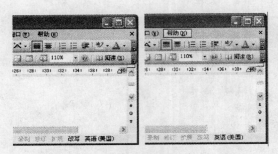

图 4.10　状态栏上的改写/插入状态

4.10 所示。例如,输入 **techer** 后,将插入点移到 c 的前面,在插入状态下输入 a,结果为 **teacher**,即输入的字母 a 插入中间了;在改写状态输入 a,结果为 **teaher**,即输入的字母 a 取代了插入点后面的字母 c。如果要在文档中进行编辑,用户可以使用鼠标或键盘找到文本的修改处,若文本较长,可以使用滚动条将插入地点移到编辑区内,将鼠标指针移到插入地点处单击,这时插入点移到指定位置。其中常用按键及其功能见表 4.1。

表 4.1　常用光标移动按键

按键	功能	按键	功能	按键	功能	按键	功能
→	向右移动一个字符	Ctrl+→	向右移动一个单词	Home	移动到当前行首	Ctrl+PgUp	移动到屏幕的顶部
←	向左移动一个字符	Ctrl+←	向左移动一个单词	End	移动到当前行尾	Ctrl+PgDn	移动到屏幕的底部
↑	向上移动一行	Ctrl+↑	向上移动一个段落	PgUp	移动到上一屏	Ctrl+Home	移动到文档的开头
↓	向下移动一行	Ctrl+↓	向下移动一个段落	PgDn	移动到下一屏	Ctrl+End	移动到文档的末尾

　　(2) 通过菜单插入符号或特殊字符。用户在处理文档时可能需要输入一些特殊字符,如希腊字母、俄文字母、数字序号等。通过菜单插入符号或特殊字符的操作步骤如下:①将插入点移到要插入符号的位置;②单击**插入**菜单中**符号**命令,弹出**符号**对话框,如图 4.11 所示;③在**符号**选项卡中,选择**字体**下拉列表框中的项目,将出现不同的符号集;④选定要插入的符号或字符再单击**插入**按钮,或双击要插入的符号或字符;⑤插入多个符号可重复上一步,插入完成后单击**关闭**按钮,关闭对话框。

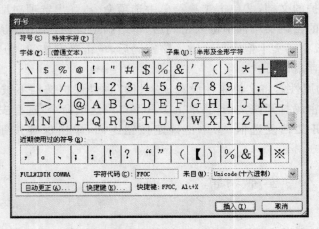

图 4.11　**符号**对话框

　　(3) 通过软键盘插入符号或特殊字符。当选择某种中文输入法后,在屏幕左下角会显示该输入法状态栏。这里以全拼输入法为例,说明如何用软键盘实现特殊字符的输入:①右击输入法状态栏最右端的"屏幕小键盘"按钮,弹出菜单,系统缺省设置为 **PC 键盘**,如图 4.12 所示;②单击**数字序号**命令,弹出软键盘,如图 4.13 所示,这时就可以进行特殊符号的输入,如按 A 键表示输入"(一)",按 B 键表示输入"(5)";③特殊符号输入完毕后,软键盘还显示在屏幕上,如果不需要显示软键盘,可以再次单击输入法状态栏最右端的"屏幕小键盘"按钮,软键盘将关闭。

图 4.12　软键盘弹出菜单　　　　图 4.13　**数字序号**软键盘

2．选定文本

用户如果需要对某段文本进行移动、复制、删除等操作时,必须先选定它们,然后再进行相应的处理。当文本被选中后,所选文本呈反相显示,如图 4.14 所示。单击已选定文本外的任何区域即可取消对其的选定。

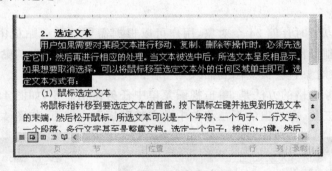

图 4.14　选定文本

（1）用鼠标选定文本。将鼠标指针移到要选定文本的首部,按下鼠标左键并拖动到所选文本的末端,然后释放鼠标左键。所选文本可以是一个字符、一个句子、一行文字、一个段落、多行文字甚至是整篇文档。要选定一个句子,可按住 Ctrl 键,然后单击该句子的任何地方;要选定一行文字,可将鼠标指针指向该行的左侧,当鼠标指针变成一个箭头"⇗"后单击;要选定一个段落,可将鼠标指针指向该段落的左侧,当鼠标指针变成右向箭头后双击;要选定整篇文档,可将鼠标指针指向文档任意正文的左侧,当鼠标指针变成右向箭头后三击;要选定列块（垂直的一块文字）,可将光标移至所选文本的起始处,按住 Alt 键后,再按下鼠标左键并拖动到所选文本的末端。

（2）用键盘选定文本。先将光标移到要选定的文本之前,然后用组合键选择文本。常用组合键及功能如下：①Shift＋→,向右选取一个字符或一个汉字;②Shift＋←,向左选取一个字符或一个汉字;③Shift＋↓,选取至下一行;④Shift＋↑,选取至上一行;⑤Shift＋Home,由光标处选取至当前行行首;⑥Shift＋End,由光标处选取至当前行行尾;⑦Ctrl＋Shift＋→,向右选取一个单词;⑧Ctrl＋Shift＋←,向左选取一个单词;⑨Ctrl＋A,选取整篇文档。

（3）用扩展功能选定文本。扩展选定方式是使用定位键选定文字。按 F8 键在状态栏出现**扩展**字样,即进入这种方式;按 Esc 键,可退出扩展选定方式。

3．删除、复制与移动文本

（1）删除文本。按 BackSpace 键可删除插入点左侧的一个字符;按 Del 键可删除插入点右侧的一个字符。删除较多连续的字符或成段的文字,可以用如下方法:①选定要删除的文本块后,按 Del 键;②选定要删除的文本块后,单击**编辑**菜单中**剪切**命令;③选定要删除的文本块后,单击**常用**工具栏中的**剪切**按钮。删除和剪切操作功能不完全相同。它们的区别是使用剪切操作时删除的内容会保存到剪贴板上;使用删除操作时删除的内容则不被保存。

(2)复制文本。使用复制命令进行编辑是提高工作效率的有效方法,常用的方法如下:①选定要复制的文本块;②单击**常用**工具栏中的**复制**按钮,或单击**编辑**菜单中**复制**命令,或直接按 Ctrl+C 组合键;③将插入点移到新位置,单击**常用**工具栏中的**粘贴**按钮,或单击**编辑**菜单中**粘贴**命令,或直接按 Ctrl+V 组合键。也可以使用键盘与鼠标配合操作,首先选定要复制的文本块,按下 Ctrl 键,用鼠标拖动选定的文本块到新位置,同时放开 Ctrl 键和鼠标左键。

(3)移动文本。移动是将字符或图形从原来的位置移动到另一个新位置。首先在选定的文本块中,按下鼠标的左键将文本拖动到新位置,然后放开鼠标左键即可。也可以选定要移动的文本,单击工具栏中的**剪切**按钮,或直接按 Ctrl+X 组合键,再将插入点移到要插入的新位置,单击工具栏中的**粘贴**按钮。

4. 剪贴板

剪贴板最多可以暂时存储 24 个对象,用户可以根据需要粘贴剪贴板中的任意一个对象。利用剪贴板进行复制操作,只需将插入点移到要复制的位置,然后单击**剪贴板**任务窗格中的某个要粘贴的对象,该对象就会被复制到插入点所在的位置。

打开**剪贴板**任务窗格的方法是,单击**视图**菜单中**任务窗格**命令,如图 4.15 所示,再单击**开始工作**右边的小黑三角,在弹出的下拉菜单中单击**剪贴板**命令即可,如图 4.16 所示。

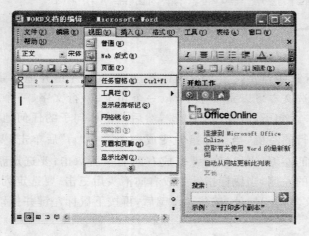

图 4.15　**视图**菜单

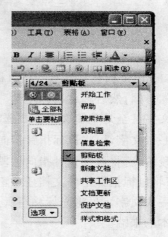

图 4.16　**剪贴板**命令

5. 撤消与恢复

Word 提供了"撤消"功能,用于取消最近对文档进行的误操作。取消最近的一次误操作可以直接单击**常用**工具栏中的**撤消**按钮或单击**编辑**菜单中**撤消**命令,也可以直接单击 Ctrl+Z 组合键来快速取消刚进行过的操作步骤。取消多次误操作的步骤如下:①单击**常用**工具栏中**撤消**按钮旁边的小三角,查看最近进行的可"撤消"操作列表;②单击要取消的操作,如果该操作不可见,可滚动列表。取消某操作的同时,也取消了列表中所有位于它之前的所有操作。

"恢复"功能用于恢复被取消的操作,其操作方法与取消操作基本类似。

6. 查找与替换

在编辑文件时,有些工作让计算机自动来做,会方便、快捷、准确得多。例如,在文本中,多次出现"按纽",要将其找到并改正,尽管可以使用滚动条滚动文本,凭眼睛来查找错误,但如果让计算机自动查找,既节省时间又准确得多。Word 提供了许多自动功能,查找和替换就是其中之一。

(1) 查找文本的方法如下:①单击**编辑**菜单中**查找**命令,弹出**查找和替换**对话框;②在**查找内容**组合框内键入要搜索的文本,如**计算机**;③单击**查找下一处**按钮,则开始在文档中查找。此时,Word 自动从当前光标处开始向下搜索文档,查找**计算机**字符串,如果直到文档结尾没有找到**计算机**字符串,则继续从文档开始处查找,直到当前光标处为止。查找到**计算机**字符串后,光标停在找出的文本位置,并使其置于选定状态,单击**查找和替换**对话框外工作区任意位置,就可以对该文本进行编辑。

(2) 查找特定格式文本的方法如下:①单击**编辑**菜单中**查找**命令;②若当前是常规格式的**查找和替换**对话框,则单击其中的**高级**按钮,展开对话框;③在**查找内容**组合框内输入要查找的文字,如**计算机**;④单击**格式**按钮,在弹出菜单中单击**字体**命令,在弹出的**查找字体**对话框中选择所需格式,如楷体、四号;⑤单击**查找下一处**按钮,则开始在文档中查找。在图 4.17 所示的一段文字中,有 4 处**计算机**,但符合格式的只有两处。

(3) 替换文本的方法如下:①单击**编辑**菜单中**替换**命令,弹出**查找和替换**对话框**替换**选项卡;②在**查找内容**组合框内输入文字,如**中国**;③在**替换为**组合框内输入要替换的文字,如**中华人民共和国**,如图 4.18 所示;④如果确定要将文本中查找的全部字符串进行替换,单击**全部替换**按钮可自动进行替换。但是,有时并不是查找到的字符串都应进行替换,例如要将"中国是一个发展中国家,欢迎世界各地的企业家到中国来投资"中的**中国**替换成**中华人民共和国**。很明显,应该替换两个地方,替换时若单击**全部替换**按钮,替换后的结果是"中华人民共和国是一个发展中华人民共和国家……"。可以看到计算机将**发展中国家**中的**中国**也被替换了。所以,在进行文本替换时,如果有类似的情况,就不能使用全部替换功能,可单击**查找下一处**按钮,如果查找到的字符串需要替换,则单击**替换**按钮进行替换;否则,继续单击**查找下一处**按钮。如果**替换为**组合框为空,操作后的实际效果是将查找的内容从文档中删除了。若是替换特殊格式的文本,其操作步骤与特殊格式文本的查找类似。

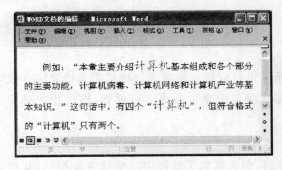

图 4.17　查找特定格式

图 4.18　**查找和替换**对话框**替换**选项卡

4.3　文档的排版

通过设置丰富多彩的文字、段落、页面格式,可以使文档看起来更美观、更舒适。Word 的排版操作主要有字符排版、段落排版和页面设置。

4.3.1　视图

Word 提供的视图有普通视图、页面视图、大纲视图、Web 版式视图、阅读版式视图。其中普通视图和页面视图是最常用的两种方式。

（1）普通视图。此视图多用于文字处理工作，如输入、编辑、格式的编排和在文本层插入图片等。在普通视图下不能插入页眉、页脚，不能分栏显示、首字下沉，并且绘制图形的结果不能真正显示出来。这种视图下占用计算机资源少，响应速度快，可以提高工作效率。通常都在普通视图下做文字处理的工作。

（2）Web 版式视图。此视图中不但可以对文档的外观进行设置，而且可以看到当文档发布成功之后在浏览器中的外观。在 Web 版式视图中可以显示大部分格式，例如文本的各种格式和图片层中的内容，但是与页面有关的格式无法显示，如页面边框、页眉/页脚等。

（3）页面视图。此视图主要用于版面设计，在页面视图下可以像在普通视图下一样输入、编辑和排版文档，也可以处理页边距、图文框、分栏、页眉和页脚、图形等。但在页面视图方式下占用计算机资源相对较多，使处理速度变慢。

（4）大纲视图。此视图的显示方式和写大纲的方式一样，因此大纲视图非常适合编辑长文档。当切换到大纲视图显示的时候，系统会自动打开**大纲**工具栏，利用**大纲**工具栏中的工具可以灵活地对长文档的结构进行调整和统一管理。在大纲视图下也只能显示一部分格式，如字符的格式。对于大部分格式，如段落的格式、图片层中的内容以及页面的格式是无法显示的。因此，利用大纲视图浏览文档的速度也是比较快的。

（5）阅读版式视图。此视图下可以更方便地对整个文档进行阅读、审阅及做相应的修订等操作。

单击**视图**菜单中**普通**、**页面**、**大纲**、**Web 版式**等命令，或单击编辑区下方水平滚动条左侧的相应按钮可以方便地在普通视图、页面视图、大纲视图、Web 版式视图、阅读版式视图之间相互转换。

4.3.2　字符格式化

字符格式化是对字符的字体、字号、颜色等格式进行设置。通常通过**格式**工具栏完成一般的字符格式化，对格式要求较高的文档，则通过**格式**菜单中**字体**命令进行设置，格式化前必须先选定操作对象。

1. 通过工具栏格式化

（1）设置字体。选定要设置或改变字体的字符，单击**格式**工具栏中的**字体**下拉按钮，从列表中选择所需的字体名称，如图 4.19 所示。

（2）设置字号。汉字的大小用字号表示，字号从初号、小初号、一号，直到八号，对应的文字越来越小。英文的大小用"磅"的数值表示，1 磅等于 1/12 英寸。数值越小表示的英文字符越小。选定要设置或改变字号的字符，单击**格式**工具栏中的**字号**下拉按钮，从列表中选择所需的字号，如图 4.20 所示。

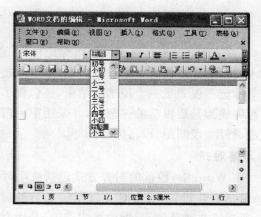

图 4.19　设置字体　　　　　　　　　　　　　图 4.20　设置字号

（3）设置字符的其他格式。利用**格式**工具栏还可以设置字符的**加粗**、**斜体**、**下划线**、**字符底纹**、**字符边框**、**字符缩放**等格式。

2. 通过菜单格式化

选定要进行格式设置的字符，单击**格式**菜单中**字体**命令，弹出**字体**对话框，如图 4.21 所示。在**字体**对话框中有**字体**、**字符间距**和**文字效果**三个选项卡。

字体选项卡中的**中文字体**和**西文字体**下拉列表框分别用来对中、英文字符设置字体；**字号**组合框用来设置字符大小；**下划线**下拉列表框用来给选定的字符添加各种下划线；**字体颜色**下拉列表框可为选定的字符设置不同的颜色；**效果**选项组用来给选定的字符设置特殊的显示效果；**预览**框可以随时观察设置后的字符效果；**默认**按钮可将当前的设定值作为默认值保存。

图 4.21　**字体**对话框

字符间距选项卡中的**缩放**组合框可设置字符在屏幕上显示的大小与真实大小之间的比例；**间距**下拉列表框可设置字符间的距离；**位置**下拉列表框可设置字符相对于基准线的位置。

文字效果选项卡用来设置字符的动态效果。文字效果是 Word 提供的一种文字修饰方法，它主要是为了在 Web 版式或用计算机演示文档时增加文档的动感和美感。字符的动态效果无法打印出来。

例如，将文字"湖北中医学院"设置为宋体、一号、波浪型下划线、蓝色、空心并增加字间距的操作如下：①选定**湖北中医学院**；②单击**格式**菜单中**字体**命令，弹出**字体**对话框；③在**中文字体**下拉列表框中选定**宋体**，在**字号**下拉列表框中选定**一号**，在**下划线**下拉列表框中选定"波浪型"，在**颜色**下拉列表框中选定"蓝色"，选定**效果**选项组中**空心**复选框；④单击**字符间距**选项卡，在**间距**下拉列表框中选定**加宽**，在**磅值**组合框中设置 **5**；⑤单击**确定**按钮完成格式化。

4.3.3 段落格式化

在 Word 中,段落是指以段落标记作为结束符的文字、图形或其他对象的集合。Word 在键入回车的地方插入一个段落标记,可以通过**常用**工具栏中的**显示/隐藏**按钮查看段落标记。段落标记不仅表示一个段落的结束,还包含了本段的格式信息,如果删除了段落标记,该段的内容将成为其后段落的一部分,并采用下一段文本的格式。段落格式主要包括段落对齐、段落缩进、行距、段间距、段落的修饰等。

1. 段落对齐

在 Word 中,段落的对齐方式包括两端对齐、居中对齐、右对齐、分散对齐等。两端对齐是 Word 的默认设置;居中对齐常用于文章的标题、页眉、诗歌等的格式设置;右对齐适合于书信、通知等文稿落款、日期的格式设置;分散对齐可以使段落中的字符等距排列在左右边界之间。在编排英文文档时可以使左右边界对齐,使文档整齐、美观。

选定要进行设置的段落(可选多段),单击**格式**工具栏中的相应按钮,如图 4.22 所示,即可对段落进行相应的段落对齐。

图 4.22 段落对齐

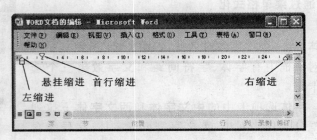

图 4.23 段落缩进

2. 段落缩进

段落缩进是指文本与页边距之间的距离。段落缩进包括左缩进、右缩进、首行缩进、悬挂缩进等,位于水平标尺上,如图 4.23 所示。

设置段落缩进的步骤如下:①将光标移到需要设置缩进的段落中;②拖动水平标尺左端的**首行缩进**倒三角标记,可改变该段文本文字的首行缩进;③拖动**悬挂缩进**标记三角,可使该段文字显示为悬挂缩进效果;④拖动**左缩进**标记方框,可改变该段文本的左缩进位置;⑤拖动**右缩进**标记,可改变该段文本的右缩进位置。

设置段落缩进后的效果如图 4.24 中所示,图中显示的第一段文字段落缩进格式为首行缩进、右缩进;第二段文字段落缩进格式为悬挂缩进。

通过**段落**对话框也可以设置缩进,方法如下:①将光标移到需要改变缩进的段落中;②单击**格式**菜单中**段落**命令,弹出**段落**对话框,如图 4.25 所示;③在**缩进和间距**选项卡,按文档需要设置左、右、悬挂、首行缩进;④单击**确定**按钮完成设置。

3. 段落间距与行间距

段落间距表示段与段之间的距离,行间距表示每段文字中行与行之间的距离。在默认情况下,Word 采用单倍行距。所选行距将影响所选段落或插入点所在段落的所有文本行。

段落间距有段前距和段后距两种。在**段落**对话框**缩进和间距**选项卡**间距**选项组中可设置段落间距。设置行距与设置段距基本一样。

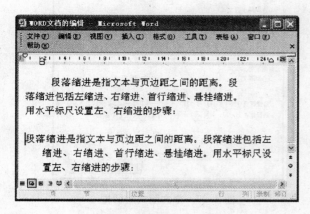

图 4.24　段落缩进后的效果　　　　图 4.25　**段落**对话框**缩进和间距**选项卡

4. 首字下沉

首字下沉通常用于文档段落的开头。

创建首字下沉的操作方法如下：①选定要设置下沉文字的段落或将插入点放置在相应段落中；②单击**格式**菜单中**首字下沉**命令，弹出**首字下沉**对话框，如图 4.26 所示；③在**位置**选项组中选择一种首字下沉的方式，在**字体**下拉列表框中选择首字下沉的字体，在**下沉行数**组合框中指定首字下沉后下拉的行数，在**距正文**组合框中设置首字与右侧正文的距离（默认为 0 厘米）；④单击**确定**按钮完成设置。

要取消首字下沉可先选定设置了首字下沉的段落，然后打开**首字下沉**对话框，在**位置**选项组中选定**无**后单击**确定**按钮。

5. 中文版式的段落设置

在对文档进行排版时，会对版面设计提出一些具体的要求，有些标点符号不宜出现在行尾，如"（"、"《"等；而有些表示语句结束的标点符号不宜出现在行首，如"，"、"。"等。这些要求，可以通过**段落**对话框**中文版式**选项卡进行设置。

选定**按中文习惯控制首尾字符**复选框，可按 Word 中标准的"前置标点"和"后置标点"设置，控制出现在行首或行尾的标点符号；选定**允许西文在单词中间换行**复选框，Word 将根据页面设置、单词长度以及断字方式等因素，自动设置换行位置；选定**允许标点溢出边界**复选框，可使不能出现在行首的标点符号稍许超过文档的右边界，出现在行尾；选定**允许行首标点压缩**复选框，可将行首的全角符号调整为半角符号；选定**自动调整中文与西文的间距**或**自动调整中文与数字的间距**复选框，当文档中既有中文又有西文或数字时，可使它们之间保持一定的字符间距。

当文档段落中的字体大小不一致的时候，可以在**文本对齐方式**下拉列表框中选择，重新设置对齐方式。单击**选项**按钮，将弹出**中文版式**对话框，如图 4.27 所示。在**首尾字符**选项组中，如果选定**自定义**单选按钮，则可增加或删除**前置标点**和**后置标点**文本框中的避头、避尾字符。

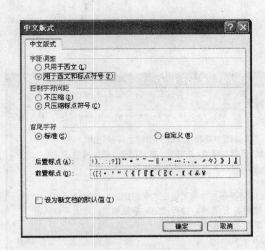

图 4.26　**首字下沉**对话框　　　　　　　　　　图 4.27　**中文版式**对话框

4.3.4　添加边框和底纹

在文档中某些重要文本或段落添加边框和底纹,可以使显示的内容更加突出和醒目,文档外观更加美观。在 Word 中,可以对字符、段落、图形或整个页面设置为边框或底纹。

1. 加边框

Word 提供了多种线型边框和由各种图案组成的艺术型边框,并允许使用多种边框类型。选定需要设置边框的文字后,单击格式工具栏中的**字符边框**按钮"**A**",即可给文字加上单线框。

选定需要设置边框的文字或段落,再单击**格式**菜单中**边框和底纹**命令,弹出**边框和底纹**对话框,如图 4.28 所示。在**边框**选项卡**设置**选项组中选定一种边框类型,可在**预览**框中看到添加边框之后的效果。在**线型**列表框、**颜色**和**宽度**下拉列表框中,可以设置边框线的样式。在**应用于**下拉列表框中,可以选择是应用于文字或段落。

在**页面边框**选项卡中,可以为页面设置边框,除了线型边框外,还可以在页面周围添加 Word 提供的艺术型边框。

2. 添加底纹

选定要添加底纹的文本,单击**格式**菜单中**边框和底纹**命令,弹出**边框和底纹**对话框,选择**底纹**选项卡,如图 4.29 所示。

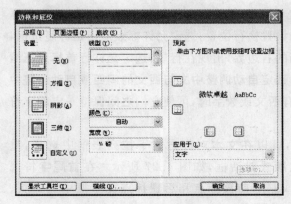

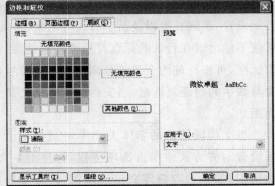

图 4.28　**边框和底纹**对话框**边框**选项卡　　　　图 4.29　**边框和底纹**对话框**底纹**选项卡

在**填充**选项组中选择底纹的填充色,在**样式**下拉列表框中选择底纹的式样,在**颜色**下拉列表框中选择底纹内填充点的颜色,在**预览**框中可以浏览设置后的底纹效果。在**应用于**下拉列表框中,可以选择是应用于文字或段落。

若要删除底纹效果,只需在**边框和底纹**对话框**底纹**选项卡**填充**选项组中选定**无填充色**,在**样式**下拉列表框中选定**清除**,然后单击**确定**按钮即可。

4.3.5 设置文档背景

在文档打印时,背景并不会打印出来,只有在 Web 版式视图中背景才是可见的。

1. 添加或删除背景颜色

鼠标指针指向**格式**菜单中**背景**命令,弹出级联的调色板,如图 4.30 所示。单击要作为背景的颜色,Word 将把该颜色作为纯色背景应用到文档的所有页面上。单击**无填充颜色**命令,可删除文档的背景色,此时背景色为白色。单击**其他颜色**命令,可弹出**颜色**对话框,供选择其他颜色。

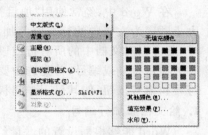

图 4.30 背景级联菜单

2. 设置填充效果

单击**背景**级联菜单中**填充效果**命令,可弹出**填充效果**对话框,如图 4.31 所示。通过各选项卡,可以设置更为丰富多彩的背景。

渐变选项卡在**颜色**选项组可以选择**单色**、**双色**、**预设颜色**,在**底纹样式**选项组中可以选择背景式样,在**透明度**选项组中通过数字的输入来设置背景的透明效果,在**变形**选项组中可进一步设置底纹样式。

纹理选项卡提供了类似于针织物和大理石的图案。选定一种要作为背景的纹理图案,对话框底部可显示该纹理图案的名称。单击**其他纹理**按钮将弹出**选择纹理**对话框,可选择图片文件作为纹理插入**纹理**列表框中。单击**确定**按钮即可将选定的纹理图案作为页面背景。

图案选项卡可在预设的 48 种图案中选择。当选定其中一种后,在选区的下方,会显示该图案的名称,并可在**前景**和**背景**下拉列表框中指定该图案的前景色和背景色。

图片选项卡中单击**选择图片**按钮,在弹出的**选择图片**对话框中,可以选择图片文件作为背景。

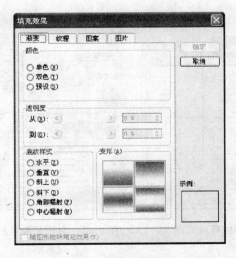

图 4.31 **填充效果**对话框

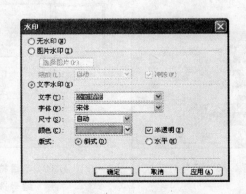

图 4.32 **水印**选项卡

3. 设置水印

水印是一种特殊的背景,添加水印的步骤如下:①单击**格式→背景→水印**命令,弹出**水印**对话框,如图 4.32 所示;②选定**图片水印**或**文字水印**单选按钮,激活相应的设置项目;③将相关项目设置完成后,单击**确定**按钮即可。

若要修改水印,在**水印**对话框重新设置即可;若要删除水印,在**水印**对话框中选定**无水印**单选按钮即可。

4.3.6 使用项目符号和编号

在 Word 中,经常使用"项目符号和编号"功能。编号分为行编号和段编号两种,都是按照大小顺序为文档中的行或段落加编号。项目符号则是在一些段落的前面加上完全相同的符号,既可以对文档中的所有行或段落加编号,也可以只给指定文本或段落加编号。若要取消已有的项目符号或编号,首先选中要取消的项目符号或编号的项,然后单击**格式**工具栏中的**项目符号和编号**按钮,使其呈现弹起状态即可。

1. 给文档添加行编号

Word 能够根据设置的增量给行加编号,如果应用某种样式的段落不需要编号,可将应用这种样式的段落格式设为禁止行号,这样就可以跳过不想出现行号的段落。

行编号在屏幕上不显示,打印预览及打印时显示。为文本添加行号的操作步骤如下:①将插入点置于要添加行号的节中;②单击**文件**菜单中**页面设置**命令,弹出**页面设置**对话框;③单击**版式**选项卡中**行号**按钮,弹出**行号**对话框,如图 4.33 所示;④选定**添加行号**复选框后,其余选项全部被激活,在**起始编号**组合框中输入行号的起始值,在**距正文**组合框中输入行号与正文之间的距离,在**行号间距**组合框中输入每间隔几行要添加一个行号,在**编号方式**选项组中选择一种编号方式;⑤单击**确定**按钮,退出**行号**对话框;⑥单击**确定**按钮,退出**页面设置**对话框。

2. 给段落编号

为某个段落加编号的操作步骤如下:①将插入点置于要添加编号的段落中,或选定这个段落;②单击**格式**菜单中**项目符号和编号**命令,弹出**项目符号和编号**对话框;③选择**编号**选项卡,如图 4.34 所示;④选择所需的编号类型,如果不满意 Word 预设的编号格式,可以先选定一种预设样式后,单击**自定义**按钮,弹出**自定义编号列表**对话框,如图 4.35 所示,在其中自行设计即可;⑤单击**确定**按钮完成操作。

图 4.33　**行号**对话框

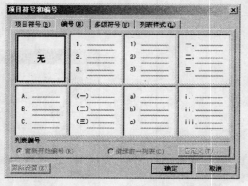

图 4.34　**项目符号和编号**对话框
编号选项卡

图 4.35　**自定义编号列表**
对话框

3. 对段落添加项目符号

在**项目符号和编号**对话框**项目符号**选项卡中，可以选择 Word 预设的项目符号格式，也可以自定义项目符号，操作步骤及方法与编号的操作类似。

4. 对文档应用多级符号

在 Word 文档中经常设置多级符号，即用不同的缩进距离来表示不同层次的段落。

（1）预定的多级符号。Word 提供了 7 种预定的多级符号。为段落添加预定的多级符号操作步骤如下：①选定要添加多级符号的段落；②单击**格式**菜单中**项目符号和编号**命令，弹出**项目符号和编号**对话框；③在**多级符号**选项卡选定所需的多级符号类型，选定**无**则取消已设置的多级符号，如图 4.36 所示；④单击**确定**按钮完成操作。

（2）自定义多级符号。在**项目符号和编号**对话框**多级符号**选项卡中选定一种多级符号后，单击**自定义**按钮，弹出**自定义多级符号列表**对话框，如图 4.37 所示，在其中即可进行相关设置。

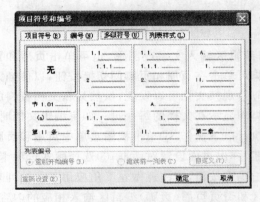

图 4.36　**项目符号和编号**对话框**多级符号**选项卡

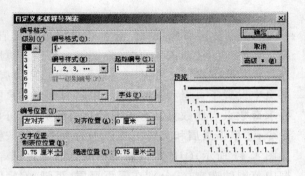

图 4.37　**自定义多级符号列表**对话框

4.3.7　设置分栏

多栏排版是常用的排版方法，Word 提供了分栏的功能。单击**格式**菜单中**分栏**命令，将弹出**分栏**对话框，如图 4.38 所示。

在对话框中可以对整篇文档设置，也可以只对插入点之后的内容进行设置；可以等宽地分为两栏、三栏或者更多，也可以为偏左、偏右，或者直接给出栏宽，设置两栏之间的间距，两栏之间是否用分隔线进行分隔等。

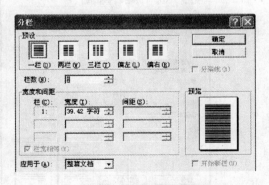

图 4.38　**分栏**对话框

4.3.8　页面排版

1. 页面设置

一篇文档在准备打印之前应进行页面设置。单击**文件**菜单中**页面设置**命令，弹出**页面设置**对话框，如图 4.39 所示。

页边距指正文与纸张边缘的距离，在**页面设置**对话框**页边距**选项卡相应的组合框中输入

图 4.39　页面设置对话框页边距选项卡

数值即可设定。若只修改文档中一部分文本的页边距,可在**应用于**下拉列表框中框中选定**所选文字**选项,Word 会自动在设置了新页边距的文本前后插入分节符。如果文档已划分为若干节,可以单击某节中的任意位置或选定多个节,然后修改页边距。

2. 页眉与页脚

　　页眉或页脚通常包含公司徽标、书名、章节名、页码、日期等信息文字或图形。编辑页眉/页脚应在页面视图下进行。单击**视图**菜单中**页眉和页脚**命令,文档转换到页面视图方式,显示页眉、页脚编辑区,同时显示**页眉和页脚**工具栏,如图 4.40 所示。

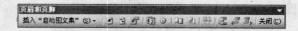

图 4.40　页眉和页脚工具栏

　　(1)创建页眉或页脚。要创建页眉可在页眉编辑区输入文字或图形,也可单击**页眉和页脚**工具栏中的按钮插入页数、日期等。要创建页脚可单击**在页眉和页脚间切换**按钮,以便插入点移到页脚编辑区。在某一页设置了页眉和页脚后,观察文档可以发现,虽然只在文档资料的某页中设置了页眉和页脚,但是相同的页眉和页脚却显示在文档的每一页。如果编辑文档时,要求奇数页与偶数页具有不同的页眉或页脚,可执行以下操作:①单击**视图**菜单中**页眉和页脚**命令;②单击**页眉和页脚**工具栏中的**页面设置**按钮,弹出**页面设置**对话框;③选择**版式**选项卡,如图 4.41 所示;④选定**奇偶页不同**复选框后,单击**确定**按钮,应注意做左下角**应用于**下拉列表框中范围的选定;⑤分别在**偶页页眉**(**页脚**)编辑区和**奇页页眉**(**页脚**)编辑区输入相应的内容。

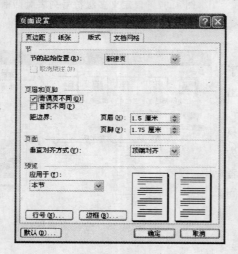

图 4.41　页面设置对话框版式选项卡

图 4.42　分隔符对话框

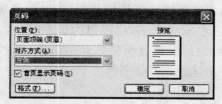

图 4.43　页码对话框

　　(2)创建文档不同部分的页面设置。Word 允许将文档分为若干节,每一节具有不同的页面设置,如不同的页眉、页脚、页码格式等。为文档的不同部分建立不同的页眉或页脚,只需将文档分成多节,然后断开当前节和前一节页眉或页脚间的连接。为文档分节要在新节处插入一个分节符,分节符是表示节结束而插入的标记。在普通视图下,分节符显示为含有**分节符**字样的双虚线,用删除字符的方法可以删除分节符。插入分节符的步骤如下：①将光标移到需要分节的位置；②单击插入菜单中**分隔符**命令，弹出**分隔符**对话框，如图 4.42 所示；③在**分节符类型**选项组中选择下一节的起始位置，**下一页**表示从分节线处开始分页，**连续**表示上、下节内容紧接，**偶数页**表示从下一个偶数页开始新节，**奇数页**表示从下一个奇数页开始新节；④单击**确定**按钮完成操作。

（3）设置页码。可以使用插入菜单中**页码**命令或**页眉和页脚**工具栏中的**插入页码**按钮来插入页码。无论哪一种情况，页码均添加于页面的页眉或页脚。如果只需要页眉或页脚中包含页码，则通过**页码**命令设置是最简单的方法，而且**页码**对话框中**格式**按钮提供了多种自定义页码的格式，操作步骤如下：①单击**插入菜单中页码**命令，弹出**页码**对话框，如图 4.43 所示；②在**位置**下拉列表框指定是将页码置于页面的页眉还是页面的页脚；③单击**格式**按钮弹出**页码格式**对话框，在其中设置是采用罗马数字还是阿拉伯数字等；④连续单击**确定**按钮完成操作。

4.4 表格的制作

在文档中文字编辑很重要，但有些信息数据的表达仅仅有文字的描述还不够直观，可以使用表格来更好地描述这些信息数据。因此，表格处理在文档中也占有一定的比例。Word 可以在文档中快速建立规则的简单表格和不规则的复杂表格。Word 表格中的每一个格子称为单元格。Word 中表格的排版与文本的排版基本相似，所提供的表格处理功能可以方便地处理各种表格，特别适用于一般文档中包括的简单表格，如学生成绩登记表、值班表等。

4.4.1 表格的建立

1. 创建表格

创建表格主要有利用工具栏、利用菜单，以及自定义三种方式。

（1）利用工具栏直接插入表格。操作步骤如下：①单击**常用**工具栏中的**插入表格**按钮；②按住鼠标并拖动到所需表格的行列格数，如图 4.44 所示；③松开左键，这时窗口中会出现带虚线框的表格。

（2）利用菜单方式插入表格。操作步骤如下：①单击**表格菜单中插入表格**命令，弹出**插入表格**对话框，如图 4.45 所示；②在**表格尺寸**选项组中选择相应的行数和列数；③根据需要在"**自动调整**"操作选项组中作出相应的选择；④单击**确定**按钮即可。

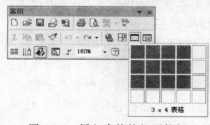

图 4.44 **插入表格**按钮下拉框

图 4.46 **表格和边框**工具栏

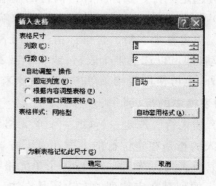

图 4.45 **插入表格**对话框

（3）绘制自定义表格。单击**常用**工具栏中的**表格和边框**按钮,弹出**表格和边框**工具栏,如图 4.46 所示。使用其中的绘制工具绘制矩形可创建单个单元格或者表格边界;绘制水平线可创建行;绘制竖直线可创建列;绘制对角线可创建斜表头。

2．表格线的添加与删除

单击**表格和边框**工具栏中的**绘制表格**按钮,光标呈现铅笔状,可在表格中画水平、垂直及斜线;单击**擦除**按钮,光标呈橡皮擦状,可用于删除表格线。

3．修改表格结构

（1）合并单元格。选定要合并的单元格区域,单击**表格**菜单中**合并单元格**命令,或者右击选定的单元格区域,再单击弹出的快捷菜单中**合并单元格**命令。

图 4.47 **拆分单元格**对话框

（2）拆分单元格。选定要拆分的单元格,单击**表格**菜单中**拆分单元格**命令,或者右击选定的单元格,再单击弹出的快捷菜单中**拆分单元格**命令,弹出**拆分单元格**对话框,在其中选择需要拆分的行数和列数,如图 4.47 所示,单击**确定**按钮即可。

（3）改变列宽及行高。将鼠标指针移动到单元格的边框线上,当鼠标指针变成双向箭头后,按住鼠标左键并拖动,直到达到理想的行高和列宽为止。

4．表格属性

将光标定位到表格内任意单元格中,单击**表格**菜单中**表格属性**命令,弹出**表格属性**对话框,如图 4.48 所示,通过对话框中的各选项卡可查看和调整表格的尺寸。

4.4.2 表格的编辑

1．定位与输入

（1）光标的定位。直接将鼠标指针定位到所需的单元格中即可。

（2）在表格中输入文本。可以将其中的每一个单元格看做独立的文档来录入文本。

图 4.48 **表格属性**对话框

2．选定单元格

（1）选定一个单元格。鼠标指针指向单元格内左下角呈黑色箭头时,单击左键即可。

（2）选定一行。鼠标指针指向行的左端边沿处,单击左键即可。

（3）选定一列。鼠标指针指向列的顶端边沿处呈向下黑色箭头时,单击左键即可。

（4）选定整个表格。将鼠标指针指向表格的左端边沿处(即选定区),按下鼠标左键,从上向下拖动,即可以选定整个表格;或者单击表格左上角的符号,也可选择整个表格。

此外,也可使用**表格**菜单中相关命令来选定光标所在处的行、列等,如图 4.49 所示。

3．增加表格中的行、列

（1）插入行。选定一行(或一个单元格),指向**表格**菜单中**插入**命令,在弹出的级联菜单中选择插入的行是在定位行的上方还是下方,如图 4.50 所示。

（2）插入列。选定一列(或一个单元格),指向**表格**菜单中**插入**命令,在弹出的级联菜单中选择插入的列是在定位列的左边还是右边。

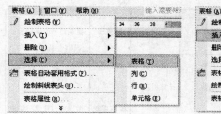

图4.49　选择级联菜单　　　　图4.50　插入级联菜单　　　　图4.51　删除单元格对话框

4. 删除表格中的单元格、行、列

（1）删除表格中的单元格。选定要删除的单元格，单击**表格**菜单中**删除单元格**命令，或者右击选定的单元格，再单击弹出的快捷菜单中**删除单元格**命令，弹出**删除单元格**对话框，如图4.51所示。在对话框中选定**右侧单元格左移**或**下方单元格上移**单选按钮，可删除光标所在的单元格。

（2）删除整行。在**删除单元格**对话框中选定**删除整行**单选按钮。

（3）删除整列。在**删除单元格**对话框中选定**删除整列**单选按钮。

5. 表格中文字的编辑

在表格中编辑文字与编辑正文的方式一样，首先选定要编辑的对象，然后进行字体的编辑或者对所选内容进行剪切、复制、粘贴、移动等操作。

6. 拆分表格

将光标移到要拆分成第二张表格的第一行上，单击**表格**菜单中**拆分表格**命令即可。

4.4.3　表格的格式化

1. 居中排列

（1）表格居中。选定整张表后，单击**格式**工具栏中的**居中**按钮。

（2）表格中文字水平居中。选定单元格后，单击**格式**工具栏中的**居中**按钮。

（3）表格中文字垂直居中。选定单元格后，单击**表格与边框**工具栏中的相应按钮。

2. 边框与底纹设置

（1）表格虚框显示控制。可通过以下方法显示或者隐藏虚框：①工具栏方法，单击**表格和边框**工具栏中的**显示虚框**或**隐藏虚框**按钮；②菜单方法，单击**表格**菜单中**显示虚框**或**隐藏虚框**命令。

（2）边框设置。边框的设置一般情况下有工具栏、菜单方法两种。菜单方法的操作如下：①选定需要加边框和底纹的表格或单元格；②单击**格式**菜单中**边框和底纹**命令，弹出**边框和底纹**对话框；③选择**边框**选项，如图4.52所示；④在**线型**列表框、**颜色**和**宽度**下拉列表中选择所需的边框类型；⑤在**页面边框**选项卡中，设置整页的边框；⑥在**底纹**选项卡中，选择不同的颜色填充在表格或单元格中。

3. 表格制作实例

制作图4.53所示的课表。

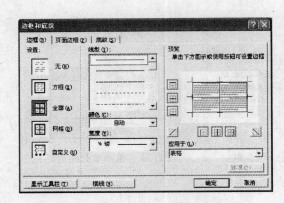

图 4.52 **边框和底纹**对话框

星期　　上课时间	星期一	星期二	星期三	星期四	星期五
8:00—10:00	高数	计算机基础	微积分		书法
10:10—12:00	高数	计算机基础			
14:00—16:00			操作系统	数据库	计算机组成
16:10—18:00	思想道德修养				
19:00—21:00		形体		插花艺术	

图 4.53 表格制作实例

（1）插入表格。单击**表格与边框**工具栏中的**插入表格**按钮，弹出**插入表格**对话框，单击**自动套用格式**按钮，弹出**表格自动套用格式**对话框。在**表格样式**列表框中选定**列表型 8**，如图 4.54 所示。单击**确定**按钮后，返回**插入表格**对话框。在**表格尺寸**选项组中选择 6 行、6 列，单击**确定**按钮后，文档中插入一张 6 行、6 列的表格。

（2）填写课表的内容。在对应的单元格中填写课表的基本内容。

（3）排版。填写好单元格中的内容后，选定第二行至第六行的单元格，单击**格式**工具栏中的**居中**按钮，使单元格中的内容居中显示。选定第一行中的第 2～第 6 单元格，单击**表格与边框**工具栏中的**中部居中**按钮。

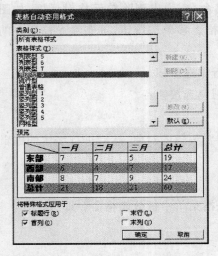

图 4.54 **表格自动套用格式**对话框

4.4.4　排序与计算

1. 表格的排序

通常情况下，表格的排序有以下两种方法。

（1）工具栏方法。选定需要排序的列，单击**表格和边框**工具栏中的**降序**或**升序**按钮即可。

（2）菜单方法。操作步骤如下：①将光标移到表格中，单击**表格**菜单中**排序**命令，弹出**排序**对话框；②选定**主要关键字**（即第几列）作为排序项目，在其后的**类型**下拉列表框中选择排序依据，然后再选择是按照升序还是按照降序排列；③如果在主要关键字中遇到相同的数据，还可以指定**次要关键字**。

例如，对图 4.55 所示的初始表，依据员工所在部门拼音的升序、员工姓名拼音的降序排列，在**排序**对话框中做出相应的设置，如图 4.56 所示，排序结果如图 4.57 所示。

2. 表格的求和

表格的求和有两种方式，一种是利用**表格和边框**工具栏中的**自动求和**按钮直接求和，这种方式适合于简单的求和；另一种方式是单击**表格**菜单中**公式**命令，弹出**公式**对话框进行求和。下面介绍用**自动求和**按钮进行求和的方法。

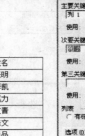

部门	姓名
生产部	张明
生产部	李凯
技术部	赵力
技术部	艾青
销售部	朱文
销售部	肖品

部门	姓名
技术部	赵力
技术部	艾青
生产部	张明
生产部	李凯
销售部	朱文
销售部	肖品

图 4.55 初始表格　　　　图 4.56 **排序**对话框　　　　图 4.57 排序结果

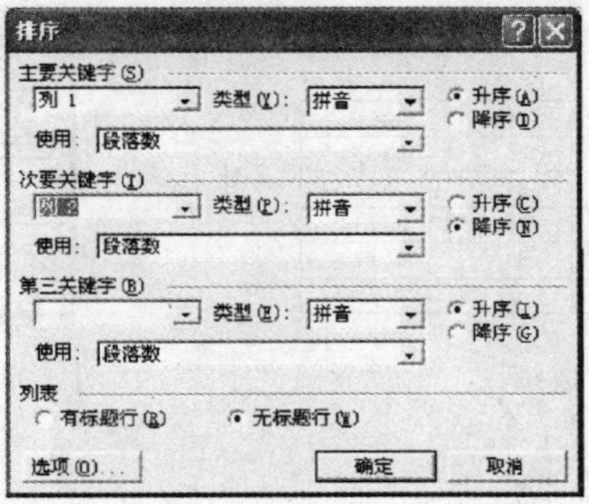

（1）行的求和。若要求"行"的和,先把光标定位到需要求和行的最右边的单元格中,单击**表格和边框**工具栏中的**自动求和**按钮即可。如果要对每一行都求和,则需选定已求出的行的和,将其复制到下面的单元格中,选定该列,按 F9 键即可。

（2）列的求和。将光标定位到需要求和列最下面的单元格,单击**自动求和**按钮即可。

3. 表格的计算

表格中每一个单元格都可以用字母后面跟数字表示该单元格的地址。其中,字母表示单元格所在的列数,数字表示单元格所在的行数。例如,E6 表示的单元格所在的位置是在表格的第 E 列（即是第 5 列）第 6 行。表格的计算主要有两种情况。

（1）应用表达式计算。操作步骤如下:①将光标定位到要存放计算结果的单元格中;②单击**表格**菜单中**公式**命令,弹出**公式**对话框;③在**公式**文本框中输入以等号"＝"开头的表达式,如图 4.58 所示;④单击**确定**按钮,运算后的结果就会显示在选定的单元格中。

（2）应用公式计算。操作步骤如下:①将光标定位到存放计算结果的单元格中;②单击**表格**菜单中**公式**命令,弹出**公式**对话框;③在**粘贴函数**下拉列表框中选择所需要的函数;④单击**确定**按钮即可。

在求和计算中,选择 **SUM** 函数,**公式**文本框内显示所选函数＝SUM（LEFT）。其中,LEFT 为自变量。公式中的自变量可以是系统自动生成的,也可以是输入进去的单元格地址,如在求平均数"＝AVERAGE(B2:C3)"函数中,所求的是 B 列第 2 行,B 列第 3 行,C 列第 2 行,C 列第 3 行 4 个单元格的平均数。图 4.59 列出了作为自变量的单元格的选择方法。

LEFT	左边单元格
ABOVE	右边单元格
单元格 1: 单元格 2	从单元格 1 到单元格 2 矩形区域所有的单元格,如 a1:b3 包含 a1,a2,a3,b1,b2,b3 六个单元格
单元格 1,单元格 2……单元格 n	计算单元格 1,单元格 2……单元格 n,这 n 个单元格

图 4.58 **公式**对话框　　　　　　　图 4.59 单元格选择

例如,求图 4.60 所示的学生成绩的平均分表。将光标移到**平均分**列的第一个单元格中,单击**表格**菜单中**公式**命令,在弹出的**公式**对话框**粘贴函数**下拉列表框中选定 **AVERAGE**,再在**公式**文本框中函数的括号里添加 **b2:d2**,如图 4.61 所示,按 Enter 键则赵力的平均分中就会显示 80.33 分,依次可求出每个学生的平均成绩。

姓名	英语	数学	计算机	平均分
赵力	86	89	66	80.33
艾吉	76	98	84	86
张明	67	68	76	70.33
李凯	85	77	83	81.67
总分	314	332	309	

图 4.60　求平均成绩

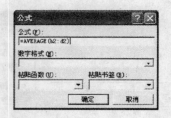

图 4.61　选择、输入平均值公式

4.4.5　表格的排版与转换

1. 标题行重复

　　如果制作的表格很大,分在多页显示,一般情况下,只会在第一页的开头设置表头,除去第一页以外的表格就会没有表头,这样看除第一页以外的表格就会不清楚表格的具体对应内容是什么。在 Word 中可以使用"标题行重复"来解决这个问题。首先选定表格的第一行,单击**表格**菜单中**标题行重复**命令,那么每一页的表格中都会出现相应的表头。

2. 表格与文字的相互转换

　　(1)表格转换成文本。将光标定位在表格中,单击**表格→转换→表格转换成文本**命令,弹出**表格转换成文本**对话框。选定**制表符**单选按钮,如图 4.62 所示,单击**确定**按钮,就将该表格转换成为文本。

图 4.62　**表格转换成文本**对话框

　　(2)文字转换成表格。选定要转换成表格的文字,单击**表格→转换→文本转换成表格**命令,弹出**将文本转换成表格**对话框,如图 4.63 所示,在**文字分隔位置**选项组中选定**制表符**单选按钮,单击**确定**按钮,文字就转换成了表格。

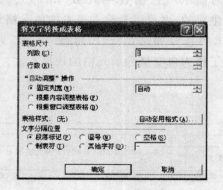

图 4.63　**将文字转换成表格**对话框

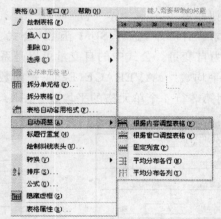

图 4.64　表格调整

3. 调整表格的大小

　　(1)手动调整。操作方法如下:①将鼠标指针指向表格右下角的小正方形,当鼠标指针变成拖动标记后,按下鼠标左键拖动即可以改变表格的大小,同时表格里的单元格的大小也随着改变;②将鼠标指针指向表格的框线,鼠标指针变成双向箭头形状后,按下鼠标左键拖动即可以改变框线的位置,同时也改变了单元格的大小;③选定要改变大小的单元格,用鼠标拖动单元格的框线,可以改变框线的位置;④拖动单元格框线在标尺上对应的标记,可只改变一个单元格的大小。

（2）自动调整。操作方法如下:①右击表格,指向弹出的快捷菜单中**自动调整**命令,或指向**表格**菜单中**自动调整**命令,如图 4.64 所示;②单击级联菜单中**根据内容调整表格**命令,可以看到表格的单元格的大小变得仅仅能容下单元格中的内容;③单击级联菜单中**固定列宽**命令,可以为表格设置固定的列宽;④单击级联菜单中**根据窗口调整表格**命令,表格将自动充满整个窗口;⑤单击级联菜单中**平均分布各列**命令,可将表格中各列自动调整为相同的宽度。

4. 表格的复制与删除

（1）表格的复制。表格可以全部或者部分的复制,与文字的复制方法类似。

（2）表格的删除。选定要删除的表格,按 BackSpace 键后单击**确定**按钮即可。

注意 按 Del 键是删除表格中的文字,按 BackSpace 键是删除表格的单元格。

5. 在表格之间加入间隙

例如,要在图 4.55 所示的表格中单元格之间加入间隙,可以采用以下的步骤:①单击**表格**菜单中**表格属性**命令,或右击表格,单击弹出的快捷菜单中**表格属性**命令,弹出**表格属性**对话框;②在**表格**选项卡中单击**选项**按钮,弹出**表格选项**对话框;③选定**允许调整单元格间距**复选框,在后面的数字框中输入数字,如图 4.65 所示;④单击**确定**按钮,返回**表格属性**对话框;⑤单击**确定**按钮即可,结果如图 4.66 所示。

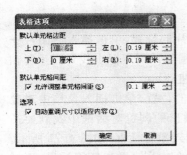

图 4.65 **表格选项**对话框

部门	姓名
生产部	张明
生产部	李凯
技术部	赵力
技术部	艾青
销售部	朱文
销售部	肖品

图 4.66 加入间隙后的表格

图 4.67 **表格属性**对话框

6. 表格的图文绕排

如果希望文字能环绕在表格的周围,可采用表格的文字环绕方式。在**表格属性**对话框**表格**选项卡**文字环绕**选择组中,选定**环绕**按钮,如图 4.67 所示,单击**确定**按钮,回到编辑状态,拖动表格到文字中间就可以达到环绕的效果。

4.5 图文的编排

在 Word 文档中可以通过插入图片或者图形对象使文章更丰富多彩。图片是由其他应用程序创建的一些图像文件,图片文件扩展名通常为 bmp,jpg,gif,png 等,来源有扫描的相片、数码相机拍摄的相片、网上下载图片以及 Office 自带的剪贴画（wmf 格式）等。图形对象是由用户使用 Word 制作的,包括自选图形、曲线、线条和艺术字等。

4.5.1 图片与图形的插入

1. 插入剪贴画

(1) 利用菜单命令插入剪贴画。操作方法如下:①将插入点移到要插入剪贴画的位置;②单击**插入→图片→剪贴画**命令,打开**插入剪贴画**任务窗口,如图 4.68 所示;③单击**剪辑管理器**链接,打开**剪辑管理器**窗口,如图 4.69 所示;④选定需要的图片,单击图片旁的下拉按钮,单击弹出的下拉菜单中**复制**命令;⑤回到文本编辑区,按 Ctrl+V 组合键将图片粘贴在文档中即可;或者直接从**剪辑管理器**窗口中将图片拖入文档中也可。也可以利用搜索栏,输入关键字找到需要的图片,然后插入。

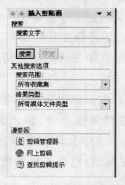

图 4.68　插入剪贴画任务窗格　　　　图 4.69　剪辑管理器窗口

(2) 利用工具按钮插入剪贴画。单击**绘图**工具栏中的**插入剪贴画**按钮,打开**插入剪贴画**任务窗口,从中找到需要的图片。

2. 插入来自其他文件的图片

(1) 通过图片级联菜单插入图片。将插入点移到要插入图片的位置,单击**插入→图片→来自文件**命令,弹出**插入图片**对话框,如图 4.70 所示,在**查找范围**下拉列表框中找到图片所在目录,双击要插入的图片,或者选定要插入的图片后单击**插入**按钮即可。

(2) 通过**对象**对话框插入图片。将插入点移到要插入图片的位置,单击**插入**菜单中**对象**命令,弹出**对象**对话框,单击**由文件创建**选项卡中**浏览**按钮,在弹出的**浏览**对话框中找到要插入的图片,双击选中的图片,或者选定图片后单击**插入**按钮,返回**对象**对话框,如图 4.71 所示。若选定**链接到文件**复选框,可以减小文件大小,并且不影响文档的查看效果和打印效果,不过在 Word 中不能编辑该图片。

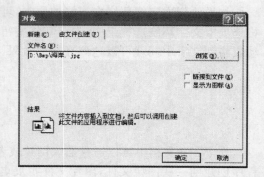

图 4.70　插入图片对话框　　　　图 4.71　**对象**对话框**由文件创建**选项卡

3. 插入自选图形

单击**插入→图片→自选图形**命令，打开**自选图形**工具栏，如图 4.72 所示。单击如心形或五角星之类图形按钮后，鼠标指针变形为"＋"，在文档中拖动，即可画出所选图形，如果在拖动的同时按下 Shift 键，可保持图形的长宽比例。单击矩形等可以输入文字的图形按钮后，文档中会出现"绘图画布"，在画布中拖动，即可画出所选图形。

图 4.72　**自选图形**工具栏

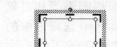

图 4.73　绘制矩形

除了可以绘制自选图形外，单击**绘图**工具栏中的**直线**、**箭头**、**矩形**、**椭圆**按钮可以分别绘制出需要的形状或线段。例如，画出矩形如图 4.73 所示，拖动绘图画布外围的 8 个黑色标志可以调节画布大小，拖动矩形周边的圆形可调节矩形大小，拖动绿色圆点可旋转矩形。

利用**绘图**工具栏**绘图**下拉菜单中**编辑顶点**命令，可以改变利用自选图形画出的任意多边形或曲线的形状：①选定要修改的图形；②单击**绘图**工具栏**绘图**下拉菜单中**编辑顶点**命令，如图 4.74 所示，图形上出现多个黑色方形的顶点，通过拖动这些顶点，即可改变图形的形状；③单击要添加顶点的地方，然后拖动，就可以添加顶点并改变图形形状；④按住 Ctrl 键，单击要删除的顶点，即可将其删除。

图 4.74　**绘图**下拉菜单

4. 插入艺术字

Word 提供了艺术字供用户在文档中插入美丽的装饰性文字，值得注意的是虽然称为艺术字，但其是以图形的方式出现在文档中。插入途径有通过菜单和使用工具栏两种。

单击**插入→图片→艺术字**命令，或单击**绘图**工具栏中的**插入艺术字**按钮，弹出"**艺术字**"库对话框，如图 4.75 所示。选定需要的式样，单击**确定**按钮，弹出**编辑"艺术字"文字**对话框，如图 4.76 所示。在**文字**文本框中输入希望显示为艺术字的文字，根据需要设置文字的字体、字号、加粗与倾斜；不过，这时设置字号的意义不大，因为艺术字在文档中的大小是如图片一样可以自由调节的。设置完毕后单击**确定**按钮即可。

图 4.75　"**艺术字**"库对话框

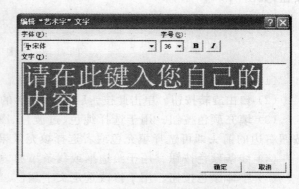

图 4.76　**编辑"艺术字"文字**对话框

4.5.2　图片与图形对象的效果与格式设置

1. 格式对话框

　　图片与图形对象插入文档中后，并不能立即得到用户需要的效果，需再调节它们的格式。Word 的菜单是动态的，随着选定的内容不同，菜单的内容也不同。选定需要调节格式的图片或图形对象，在**格式**菜单中可看到相应的命令。例如，选定图片或图形，可看到**图片**命令；选定艺术字，可看到**艺术字**命令。单击相应命令，会打开格式对话框，在其中可以根据需要和对象的不同修改其**颜色和线条**、**大小**、**版式**、**图片**、**文本框**（对图片或图形无效）和 **Web** 选项卡中的内容。此外，还可以通过双击要调节格式的图片或图形对象打开相应的格式对话框。

2. "图片"工具栏

　　选定一个图片后，**图片**工具栏就会自动弹出，如图 4.77 所示。如果没有出现，右击工具栏后，单击弹出的快捷菜单中**图片**即可。**图片**工具栏从左至右各按钮的功能如下。

图 4.77　**图片**工具栏

　　（1）**插入图片按钮**。用于弹出**插入图片**对话框，供用户插入图片。

　　（2）**图像控制按钮**。使图片变为灰度、黑白、水印效果。

　　（3）**对比度按钮**（两个）。这两个连续的按钮可调节图片对比度。

　　（4）**亮度按钮**（两个）。这两个按钮可调节图片亮度。

　　（5）**裁剪按钮**。裁剪图片，使图片只留下局部。

　　（6）**向左旋转按钮**。每单击该按钮一次，图形逆时针旋转 90°。

　　（7）**线型按钮**。给图片边框定义不同样式，比如加粗边框等；或者改变线条样式。

　　（8）**压缩图片按钮**。用于弹出对话框，对插入的图片压缩，使文件变小。

　　（9）**文字环绕按钮**。用于给图片选择合适的环绕方式以及对象与文字的深度关系。在**格式**对话框**版式**选项卡中**高级**按钮下有更多的版式选择。

　　（10）**设置对象格式按钮**。用于弹出图片格式对话框。

　　（11）**设置透明色按钮**。用于将背景区域设为透明色，该功能只能应用于图片。

　　（12）**重设图片按钮**。用于取消本次对图片的所有修改，将图片还原成修改前的状态。

3. "绘图"工具栏

　　除了前面介绍过的插入自选图形用的几个按钮外，**绘图**工具栏中还有其他一些很有用的按钮，如图 4.78 所示。

图 4.78　**绘图**工具栏

　　（1）**选择对象按钮**。用于选定要修改的对象。

　　（2）**自由旋转按钮**。单击此按钮后，拖动图形的圆形控制点，即可将对象旋转到任意角度。

　　（3）**填充颜色按钮**。用于选择纯色、过渡色、图案、纹理或图片来填充图形对象。单击此按钮右边的箭头即可选择填充色或者选择填充效果。

　　（4）**线条颜色按钮**。用于给边框或线条添加、修改颜色。

　　（5）**字体颜色按钮**。用于修改选定文字颜色。注意，并不能修改艺术字的颜色。

　　（6）**线型按钮**。与**图片**工具栏中的**线型效果**按钮相同，给对象添加或修改边框，或改变线条样式。

（7）**虚线线型**按钮。用于设置虚线或虚线边框。

（8）**箭头样式**按钮。用于改变箭头样式。

（9）**阴影**按钮。为图形对象增加深度效果，调整阴影位置或者更改阴影颜色。

（10）**三维效果**按钮。用于为图形对象增加三维效果，同时也可以更改图形对象的深度、颜色、角度、照明方向和表面效果。

注意　阴影和三维效果不能同时使用，如果对设置了阴影的图形对象使用三维效果，阴影效果会消失。

4. "艺术字"工具栏

选定艺术字，弹出**艺术字**工具栏，如图 4.79 所示。

（1）**插入艺术字**按钮。用于弹出**"艺术字"**库对话框，供用户插入艺术字。

图 4.79　**艺术字**工具栏

（2）**编辑文字**按钮。用于弹出**编辑"艺术字"文字**对话框，修改已经输入的文字。

（3）**艺术字库**按钮。用于弹出**"艺术字"**库对话框，修改已插入的艺术字的样式。

（4）**设置对象格式**按钮。用于弹出**设置艺术字格式**对话框。

（5）**艺术字形状**按钮。提供多种形状，使艺术字扭曲成不同形状。

（6）**文字环绕**按钮。与**图片**工具栏中的**文字环绕**按钮功能相同，可调节艺术字的版式。

（7）**艺术字字母高度相同**按钮。用于使艺术字中的英文字母无论大小写、高度都相同。

（8）**艺术字竖排文字**按钮。用于使横向排列的艺术字纵向排列。

（9）**艺术字对齐方式**按钮。用于调节艺术字的对齐方式，对于单行的艺术字效果体现不出来。

（10）**艺术字字符间距**按钮。用于调节艺术字中文字的字间距，使之变得松散或者紧凑。

5. 图片、图形对象的组合

使用上述工具栏和格式对话框，可以很好地编辑单个的图片或图形对象，但实际应用中，常常需要多个图片、图形对象组合成一个整体。Word 提供了组合功能，操作方法如下：①按住 Shift 键，单击选定多个图片、图形对象；或者单击**绘图**工具栏中的**选择对象**按钮，拖动出一个方框，框住所有需要的对象；②右击选定的对象后，单击弹出的快捷菜单中**组合**命令；或者单击**绘图**工具栏**绘图**菜单中**组合**命令，这些对象就被组合成为一个整体，在移动或改变大小时会整体变化；③要取消组合时，只要右击已组合的对象，单击弹出的快捷菜单中**取消组合**命令即可。

注意　Word 中将图片与文字都分了层，每个图形或图片都有其单独的一层，默认状态下，文字在最底层，图片或图形根据建立的时间依次往上，即先建立的图片或图形在下方，后建立的图片或图形在上方，所以会出现后建立的图形挡住先建立的图形的情况，这时右击图形或图片，单击弹出的快捷菜单中**叠放次序**命令可进行调节。

4.6　对象的链接与嵌入

Word 充分利用了 Windows 的对象链接与嵌入功能，在文档中不仅可以插入图片和图形对象，还可以插入包括声音、视频、Flash 动画等多种对象。

4.6.1　公式

要在 Word 文档中插入数学公式，步骤是将光标移至要插入公式的位置，单击**插入**菜单中**对象**命令，在弹出的**对象**对话框**新建**选项卡**对象类型**列表框中选定 **Microsoft 公式 3.0**，单击

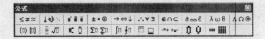

图 4.80　公式工具栏

确定按钮后,弹出公式工具栏,如图 4.80 所示。

公式工具栏分为两行,上行为 150 多个数学符号,下行为各种数学表达方式的样板或框架。单击模板中的符号、样板、框架即可以构造公式。

要修改公式时,可以双击要编辑的公式,然后使用公式工具栏中的按钮来编辑公式。

4.6.2　文本框

在编辑格式复杂的文档时,往往需要将一段文字、图片、表格或其他对象置于某个特定的位置。Word 提供了文本框来实现这种效果。用户可以在需要的位置插入一个文本框,设置好其版式,然后将应该出现在该位置的文字、图片、表格等插入其中。

1.　插入文本框

单击**插入→文本框→横排**或**竖排**命令,鼠标指针变形成"＋",在页面上拖动,即得到所需的文本框。也可以直接单击**绘图**工具栏中的**文本框**或**竖排文本框**按钮,会出现绘图画布,可在画布内单击,使鼠标指针变形成"＋",再拖动,画出文本框。或者在绘图画布外拖动画出文本框,这时绘图画布会自动消失。

选定一段文字后,单击**绘图**工具栏中的**文本框**按钮,同样可以插入一个文本框,且其中的文字内容即选定的文字。

2.　文本框的格式设置

选定文本框后,单击**格式**菜单中**文本框**命令,或者右击文本框后,单击弹出的快捷菜单中**设置文本框格式**命令,可弹出**设置文本框格式**对话框,如图4.81所示。在其中可以设置文本框的大小、位置、内部边距,以及边框的粗细、颜色文本框底色等。

3.　链接文本框

切换到页面视图,单击第一个文本框后单击**文本框**工具栏中的**创建文本框链接**按钮,移动鼠标指针到需要链接的空白文本框上,这时杯状指针会由直立变成倾斜,单击要链接的空白文本框即可。

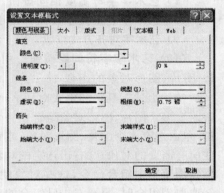

图 4.81　设置文本框格式对话框

注意　接受链接的文本框,即单击的第二个文本框必须是空的。

建立链接后,当第一个文本框中文字排满时,文字会自动排入第二个文本框。如果单击了**创建文本框链接**按钮后,不想再链接下一个文本框,可按 Esc 键取消链接操作。需要断开链接时,右击第一个文本框后,单击弹出的快捷菜单中**断开前向链接**命令即可;或者单击**文本框**工具栏中的**断开前向链接**按钮也可。

4.　更改文本框的形状

前面介绍过的自选图形也可以像文本框这样插入文字。在创建了文本框并插入文字后,如果想修改文本框形状,可以在页面视图下,选定要修改的文本框,然后单击**绘图**工具栏中的**绘图**命令,在弹出的下拉菜单**改变自选图形**级联菜单中,选择需要的图形。

4.6.3　对象

在 Word 中需要插入声音、视频、Flash 动画等多种对象时,可以单击**插入**菜单中**对象**命令,弹出**对象**对话框。该对话框中有两个选项卡,**新建**选项卡,如图 4.82 所示,其中的项目是在插入点插入一个空的对象,该对象的内容在插入对象后开始建立和编辑。

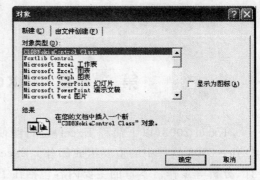

由文件创建选项卡中可单击**浏览**按钮,在**我的电脑**中找到需要的已经建立好的对象,插入插入点。该选项卡中有两个复选框,一个是**链接到文件**,如果选定它,则原对象文件内容改动后,Word中插入的对象也会有相应改动,若没选定,则原对象文件内容改动,对 Word 中插入的该对象不会有影响;另一个是**显示为图标**,选定该复选框时,插入的对象在 Word 文档中不会显示其内容,而是以图标的形式出现。

图 4.82　**对象**对话框新建选项卡

4.6.4　超链接

Word 提供的插入超链接的功能,使得 Word 文档可以链接到其他文件或网页上。

单击**插入**菜单中**超链接**命令,弹出**插入超链接**对话框,可在**地址**文本框中输入要链接的网页网址或文件地址及文件完整文件名,或者从**查找范围**下拉列表框中找到要链接的项目双击即可。

4.7　文档的打印

Word 文档编辑完毕后,就可以打印输出了。首先进行"打印预览"操作,在屏幕上预览打印效果。单击**文件**菜单中**打印预览**命令,或单击**常用**工具栏中的**打印预览**按钮,即可进入打印预览模式。这时**常用**工具栏会变成**打印预览**工具栏。

如果预览效果不理想,可按 4.3.8 小节内容进行页面设置。对预览效果满意后,即可单击**打印**按钮启动打印机,输出文档了。也可以单击**文件**菜单中**打印**命令,弹出**打印**对话框,如图 4.83 所示。在其中进行设置后,单击**确定**按钮即可打印输出。

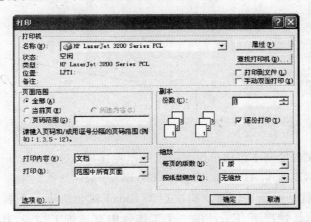

图 4.83　**打印**对话框

第5章 Excel 2003 操作基础

Excel 2003(以下简称 Excel)是目前使用非常广泛的电子表格处理软件,也是 Microsoft Office 2003 软件中的重要组成部分。Excel 可以很方便地帮助用户实现数据的记录、计算、统计、分析等工作。本章的主要内容包括在工作簿输入数据、工作簿和工作表的管理、工作表的格式化、使用公式和函数、绘制图表等。

5.1 Excel 简 介

5.1.1 Excel 窗口

Excel 的启动和退出与 Word 类似。启动 Excel 后,Excel 工作窗口就出现在桌面上。Excel 工作窗口由标题栏、菜单栏、工具栏、编辑栏、工作区、状态栏和任务窗格等组成,如图 5.1所示。

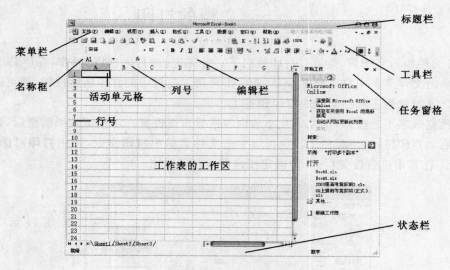

图 5.1 Excel 窗口

1. 工作表与工作簿

工作表是 Excel 文件的基本组成单位。一张工作表有 65 536 行和 256 列,行号为 1~65536,列号为 A,B,…,X,Y,Z,AA,AB,…,AZ,BA,BB,BC,…,BZ,…。

一个 Excel 文件就是一个工作簿。初次启动 Excel 就会新建一个名为 Book1 的工作簿,文件扩展名为 xls。默认情况下,Excel 的一个工作簿中有三张工作表,其名称分别为 Sheet1,Sheet2,Sheet3,每张工作表的名称显示在工作簿窗口底部的工作表标签中。一个工作簿最多可以包含 255 张工作表,而当前工作表只有一张,用户可以通过单击工作表的名称来选择工作表。

2. 单元格

单元格是组成工作表的最小单位,用于存储和显示数据,单元格的地址由单元格所在列号和行号确定,如第 1 列、第 1 行的单元格为 A1,第 3 列、第 5 行的单元格为 C5。当前被选定的单元格称为活动单元格,有黑框包围。

3. 编辑栏

编辑栏在工作区的上方,用来显示和编辑活动单元格中的数据和公式。

(1)名称框。编辑栏左端是名称框,当选择单元格或区域时,相应的地址或区域名称会显示在该框中。名称框有定位的功能,如在名称框中输入 A1 后按 Enter 键,Excel 会立刻将活动单元格定位为 A1 单元格。

(2)编辑框。编辑栏右端是编辑框,在单元格中编辑数据时,其内容会同时出现在编辑框中。若选定使用公式或函数计算出结果的单元格,相应的公式或函数也会显示在编辑框中,可在编辑框中查看或修改公式或函数。

(3)名称框和编辑框中间有三个按钮。通常只显示有**插入函数**按钮"f_x",单击它可弹出**插入函数**对话框。当单元格处于编辑状态时,会显示另两个按钮"✓"和"✕",单击"✓"可以对当前的输入进行确认,相当于按 Enter 键;单击"✕"可以取消当前的输入,相当于按 Esc 键。

4. 任务窗格

任务窗格在 Excel 工作窗口的右侧,随用户的操作而发生改变。例如,启动 Excel 时,任务窗格为**开始工作**窗格,单击**新建**命令时,任务窗格变为**新建工作簿**窗格。

5.1.2 工作簿的操作

1. 新建工作簿

新建工作簿通常有以下几种方法:①启动 Excel,在**开始工作**任务窗格中单击**新建工作簿**链接,打开**新建工作簿**任务窗格,通过它新建工作簿;②单击**文件**菜单中**新建**命令,打开**新建工作簿**任务窗格新建工作簿;③单击**常用**工具栏中的**新建**按钮"□";④直接按 Ctrl+N 组合键。

前两种方法会要求用户选择创建**空白工作簿**,或**根据现有工作簿**创建,或由模板创建;后两种方法直接新建一个空的工作簿。

2. 打开、保存与关闭工作簿

打开、保存、关闭工作簿的操作同打开、保存、关闭 Word 文档的操作相似。

3. 工作簿之间的切换

同时打开几个 Excel 工作簿时,会出现几个 Excel 窗口,在 Excel 的**窗口**菜单中可选择相应的工作簿,名称前面有"✓"的为当前工作簿。单击 Windows 任务栏上的相应工作簿任务按钮也可以切换工作簿。

单击**窗口**菜单中**并排比较**命令,可使两个 Excel 工作簿并排显示在桌面上,方便用户对比。

4. 拆分窗口

单击**窗口**菜单中**拆分**命令,可将一个 Excel 工作簿拆分为两个窗口显示在桌面上。拆分窗口后,**拆分**命令相应的位置变为**取消拆分**命令。单击**窗口**菜单中**取消拆分**命令,可使窗口还原成一个。

5.1.3 工作表的操作

1. 插入工作表

Excel 中一个工作簿默认的工作表数为三张,当需要增加新的工作表时,可用以下方法:①单击**插入**菜单中**工作表**命令;②右击工作表标签,单击弹出的快捷菜单中**插入**命令,在弹出的**插入**对话框中选定**工作表**图标,如图 5.2 所示,单击**确定**按钮。

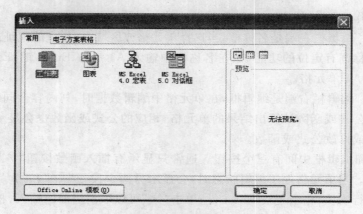

图 5.2　插入对话框

2. 删除工作表

删除工作表的方法如下:①选定要删除的工作表;②右击工作表标签,再单击弹出的快捷菜单中**删除**命令;或者单击**编辑**菜单中**删除工作表**命令;③以上操作中,若删除的是有数据的工作表,会弹出警告提示框,如图 5.3 所示;④单击**删除**按钮确定删除,单击**取消**按钮,则取消该删除操作。

注意　随工作表删除的数据是无法依靠单击**编辑**菜单中**撤销删除**命令恢复的。

3. 移动或复制工作表

移动或复制工作表有以下方法:①单击**编辑**菜单中**移动或复制工作表**命令,弹出**移动或复制工作表**对话框,如图 5.4 所示,在其中选择目标工作簿和工作表的位置,单击**确定**按钮即可;若选定**建立副本**复选框即为复制工作表,若没选定该复选框则为移动工作表;②右击工作表标签,再单击弹出的快捷菜单中**移动或复制工作表**命令,同样弹出**移动或复制工作表**对话框,后续操作同上;③选定要移动或复制的工作表标签,可按住 Ctrl 键选定多个工作表,也可按住 Shift 键选定多个连续工作表,拖动至指定位置为移动工作表,按住 Ctrl 键拖动则为复制工作表。

图 5.3　删除工作表的警告提示框

图 5.4　**移动或复制工作表**
对话框

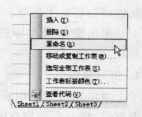

图 5.5　右击快捷菜单

4. 修改工作表名

给工作表改名有以下方法：①双击工作表标签，工作表名即被选定，这时输入新工作表名即可替换原表名；②右击工作表标签，再单击弹出的快捷菜单中**重命名**命令，如图 5.5 所示，输入新工作表名，按 Enter 键即可；按 Esc 键则取消操作。

5. 工作表切换

单击工作表标签即可进行不同的工作表之间的切换。

5.2　单元格编辑

5.2.1　选定单元格

在对单元格进行数据输入或编辑之前，必须先选定单元格。被选定的单元格称为活动单元格。

1. 选定单个单元格

鼠标为粗十字形"✚"时，单击要选定的单元格，该单元格即被选定，成为活动单元格，边框变为黑色粗轮廓线。

用键盘的上下左右键可改变活动单元格的位置。按 Tab 键向右选定，Shift＋Tab 组合键向左选定，按 Home 键选定当前行的第一个单元格，若已经在 A 列则选定 A1 单元格。按 Enter 键也可以改变选定的单元格。

2. 选定连续单元格

单击工作表某行的行号，可选定该行；单击工作表某列的列号，可选定该列。

单击工作表左上角行列交叉的空白区，或按 Ctrl＋A 组合键，可选定整个工作表。

单击某一单元格，按住 Shift 键，再单击另一个单元格，或者按住鼠标左键，从一个单元格拖到另一个单元格，可选定以这两个单元格为对角的矩形区域。

3. 选定不连续的单元格

选定一个单元格后，按住 Ctrl 键，再选择其他的单元格或区域，即可选择不连续的单元格区域。

4. 取消选定

在工作表中单击任意一个单元格，或用键盘的方向键任意移动一下光标，即可取消选定。

5.2.2　输入单元格数据

选定单元格后即可输入数据，某单元格输入结束时按 Enter 键、Tab 键或单击编辑栏中的**输入按钮**"✓"确定输入，数据存放在选定的单元格中；按 Esc 键或单击编辑栏的**取消按钮**可放弃输入。默认情况下，文本型数据左对齐，数值、日期和时间型数据右对齐。

1. 直接输入数据

（1）输入文本型数据。任何可用键盘输入的符号都可作为文本型数据。对于数字形式的文本型数据如编号、电话、身份证号等应在数字前添加英文单引号"'"。特别如身份证号，由于 Excel 中数字输入超过 11 位按科学计数法表示，一个身份证号如 420033198202054233 直接输入会变为 **4.20033E＋17** 的形式，且后三位会省略变为 420033198202054000，故输入时应为

'420033198202054233。在一个单元格内，按 Alt＋Enter 组合键可将输入的内容换行分段。

（2）输入数值型数据。数值型数据由数字 0～9 组成，还包括＋，－，/，E，e，$，％以及小数点"."和千分位符号"，"等特殊字符。输入数值型数据时要注意以下几点：①正负数按正常方式输入，例如 123，－1.23；②输入分数时，为避免系统将其作为日期型数据，应先输入"0"和空格。例如输入 0　4/5，单元格里显示的是分数 4/5；③输入数值型数据（包括日期型数据）时，有时单元格中会出现符号"♯♯♯"，这是因为单元格列宽不够，不足以显示全部数值的缘故，此时加大单元格列宽即可。

（3）输入日期型数据。Excel 内置了一些日期、时间格式，当输入数据与这些格式相匹配时，Excel 会自动识别。Excel 日期格式用"/"分隔，为"mm/dd/yy"；或用"－"分隔，为"dd-mm-yy"，如"2009-9-8"。Excel 时间格式用冒号":"分隔，为"hh:mm"，是以 24 小时计的；若要以 12 小时计，可在时间后加 A（AM）或 P（PM），A 或 P 与时间之间要空一格，如 8:20AM，否则会被当成字符处理。按 Ctrl＋;组合键可输入当前系统日期，按 Ctrl＋Shift＋;组合键可输入当前系统时间。

2. 输入批注

编制的工作表往往不仅供自己使用，还提供给他人，这就需要在单元格中添加一些注解。这些注解隐藏在单元格中，需要的时候可调出来查看。这种注解性内容在 Excel 中称为"批注"。

（1）插入批注。右击单元格后，再单击弹出的快捷菜单中**插入批注**命令，弹出一个黄色的输入框，在其中可输入批注。当批注输入完毕，单击任一单元格即确认输入。在该单元格的右上角出现一红色小三角，表示该单元格含有批注。也可以选定单元格后，单击**插入**菜单中**批注**命令，在该单元格中插入批注。

（2）编辑批注。右击含有批注的单元格，再单击弹出的快捷菜单中**编辑批注**命令，或者选定含有批注的单元格，单击**插入**菜单中**编辑批注**命令，即进入批注的编辑状态。

（3）删除批注。右击含有批注的单元格，再单击弹出的快捷菜单中**删除批注**命令，或者选定含有批注的单元格，单击**编辑→清除→批注**命令，即可删除批注。

（4）显示/隐藏批注。右击含有批注的单元格，再单击弹出的快捷菜单中**显示/隐藏批注**命令，则本来隐藏的批注将显示出来，本来显示的批注将隐藏起来。通过**视图**菜单中**批注**命令，可使所有的批注一同显示或隐藏。

3. 快速输入数据

（1）记忆式输入。当输入的内容与同列中已输入的内容相匹配时，系统将自动填写其他字符，如图 5.6 所示。

图 5.6　记忆式输入　　　　图 5.7　单击**从下拉列表中选择**命令　　　图 5.8　选择列表输入

（2）选择列表输入。右击单元格后，再单击弹出的快捷菜单中**从下拉列表中选择**命令，如图 5.7 所示；或选定单元格后，按 Alt＋↓组合键，都将显示一个输入列表，如图 5.8 所示，从中选择要输入的数据项即可。这种方法可避免因人工输入的内容不一致，导致统计结果不准确的问题。

（3）多单元格同时输入。选定多个单元格，输入数据，按 Ctrl＋Enter 组合键确定输入，可在多个单元格中输入相同数据。此方法可适用于多个工作表中的不同单元格输入相同内容。

4. 自动填充

如果工作表中某行或列为有规律的数据，可使用 Excel 提供的"自动填充"功能。有规律的数据是指等差、等比、日期序列、系统预定义序列和用户自定义序列以及重复的数据。

活动单元格或选定区域的右下角有一个黑色小方块，称为填充柄，鼠标指针指向填充柄时会变形为黑色十字形"**＋**"，向右或向下拖动填充柄即可完成自动填充，填充的内容由初始值，即填充柄所在单元格的内容决定。

（1）重复数据。要填充相同数据，先单击数据所在单元格，再拖动填充柄，拖过的同行（或同列）单元格中会产生相同数据。

（2）有序数据。若是数值型数据，必须输入序列的前两个单元格的数据，然后选定这两个单元格，拖动填充柄系统默认按等差序列填充；若需以其他序列填充，则选定这两个单元格后，按住鼠标右键拖动填充柄，放开鼠标右键后，再单击弹出的快捷菜单中**序列**命令，如图 5.9 所示，弹出**序列**对话框，选择相应的类型、步长、终止值填充。若是日期型序列，只需输入一个初始日期值，选定该单元格，拖动填充柄，则按每日递增的顺序填充。

图 5.9　单击**序列**命令

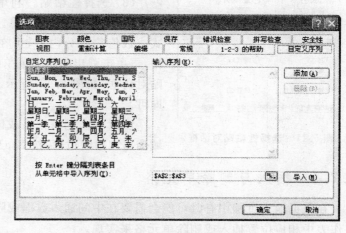

图 5.10　**选项**对话框**自定义序列**选项卡

（3）用户自定义序列数据。单击**工具**菜单中**选项**命令，弹出**选项**对话框，选择**自定义序列**选项卡，如图 5.10 所示。在其中添加新序列有两种方法：①在**输入序列**组合框中直接输入，每输入一项内容按一次 Enter 键，输入完毕后单击**添加**按钮；②从工作表中直接导入，单击**导入**按钮左边的**折叠对话框**按钮"　"，选定工作表中的序列数据后，再单击**导入**按钮。添加新序列后，在工作表中输入新序列中的第一项内容，拖动填充柄填充该序列。

（4）导入外部数据。单击**数据→导入外部数据→导入数据**命令，在弹出的对话框中导入其他数据库文件，如 Access，FoxPro，Lotus 123 等，也可以导入文本文件。

5.2.3 编辑单元格内容

1. 修改单元格内容

修改单元格中的内容有以下两种方法：①双击单元格，鼠标指针变为 I 字形，进入单元格编辑状态，可进行修改；②单击单元格，选择编辑栏的编辑框，在编辑框中进行修改。

注意 通常修改单元格内容完成后，可单击其他单元格表示确定；但若单元格的内容是公式或函数时不可以单击其他单元格；而应按 Enter 键或单击**输入**按钮确认修改。

2. 删除单元格内容

删除单元格中的内容有以下三种方法：①选定要删除内容的单元格，按 Del 键；②单击**编辑→清除→内容**命令；③右击要删除内容的单元格，单击弹出的快捷菜单中**清除内容**命令。

注意 以上方法只能清除单元格中的内容，格式仍保留在单元格中，若重新输入内容，仍会使用上次在此单元格中定义的格式。若要删除格式，可单击**编辑→清除→格式**命令，或单击**编辑→清除→全部**命令，将格式、内容包括批注全都删除。

删除的内容可以通过单击撤销按钮""恢复，但只能恢复前 16 次的操作。

3. 移动/复制单元格内容

（1）用鼠标拖动。选定要移动内容的单元格或区域，鼠标指针指向其边框变为""形状后，按下鼠标左键拖动至目的位置即可移动。拖动的同时按住 Ctrl 键，即可进行复制。

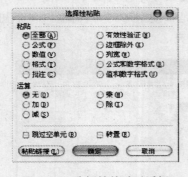

图 5.11 **选择性粘贴**对话框

（2）利用粘贴操作。选定单元格或区域，执行**剪切和粘贴**命令实现移动操作；执行**复制和粘贴**命令实现复制。

（3）选择性粘贴。利用**复制和粘贴**命令复制单元格时，包含了单元格的全部信息。若希望只复制单元格的公式、格式或数值等部分内容，可在执行**复制**命令后，右击目标单元格，再单击弹出的快捷菜单中**选择性粘贴**命令，弹出**选择性粘贴**对话框，如图 5.11 所示。在其中选择相应内容进行粘贴即可。

注意 选定单元格或区域后执行**复制**操作，单元格或区域会出现虚线边框，按 Esc 键可取消该虚线边框。

5.2.4 插入与删除单元格

在数据输入过程中有时可能会需要在中间插入数据或删除多余的数据，这时可以通过在工作表中相应位置插入或删除单元格来实现。

1. 插入单元格

右击要插入数据下面（或右边）的单元格，单击弹出的快捷菜单中**插入**命令，弹出**插入**对话框，如图 5.12 所示。在对话框中选定**活动单元格下移**（或**活动单元格右移**）单选按钮即可。

2. 插入行或列

（1）右击单元格，单击弹出的快捷菜单中**插入**命令，在弹出的**插入**对话框中选定**整行**（或**整列**）单选按钮，即在该单元格上方（或左边）插入整行（或整列）。

（2）选定单元格，单击**插入**菜单中**行**（或**列**）命令，即在选定的单元格上方（或左边）插入整行（或整列）。

（3）右击行号（或列号），单击弹出的快捷菜单中**插入**命令，在该行上方（或该列左边）插入整行（或整列）。

注意 选定多行的行号（或多列的列号），再执行**插入**操作，则插入等数量的多行（或多列）。

3．插入复制单元格

选定要复制的单元格或区域，执行**复制**操作后，选定目标单元格，单击**插入**菜单中**复制单元格**命令，弹出**插入粘贴**对话框，如图 5.13 所示。根据需要选定**活动单元格右移**或**活动单元格下移**单选按钮后，单击**确定**按钮，复制内容将插入目标单元格的左边或上方。

4．删除单元格或单元格区域

删除单元格和清除单元格不同，删除单元格是将单元格从工作表中取消，包括单元格中的全部信息，删除后，由周围的单元格来填充其位置。

选定要删除的单元格或单元格区域后单击**编辑**菜单中**删除**命令，或右击要删除的单元格或单元格区域后单击弹出的快捷菜单中**删除**命令，弹出**删除**对话框，如图 5.14 所示，确定被删除区域的右侧单元格左移还是下方单元格上移。

 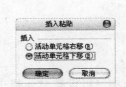 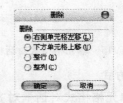

图 5.12 **插入**对话框　　　图 5.13 **插入粘贴**对话框　　　图 5.14 **删除**对话框

5．删除行或列

（1）右击要删除的行（或列）中任意一个单元格，单击弹出的快捷菜单中**删除**命令，在弹出的**删除**对话框中选定**整行**（或**整列**）单选按钮，单击**确定**按钮即可。

（2）选定要删除的行（或列）中任意一个单元格，单击**编辑**菜单中**删除**命令，在弹出的**删除**对话框中选定**整行**（或**整列**）单选按钮，单击**确定**按钮即可。

（3）选定行号（或列号），单击**编辑**菜单中**删除**命令即可。

5.3 工作表的格式化

5.3.1 单元格中数据的格式化

选定单元格或单元格区域，单击**格式**菜单中**单元格**命令，弹出**单元格格式**对话框，如图 5.15 所示。通过该对话框可对单元格格式进行设置。

1．数字格式

在**单元格格式**对话框**数字**选项卡中可设置单元格内数字格式，根据单元格内数据类型，可有常规、数值、货币、日期、时间、百分比等多种数据类型的表示。每种数据类型有不同的格式设置。

（1）数值型数据可设置小数点位数、是否使用千分位符以及负数的表示方式。

（2）货币型数据可设置小数点位数、货币符号（如￥）以及负数的表示方式；货币型数据一定有千分位符。

（3）日期型数据可设置中式日期、英式日期、美式日期，是否显示年份、星期等。如
"二〇〇九年四月三日"，"2009 年 4 月 3 日"，"03-Apr-09"，"4-3-09"等。时间型数据也可按区域
设置"中文"，"英文"等，可设置 24 小时制或 12 小时制，如"下午 5 时 20 分 00 秒"，"17:20:00"等。

（4）百分比型数据，可使数据按百分比显示，可设置小数位数。

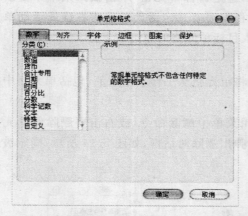
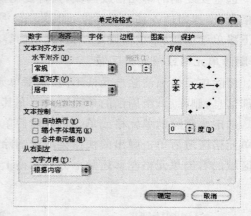

图 5.15　**单元格格式**对话框**数字**选项卡　　　　图 5.16　**单元格格式**对话框**对齐**选项卡

2. 对齐方式

在**单元格格式**对话框**对齐**选项卡中可以设置单元格中内容的水平对齐和垂直对齐方式，
同时可设置文字方向，如图 5.16 所示。

当单元格中的内容超出单元格可容纳的范围时，若在**文本控制**选项组中，选定**自动换行**复
选框，会自动扩大行高，使超出的部分换行显示；选定**缩小字体填充**复选框，会自动缩小字体以
适应单元格的大小；选定**合并单元格**复选框，超出的部分会占有右边单元格的位置，但不影响
右边单元格的输入，一旦右边单元格输入数据，超出的部分会自动被右边单元格挡住。

如果选定多个单元格后，再在**文本控制**选项组中选定**合并单元格**复选框，Excel 只把选定
区域左上角的数据放入合并后的单元格内，其他单元格数据丢失。**格式**工具栏中有一个**合并
并居中**按钮"▦"，也可使选定的多个单元格合并成一个单元格，并使该单元格内文字居中
显示。

3. 字体格式

单元格格式对话框**字体**选项卡与 Word 的**字体**对话框类似，可用于设置单元格内文字的
字体、字号、字形等。

注意　若在单元格编辑状态下通过**格式**菜单打开**单元格格式**对话框，只会出现**字体**选项
卡，这时只能修改字体格式。

5.3.2　单元格的格式设置

1. 设置行高与列宽

鼠标指针指向需改变行高（或列宽）的行号（或列号）分隔线上，当指针变形为左右双向箭
头时拖动，可调整该行（或列）的高度（或宽度），拖动分隔线即可。

选定单元格，单击**格式→行（或列）→行高（或列宽）**命令，弹出**行高（或列宽）**对话框，在其
中输入行高（或列宽）的数值，可指定单元格所在行高（或列宽）。若要调整多行（或多列），则先

选定它们,再通过**格式**菜单进行设置。

要整体调整工作表中的行高(或列宽),可先选定整个工作表,然后拖动任意两行(或列)的分割线即可。

2. 设置边框

Excel 默认情况下,网格线都是淡灰线,打印时并不会出现边框。单击**工具**菜单中**选项**命令,弹出**选项**对话框,选择**视图**选项卡,如图 5.17 所示;在**窗口选项**选项组中,取消对**网格线**复选框的选定,单击**确定**按钮后,Excel 工作区就不再显示网格线。

为了美观也为了便于操作,可以对 Excel 表格设置边框。

(1)通过菜单命令设置边框。选定需要添加边框的单元格区域,单击**格式**菜单中**单元格**命令,在弹出的**单元格格式**对话框中选择**边框**选项卡,如图 5.18 所示,选定线条颜色和样式后,在**预置**或**边框**选项组中设置相应的边框线。

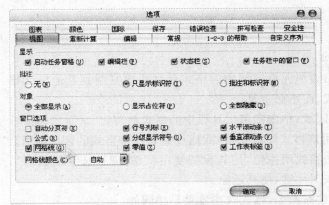

图 5.17　**选项**对话框**视图**选项卡

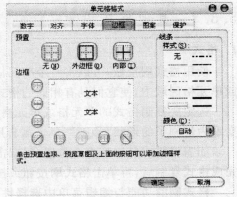

图 5.18　**单元格格式**对话框**边框**选项卡

(2)通过工具按钮设置边框。选定需要添加边框的单元格区域,单击**格式**工具栏中的**边框**按钮右边的下拉按钮,弹出**边框**按钮列表如图 5.19 所示,单击其中一个按钮,即可将选定单元格的边框设置成相应格式。

注意　设置边框时应先设置边框线条样式和颜色,再设置边框线,否则边框线会按原先的样式和颜色出现。

3. 设置图案

可以在单元格中设置适当的底色或图案,以突出表格中的某些部分,使表格更清晰。

(1)通过菜单命令设置图案。选定单元格,单击**格式**菜单中**单元格**命令,在弹出的**单元格格式**对话框中选择**图案**选项卡,在其中可设置单元格的底色、底纹图案。

(2)通过工具按钮设置底色。单击**格式**工具栏中的**填充**按钮"🪣 ·"右边的下拉按钮,弹出**颜色**按钮列表如图 5.20 所示的,单击其中一种颜色按钮,可使当前单元格或选定的单元格区域的底色变为该颜色。

(3)添加工作表背景。单击**格式→工作表→背景**命令,弹出**工作表背景**对话框,在其中选定要作为背景的图片,如图 5.21 所示,单击**插入**按钮,即可将选定的图片作为工作表背景。对有背景的工作表,**格式**菜单**工作表**级联菜单中**背景**命令变为**删除背景**命令,单击**删除背景**命令即可删除工作表背景图案。

图 5.19　边框按钮列表

图 5.20　颜色按钮列表

图 5.21　工作表背景对话框

5.3.3　其他格式设置

1. 格式刷

使用**格式刷**按钮，可以将一个单元格或单元格区域中的格式信息快速复制到其他单元格或单元格区域中，使它们具有相同的格式，而不必重复设置。

选定要复制格式的单元格或单元格区域；单击**常用**工具栏中的**格式刷**按钮"✔"，鼠标指针变形为带刷子的形状"✚▲"；单击需套用该格式的单元格，或拖过需套用该格式的区域即可。

如需将格式复制到多个位置，可双击**格式刷**按钮，使其保持使用状态（即被按下的状态）；完成格式复制后，再单击**格式刷**按钮或按 Esc 键，使其还原。

格式刷的功能与**编辑**菜单中**选择性粘贴**命令，**格式**选项效果是相同的。

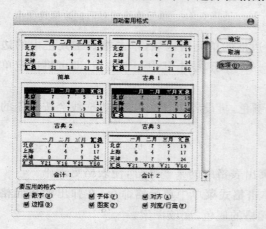

图 5.22　自动套用格式对话框

单击**确定**按钮即可。

3. 条件格式

2. 自动套用格式

Excel 提供了 16 种格式的组合方式，利用它们可快速设置表格的格式。

选定要设置格式的单元格区域；单击**格式**菜单中**自动套用格式**命令，弹出**自动套用格式**对话框；在左侧列表框中选择所需类型；单击**选项**按钮，展开**要应用的格式**选项组，如图5.22所示，选择需要的格式；单击**确定**按钮完成设置。

若要删除某区域的自动套用格式，可选定该区域后，单击**格式**菜单中**自动套用格式**命令，在弹出的**自动套用格式**对话框的列表框中选定**无**，

若需要突出显示单元格内的某些值，可使用"条件格式"突出显示该单元格，如标记出成绩表里不及格的分数，或当仓库内货物库存量低于某个值时突出显示。

选定要设置条件格式的单元格或区域；单击**格式**菜单中**条件格式**命令，弹出**条件格式**对话框，如图5.23所示；在第一个选项框中选定要判断的对象，如**单元格数值**或**公式**；在第二个选

项框中设置条件,如**大于**、**等于**、**介于**等;在第三、四个文本框内设置取值范围;若第一项选择的是**公式**,则后面只有一项输入框,在其中输入公式,公式前要加等号"＝",公式计算结果应为逻辑值 True 或 False;单击**格式按钮**,弹出**单元格格式**对话框,设置满足条件时单元格的格式;单击**确定按钮**,返回**条件格式**对话框;若有多个条件,可单击**添加按钮**,在展开的第二行中重复上述操作,设置满足第二个条件的单元格格式,最多可设置三个条件;最后单击**确定按钮**完成设置。

图 5.23　**条件格式**对话框

对于已设置了条件格式的单元格或区域可通过**条件格式**对话框修改其格式设置。若要删除条件格式,则选定设置了条件格式的单元格或区域,在**条件格式**对话框中单击**删除**按钮,选定要删除的条件后,单击**确定**按钮即可。

4. 行或列的隐藏与取消

若工作表中有些行或列暂时不需要被看见,可将它们隐藏起来,需要时再取消隐藏,显示出来。

(1) 隐藏行(或列)。有如下方法:①选定要隐藏的行(或列)中任一单元格,单击**格式→行**(或**列**)**→隐藏**命令即可;②选定要隐藏的行(或列)的行号分隔线(或列号分隔线),当鼠标指针变为带有上下(或左右)双向箭头形状时,按下鼠标左键向上(或向左)拖动,直到和上方(或左方)分隔线重叠为止。

(2) 取消行(或列)的隐藏。有如下方法:①鼠标指针指向有隐藏行(或列)的行号分隔线(或列号分隔线),稍稍向下(或向左)移一点,当鼠标指针变形为双线分隔的双向箭头形状时,按下鼠标左键向下(或向右)拖动,即可使隐藏的行(或列)显示出来;②选定隐藏行(或列)两边的单元格区域,单击**格式→行**(或**列**)**→取消隐藏**命令即可。

5.4　公式与函数

Excel 的公式由数字、运算符、单元格引用以及函数组成。利用公式可以很方便地对工作表中的数据进行分析和计算。

5.4.1　公式

1. 公式中的运算符

(1) 算术运算符。算术运算符有＋(加)、－(减)、＊(乘)、/(除)、^(乘方),运算的结果为数值型数据。

(2) 关系运算符。关系运算符有＝(等于)、＞(大于)、＜(小于)、＞＝(大于等于)、＜＝(小于等于)、＜＞(不等于),运算的结果为逻辑型数据 True 或 False。

(3) 文本运算。文本运算符有 &(连接运算符),用于连接文本或数值,运算结果为文本类型数据。例如,针灸 & 推拿,运算结果为“针灸推拿”;12&45,运算结果为“1245”。

(4) 引用运算符。引用运算符见表 5.1。

表 5.1 引用运算符

引用运算符	含义	示例
:(区域运算符)	包括两个引用在内的所有单元格的引用	SUM(A1:C3)
,(联合运算符)	对多个引用合并为一个引用	SUM(A1,C3)
空格(交叉运算符)	产生两个引用单元格区域重叠区域的引用	SUM(A1:C4 B2:D3)

运算优先级为括号→函数→文本运算符→算术运算→关系运算。

2. 公式的输入

公式必须由“=”开头,输入完成后按 Enter 键或单击编辑栏中的**确定**按钮“✓”,确定输入后 Excel 会自动计算出结果显示在单元格内。

注意 输入公式时,可输入单元格名称引用单元格的内容,单元格的名称可以用键盘输入,也可以用鼠标单击或拖动输入。

例 5.1 使用公式计算每个学生的平均分和总分。

步骤如下:①在“学生成绩表”中选定第一个学生“总分”单元格,即 I3 单元格;②直接输入公式“=(E3+F3+G3)/3”,或在编辑栏中输入“=(E3+F3+G3)/3”,如图 5.24 所示,按 Enter 键确定,Excel 自动计算出结果显示在单元格中,而编辑栏中显示出实际输入的公式内容;③选定第一个学生“平均分”单元格,即 H3 单元格,输入公式“=I3/3”,按 Enter 键确定;④利用自动填充功能快速填充数据,即鼠标指针指向 I3 单元格右下角变为“+”形状后,按住鼠标左键向下拖动至最后一个学生的总分单元格,放开鼠标左键,公式自动填充完毕;同样的方法填充 H 列的数据,如图 5.25 所示。

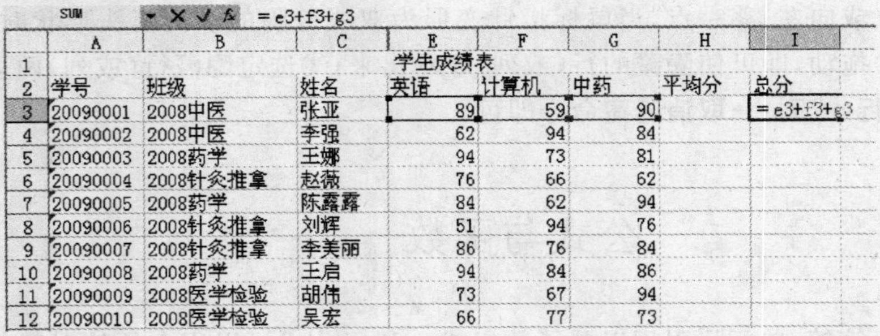

	A	B	C	E	F	G	H	I
1				学生成绩表				
2	学号	班级	姓名	英语	计算机	中药	平均分	总分
3	20090001	2008中医	张亚	89	59	90		=e3+f3+g3
4	20090002	2008中医	李强	62	94	84		
5	20090003	2008药学	王娜	94	73	81		
6	20090004	2008针灸推拿	赵薇	76	66	62		
7	20090005	2008药学	陈露露	84	62	94		
8	20090006	2008针灸推拿	刘辉	51	94	76		
9	20090007	2008针灸推拿	李美丽	86	76	84		
10	20090008	2008药学	王启	94	84	86		
11	20090009	2008医学检验	胡伟	73	67	94		
12	20090010	2008医学检验	吴宏	66	77	73		

图 5.24 输入公式

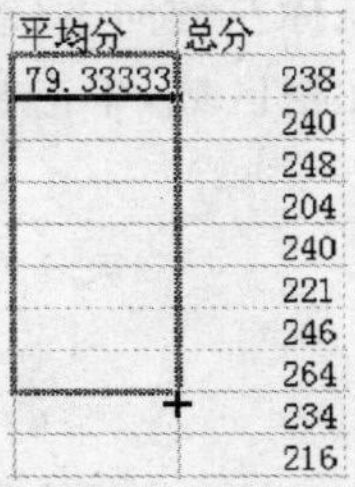

平均分	总分
79.33333	238
	240
	248
	204
	240
	221
	246
	264
	234
	216

图 5.25 填充数据

5.4.2 函数

函数是 Excel 自带的一些已经定义好的公式,格式如下:

函数名(参数 1,参数 2,...)

其中参数可以是常量、单元格、单元格区域、公式或其他函数。

1. 自动求和

Excel 的**常用**工具栏中提供了**自动求和**按钮“Σ·”,利用该按钮可以快捷地调用求和函数以及平均值、最大值、最小值等。自动求和方法如下。

（1）选定要存放求和结果的单元格，单击**自动求和按钮**，Excel 会自动选定存放结果的单元格附近的可计算数据，若选定范围正确，按 Enter 键确认即可；若选定范围不正确，直接单击或拖动选择要计算区域，选定的单元格会呈现闪动的虚线框，按 Enter 键确认选定并计算。

（2）选定要计算的区域，单击**自动求和按钮**，Excel 会自动找到选定区域旁边（右边或下方）的空白单元格以存放并显示运算结果。若单击**自动求和**按钮旁的下拉按钮，在弹出的下拉菜单可选择其他函数运算。

例 5.2 使用自动求和计算每个学生的平均分和总分。

步骤如下：①选定 I3 单元格，单击**常用工具栏**中的**自动求和**按钮，E3:H3 单元格区域即被选定，如图 5.26 所示；②拖动修改选定范围 E3:G3，如图 5.27 所示；③按 Enter 键确定，求和结果显示在 I3 单元格中；④选定 H3 单元格，单击**自动求和**按钮旁的下拉按钮，在弹出的下拉菜单中选择**平均值**，如图 5.28 所示，E3:G3 三个单元格即被选定，如图 5.29 所示；⑤按 Enter 键确定，求平均值结果显示在 H3 单元格中；⑥同例 5.1 中一样，利用自动填充功能填充完其他单元格。

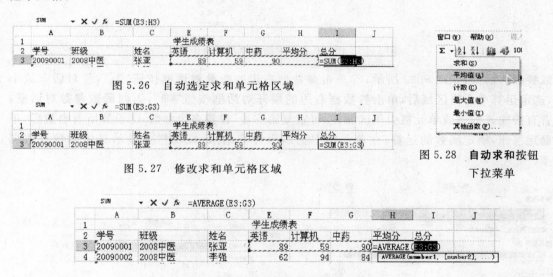

图 5.26　自动选定求和单元格区域

图 5.27　修改求和单元格区域

图 5.28　**自动求和按钮**
下拉菜单

图 5.29　自动选定求平均值单元格区域

2．自动计算

Excel 提供了自动计算功能，利用它可以自动计算选定单元格区域的和、平均值、最小值、最大值、计数、计数值。

右击状态栏，弹出快捷菜单，选择设置其中一种计算功能后，当选定了要计算的单元格区域后，其计算结果将在状态栏中显示出来，如图 5.30 所示。

3．函数的输入

Excel 提供了非常丰富的函数来进行复杂的运算，使用函数的方法有两种，一种是通过**插入函数**对话框，当用户对函数较熟悉时可以使用另一种方法，即直接输入函数。

通过**插入函数**对话框的方法步骤如下：①选定存放运算结果的单元格；②单击**插入**菜单中**函数**命令，或者单击编辑栏中的**插入函数**按钮"*fx*"，弹出**插入函数**对话框；③选定需要的函数名，如 **SUM**，对话框中会出现有关该函数功能的说明，如图 5.31 所示；④单击**确定**按钮，弹出

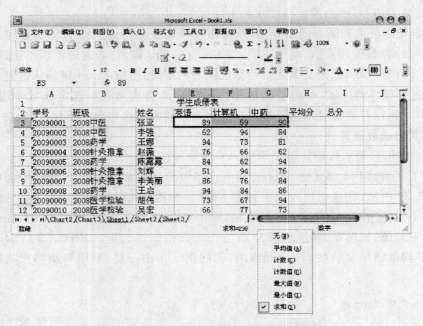

图 5.30　状态栏右击快捷菜单及自动计算

函数参数对话框,如图 5.32 所示;⑤单击参数框右边的**折叠对话框按钮**"■",使对话框最小化,选定运算单元格区域后,单击参数框右边的**展开对话框按钮**"■",返回**函数参数**对话框,或者直接输入数据或单元格引用区域;⑥可重复第⑤步,设置多个参数;⑦设置所有参数后,单击**确定按钮**,确定函数的运算,在单元格中显示出计算结果,编辑栏中显示具体函数及数据范围。

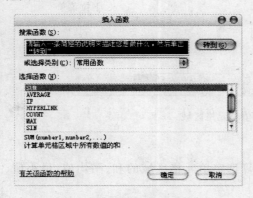

图 5.31　**插入函数**对话框

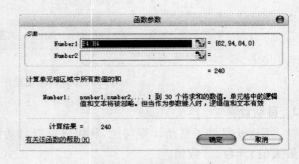

图 5.32　**函数参数**对话框

　　使用直接输入函数的方法比上述步骤简单得多,只需在存放结果的单元格中输入等号＋函数名(参数,[参数],……),如"＝SUM(E3:G3)",按 Enter 键确定输入即可。

5.4.3　引用其他工作表数据

　　Excel 支持多工作表和多工作簿之间数据的运算。

1. 多工作表之间的数据运算

　　选定存放结果的单元格,打开**插入函数**对话框,在 **Number1** 编辑框中选定一个工作表中要计算的数据区域;再单击 **Number2** 编辑框,单击另一个工作表标签,选定该工作表中需要的数据区域;重复上诉步骤,直到所需计算区域都被选定,单击**确定**按钮,计算结果显示在单元格中,编辑栏中出现函数,如

=SUM(I3:I12,Sheet2!I3:I12,Sheet3!F11)

注意 函数中不同数据区域用逗号隔开,与存放结果单元格不是同一工作表的数据区域前会有工作表名,并用感叹号与数据区域隔开,格式为

=函数名([工作表名!]数据区域 1,[工作表名!]数据区域 2,...[工作表名!]数据区域 n)

2. 多工作簿之间的数据运算

打开所有需要计算的工作簿,选定存放结果的单元格,打开**插入函数**对话框,在 **Number1** 编辑框中,选定一个工作表中要计算的数据区域;再单击 **Number2** 编辑框,单击工具栏中另一个工作簿按钮,选定该工作簿的某工作表中需要的数据区域;重复上诉步骤,直到所需计算区域都被选定,单击**确定**按钮,计算结果显示在单元格中,编辑栏中出现函数,如

=SUM(A1:A11,[Book2.xls]Sheet1!$E$3:$E$12)

注意 函数中不同数据区域用逗号隔开,与存放结果单元格不是同一工作表的数据区域前会有工作表名,不是同一工作簿的数据区域前会有完整工作簿名,并用方括号分隔,后接工作表名,用感叹号与数据区域隔开,且数据区域为绝对引用,格式为

=函数名([[工作簿名]工作表名!]数据区域 1,[[工作簿名]工作表名!]数据区域 2,...[[工作簿名]工作表名!]数据区域 n)

3. 单元格引用

Excel 中提供了相对引用、绝对引用和混合引用三种单元格的引用方式。

(1)相对引用。对单元格的引用会随着公式所在单元格位置的变化而变化。通常都是这种引用方式,所以在复制公式或使用自动填充公式时,运算的数据区域会随着存放结果的单元格的不同而不同。

(2)绝对引用。对单元格的引用不会随着公式所在单元格位置的变化而变化。在多工作簿间运算时数据采用这种引用方式,格式是在单元格的行标和列标前加 $ 号,如"$E$3:$E$12"。使用这种引用方式,无论存放结果的单元格位置如何变化,所引用的计算区域是不会变化的。

(3)混合引用。一个数据区域中既使用了相对引用又使用了绝对引用,则为混合引用。在一个公式的编辑栏中选定数据区域,按键盘上的 F4 键,可以改变单元格的引用方式。如果开始时是相对引用,按一次 F4 键,变成绝对引用;第二次按 F4 键,变成列相对,行绝对;第三次按 F4 键,变成行相对,列绝对;第四次按 F4 键,还原为相对引用。

5.5 数据管理

5.5.1 数据排序

在 Excel 中,用户可根据数值大小、字母顺序、时间先后、汉字拼音或笔画对数据进行排序。指定排序的字段称为关键字。排序方式有升序和降序两种,既可按行排序也可按列排序,用户还可以自定义排序。排序的方法有简单排序和复杂排序两种。

选定要排序的列（或行）中的任一单元格，单击常用工具栏中的**升序排序按钮**"▯"或**降序排序按钮**"▯"，即可实现排序。

5.5.2 数据筛选

Excel 的数据筛选功能可以将用户不感兴趣的记录暂时隐藏起来，只显示用户感兴趣的数据，当筛选条件被删除时，隐藏的数据又恢复显示。

1. 自动筛选

将鼠标定位在要筛选的数据区域中，不必选定所有数据区域，自动筛选功能会自动找到选定单元格周围的有效数据区域。单击**数据→筛选→自动筛选**命令，在每列标题旁会出现一个下拉按钮"▾"。单击需要筛选的列标题下拉按钮，在弹出的菜单中选择合适的条件，即可按选定的条件筛选，工作表中将只显示满足条件的数据内容。

若条件比较复杂，可单击弹出的菜单中**自定义**命令，如图 5.33 所示，弹出**自定义自动筛选方式**对话框，如图 5.34 所示，设置筛选条件，单击**确定**按钮即可。

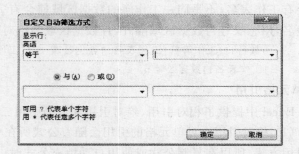

图 5.33　单击**自定义**命令　　　图 5.34　**自定义自动筛选方式**对话框

若要恢复数据的显示，可单击设置了筛选条件的列标题旁边的下拉按钮，在弹出的菜单中选择**全部**，即可取消当前列的筛选条件，显示数据。若要恢复所有的数据显示，可单击**数据→筛选→全部显示**命令。若要取消自动筛选的功能，可再次单击**数据→筛选→自动筛选**命令，使**自动筛选**前的"✔"消失。这时，列标题旁的所有下拉按钮都会消失。

注意　进行自动筛选前，一定要确认已选定了数据区域的某个单元格，如果选定的是空白区域的单元格，Excel 会弹出提示对话框**使用指定的区域无法完成该命令。请在区域内选择某个单元格**，然后再次尝试该命令。

2. 高级筛选

当筛选条件很复杂时可使用高级筛选。使用高级筛选，不会出现自动筛选的下拉箭头，但会要求设置条件区域。条件区域应建立在数据区域之外，与数据区域间有空行或空列分隔。输入筛选条件时，首先输入条件的列标题，从第二行起输入筛选条件，多个条件在同一行输入时，为"逻辑与"关系；多个条件在不同行输入时，为"逻辑或"关系。设置好条件后，单击**数据→筛选→高级筛选**命令，在弹出的**高级筛选**对话框中进行数据区域和条件区域的设置，并设置结果存放的位置。

例 5.3　只显示英语成绩在 80 分以上的中医系学生和英语成绩在 80 分以下的针灸推拿系的学生。

Criteria | fx

	A	B	C	D	E	F	G	H	I	J	K
1				学生成绩表							
2	学号	班级	姓名	英语	计算机	中药	平均分	总分		班级	英语
3	20090001	2008中医	张亚	89	59	90	79.33333	238		2008中医	>80
4	20090002	2008中医	李强	62	94	84	80	240		2008针灸推拿	<80
5	20090003	2008药学	王娜	94	73	81	82.66667	248			
6	20090004	2008针灸推拿	赵薇	76	66	62	68	204			
7	20090005	2008药学	陈露露	84	62	94	80	240			
8	20090006	2008针灸推拿	刘辉	51	94	76	73.66667	221			
9	20090007	2008针灸推拿	李美丽	86	76	84	82	246			
10	20090008	2008药学	王启	94	84	86	88	264			
11	20090009	2008医学检验	胡伟	73	67	94	78	234			
12	20090010	2008医学检验	吴宏	66	77	73	72	216			

图 5.35　输入筛选条件

步骤如下：①在数据清单外的区域输入筛选条件，该条件区域必须包含设置条件的字段名和条件的内容，如图 5.35 所示；②选定数据清单内的任一单元格，单击**数据→筛选→高级筛选**命令，弹出**高级筛选**对话框；③在**方式**选项组中选择结果输出的位置；④**列表区域**编辑框中会显示自动选定的单元格周围的数据区域，可以重新输入或用鼠标选定要进行筛选的单元格区域；⑤在**条件区域**编辑框中输入或用鼠标选定筛选条件所在区域，如图5.36所示；⑥如果要求不显示重复记录，可选定**选择不重复的记录**复选框；⑦单击**确定**按钮完成筛选。

图 5.36　**高级筛选**对话框

5.5.3　记 录 单

数据清单指工作表中一个连续存放了数据的单元格区域，通常将工作表中的一个二维表格看成一个数据清单。在清单中每一列为一个字段，存放相同类型的数据，每列标题为字段名，每一行为一个记录。

Excel 提供了记录单功能，利用记录单可方便地在数据清单中添加、修改、查找、删除数据清单中的记录。

单击**数据**菜单中**记录单**命令，弹出"记录单"对话框，如图 5.37 所示。单击**新建**按钮，可在数据表的最后增加一条新记录；选定一条记录，单击**删除**按钮可删除该记录；单击**上一条**或**下一条**按钮，进行显示的记录上下切换。

注意　用记录单删除的数据无法用**常用**工具栏中的**撤消**按钮恢复。

图 5.37　"记录单"对话框

图 5.38　设置条件界面

单击**条件**按钮,"记录单"对话框的界面变为设置条件的界面,如图 5.38 所示。在需要设置条件的字段后面写出数值、字符或关系运算符组成的表达式,如希望查找英语成绩在 80 分以上的记录,可在英语字段后输入">80",单击**上一条**或**下一条**按钮即可显示出满足条件的记录;单击**清除**按钮,可清除条件的设置;单击**还原**按钮,可还原刚清除的条件。

5.5.4　数据分类汇总

　　分类汇总是对工作表中的数据按某个字段分类并进行数据统计,如求和、求平均值等。
　　注意　在分类汇总前,必须对分类字段排序,否则得不到正确的分类汇总结果。

图 5.39　**分类汇总**对话框

　　选择工作表中要汇总的字段,单击**常用工具栏**中的**排序按钮**,升序、降序不重要,排序的目的是使同类数据排列在一起。选定数据区域内任一个单元格,单击**数据**菜单中**分类汇总**命令,弹出**分类汇总**对话框,如图 5.39 所示。在**分类字段**下拉列表框中选择用以分类的字段,如**班级**;在**汇总方式**下拉列表框中设置汇总方式,如**求和**;在**选定汇总项**列表框中选定需要进行汇总的数据;选择汇总结果显示的位置等项目,单击**确定**按钮即可。

　　分类汇总后,默认情况下,数据会分三级显示,可以单击分级显示区上方的 **1,2,3** 这三个按钮控制显示内容:单击 **1**,只显示总标题和总计结果;单击 **2**,显示各个分类汇总的结果和总计结果;单击 **3**,显示全部详细数据。

　　若要取消分类汇总的结果,只要选定数据区域中任意单元格,在**分类汇总**对话框中单击**全部删除**按钮即可。

5.5.5　数据有效性

　　数据有效性的设置可保证在指定的区域内只能输入指定的类型和范围的值。

　　选定要指定数据有效性的数据区域,单击**数据**菜单中**有效性**命令,弹出**数据有效性**对话框,如图 5.40 所示。在**设置**选项卡中设置有效性条件,如整数、小数、日期等,不同类型的值,数据取值范围的设置窗口不相同。例如,在**允许**下拉列表框中选定**整数**,数据可设置介于某个最大值和最小值之间,或大于某个值等条件。

　　在**输入信息**选项卡中,可设置在该区域输入数据时的提示信息及标题。在**出错警告**选项卡中,可设置输入错误时的警告样式及提示信息和标题。其中,**停止样式**是无法输入不满足条件的数据的;**警告样式**在输入不满足条件的数据时弹出的警告对话框中单击**是**按钮可输入不满足条件的数据,但默认的为**否**按钮;**信息样式**的限制最弱,输入不满足条件的数据时,弹出的提示对话框中默认为**是**按钮,按 Enter 键即可输入不满足条件的数据。

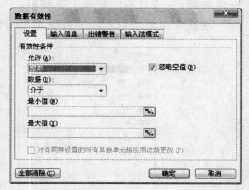

图 5.40　**数据有效性**对话框

5.6 图表制作

Excel 能将电子表格中的数据转换成各种类型的统计图表,通过图表能更直观地揭示出数据间的关系,使用户一目了然。

5.6.1 创建图表

创建图表有两种方式:一种是选定要创建图表的数据区域,即数据源,然后按 F11 键快速创建图表,该图表会以新工作表的形式出现;另一种是单击**插入**菜单中**图表**命令,或单击**常用工具栏**中的**图表向导按钮**"⬛",启动图表向导来创建图表。使用图表向导创建图表共 4 个步骤。

(1)步骤 1:选择图表类型。图表类型有柱状图、饼图、折线图等,每个类型中还有许多子类型,另外 Excel 也允许用户自定义图表类型,如图 5.41 所示。

(2)步骤 2:选择图表源数据,即选择创建图表的数据来源。选定**数据区域**编辑框,然后在工作表上用鼠标拖动选定作图所需的数据和标志区即可,这时选定区域会被闪动的虚线框框住,同时**数据区域**编辑框中会出现数据区域,如图 5.42 所示。也可以直接在**数据区域**编辑框中直接输入数据源,使之被选定。此外还要选择系列是产生在行还是产生在列,默认是列,即以列标题作为系列。

图 5.41　选择图表类型

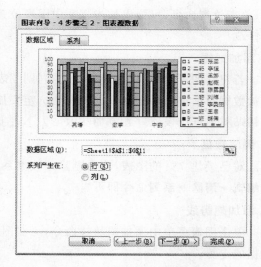

图 5.42　选择图表源数据

(3)步骤 3:设置图表选项。在图表选项中有 6 个选项卡,如图 5.43 所示。**标题**选项卡中可输入图表标题,X 轴和 Y 轴的标题;**坐标轴**选项卡设置是否显示坐标轴;**网格线**选项卡设置是否显示网格线;**图例**选项卡设置是否显示图例以及图例显示的位置;**数据标志**选项卡设置在每个系列上是否显示相应标签;**数据表**选项卡设置是否显示数据表。

(4)步骤 4:选择图表位置。选择图表出现的位置,可以让图表作为新工作表插入工作簿中;也可以作为工作表中的对象插入,如图 5.44 所示。前者图表作为单独的工作表存在,与源数据分开;后者与源数据在同一个工作表中。

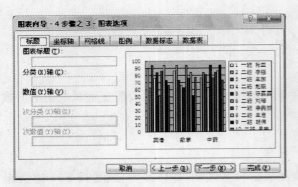

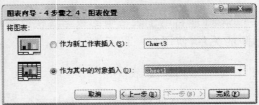

图 5.43 设置图表选项　　　　　　　　　图 5.44　选择图表位置

在以上任何一步中都可以单击**完成**按钮,完成图表的创建。

5.6.2　编辑图表

在创建图表之后,以上做的每个步骤都可以修改。选定图表,则菜单栏中原来的**数据**菜单变为**图表**菜单。

1. 修改图表类型、源数据、图表选择及图表位置

单击**图表**菜单中**图表类型**命令,可弹出如步骤 1 中的**图表类型**对话框;单击**源数据**命令,可弹出如步骤 2 中的**源数据**对话框;单击**图表选项**命令,可弹出如步骤 3 中的**图表选项**对话框;单击**位置**命令,可弹出如步骤 4 中**图表位置**对话框。在打开的对话框中可对之前的设置进行修改。

2. 添加数据

若建立图表后需要增加新数据系列到图表中,可单击**图表**菜单中**添加数据**命令,在弹出的**添加数据**对话框中用鼠标拖动的方法选定要加入的数据区域,单击**确定**按钮后,在弹出的**选择性粘贴**对话框中设置好新添加的数据为 X 轴标志还是 Y 轴标志即可。

3. 删除数据

对已经建立好的图表,若要删除某数据系列,可直接在图表上选定该系列,按 Del 键,或单击**编辑→清除→系列**命令即可。

4. 添加趋势线

单击**图表**菜单中**添加趋势线**命令,可在图表中生成趋势线,根据实际数据向前或向后模拟数据的走势。

5. 设置三维视图格式

单击**图表**菜单中**设置三维视图格式**命令,可改变三维视图的透视深度、俯视角度和图表旋转角度。

5.6.3　图表格式的设置

选定图表后,**格式**菜单会随着所选定内容的不同而有所不同,例如选定的是图表系列,则**格式**菜单中出现**数据系列**命令。对图表格式的修改是"点哪改哪"的规则,最常用的方法是双击要进行格式设置的图表对象,打开相应的格式对话框进行设置。

5.7 显示与打印工作表

5.7.1 页面设置

在打印文件之前应设置好文件的格式,包括打印方向、纸张大小、页边距等。单击**文件**菜单中**页面设置**命令,可弹出**页面设置**对话框,如图 5.45 所示。

1.“页面”选项卡

（1）页面方向。可以设置文件打印的方向,默认为纵向。

（2）缩放比例。调整缩放比例,可在打印时对文档进行放大或缩小。

（3）纸张大小。在**纸张大小**下拉列表中可选择需要的纸张大小。

（4）起始页码。设置打印页的起始页码,如输入 3,则从第三页开始打印,而第一、二页不会被打印。

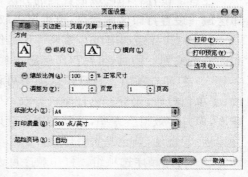

图 5.45 **页面设置**对话框

2.“页边距”选项卡

在**页边距**选项卡中可设置页面的上、下、左、右边距;同时可设置页眉和页脚边距。

注意 页眉和页脚的边距要小于相应的页边距,否则页眉或页脚可能会与打印的正文内容重合。

3.“页眉/页脚”选项卡

页眉、页脚是打印在工作表每页的顶部和底部的文字,例如页码、日期、工作表名等,用户可以选用 Excel 提供的几种格式来设置页眉、页脚,也可以自定义页眉、页脚,方法如下:在**页眉/页脚**选项卡中,单击**自定义页眉**按钮,弹出**页眉**对话框,如图 5.46 所示;在**左**、**中**、**右**三个文本框中输入的内容会出现在打印页面顶部的左端、中间和右端。

图 5.46 **页眉**对话框

页眉对话框中的按钮从左至右分别为:①字体,用于设置页眉字体格式,单击该按钮会弹出**字体**对话框;②页码,单击该按钮会在页眉中显示页码;③总页数,单击该按钮会在页眉中插入总页数;④日期,在页眉中插入当前系统日期;⑤时间,在页眉中插入当前系统时间;⑥文件路径及文件名,在页眉中插入当前工作簿的路径及文件名;⑦文件名,在页眉中插入当前工作簿的名称;⑧工作表名称,在页眉中插入当前工作表的名称;⑨图片,在页眉中插入图片;⑩设置图片格式,可以设置图片的格式。

页脚的设置方法与页眉类似。

4."工作表"选项卡

(1)**打印区域**编辑框。默认情况下,Excel 自动将只含有文字的矩形区域作为打印区域。在**工作表**选项卡中可以设置打印区域,可以用直接在编辑框中输入区域的方式,或单击**折叠按钮**后在工作表中用鼠标选定打印区域。

注意 设置打印区域最直接的方法,可以在工作表中选定要打印的区域后,单击**文件→打印区域→设置打印区域**命令;也可单击**取消打印区域**命令取消之前设置的打印区域。

(3)**打印标题**选项组。如果一张工作表需要打印在若干页上,而又希望在每一页上都有相同的行或列标题时,可在**打印标题**选项组中设置。

(4)**打印**选项组。在**打印**选项组可设置以下选项:①**网格线**,设置打印时是否打印网格线;②**单色打印**,仅对彩色打印机有效,只打印黑白颜色;③**按草稿方式**,选定此项可提高打印速度,但打印效果会差些,尤其是图像会以简化方式输出;④**行号列标**,设置打印时是否打印行号列标;⑤**批注**,确定是否打印批注。

(5)**打印顺序**选项组。打印顺序可设置为**先列后行**或**先行后列**。

5.7.2 打印设置

单击**文件**菜单中**打印**命令,可弹出**打印内容**对话框,如图 5.47 所示。

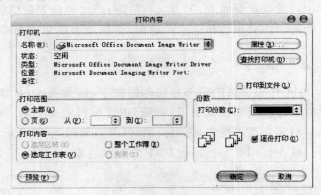

图 5.47　打印内容对话框

(1)在**打印机**选项组中,可设置打印机类型,通常是默认打印机。

(2)在**打印范围**选项组中可设置打印的页码,选定**页**单选按钮,需输入起始和终止页码。

(3)在**打印内容**选项组,若选定**选定区域**单选按钮,则打印当前工作表中选定的区域;若选定**选定工作表**单选按钮,则打印一组选定的工作表,每张工作表都另起一页打印;若选定**整个工作表**单选按钮,则打印当前工作簿中所有包含数据的工作表。

(4)在**份数**选项组,可设置打印的份数。

(5)单击**预览**按钮,可进入打印预览模式;单击**确定**按钮,则开始打印。

如果只需要按 Excel 默认方式打印,可单击**常用**工具栏中的**打印预览**按钮"![icon]",预览打印效果;若效果合适,单击**打印**按钮"![icon]"则按默认方式开始打印。

第 6 章　PowerPoint 2003 操作基础

数字时代的今天，在工作和学习中，我们经常主张无纸化。课堂教学、学术论文报告、会议演讲、产品发布，甚至广告等，诸如此类的需要向观众演示和讲解的演示文稿常常制作成幻灯片。PowerPoint 2003（以下简称 PowerPoint）就是一种功能强大的电子演示文稿（幻灯片）制作工具，可用于制作和放映适合不同需求的幻灯片。用 PowerPoint 制作的演示文稿不仅可以包含文字，还可以包含图像、图表、声音、视频和超链接等多种对象，并能非常方便地制作出各种动画效果。本章将通过几个实例，深入浅出地介绍 PowerPoint 的用法。

6.1　PowerPoint　简　介

PowerPoint 是 Office 的重要组件，它主要用来制作丰富多彩的幻灯片集，以便在计算机屏幕或者投影板上播放，或者用打印机打印出幻灯片或透明胶片等。

6.1.1　启动与退出 PowerPoint

启动与退出 PowerPoint 的方法与 Word 和 Excel 的操作非常类似。单击**开始→程序→Microsoft Office→Microsoft Office PowerPoint 2003** 命令，双击桌面上 **PowerPoint 2003** 图标，双击已经存在的 PowerPoint 演示文稿，新建一个 PowerPoint 演示文稿后直接打它，均可启动 PowerPoint。

单击**文件**菜单中**退出**命令，或单击窗口标题栏中的**关闭**按钮，或双击窗口标题栏中的控制菜单按钮图标，均可退出 PowerPoint 应用程序，释放其所占用的系统资源。退出时，若任务区中编辑的演示文稿已被修改但尚未保存过，屏幕将弹出与 Word 和 Excel 中同样的**另存为**对话框，先保存或放弃保存方可退出。

6.1.2　PowerPoint 界面

PowerPoint 窗口与 Windows 大多数窗口是一致的，主要由标题栏、菜单栏、工具栏、工作区、状态栏等构成，如图 6.1 所示。

（1）标题栏。标题栏显示应用程序名 **Microsoft PowerPoint** 及当前打开的演示文稿文件名。标题栏左边的控制菜单按钮可对 PowerPoint 窗口进行控制，右边的**最小化按钮**、**最大化/还原按钮**、**关闭按钮**可实现对 PowerPoint 窗口的最小化、最大化/还原、关闭操作。

（2）菜单栏。菜单项及其下拉菜单中的命令提供了 PowerPoint 的所有功能。

（3）工具栏。PowerPoint 将一些常用的相关命令以命令按钮的形式集成起来形成工具

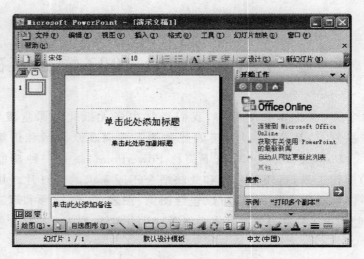

图 6.1　PowerPoint 窗口

栏。用户可通过单击命令按钮快速执行相应的命令,提高工作效率。启动 PowerPoint 后,用户可利用**视图**菜单中**工具栏**级联菜单来选择需要的工具栏显示在屏幕上。

(4) 工作区。演示文稿是在工作区中打开呈现给用户的,用户在工作区中对演示文稿进行各项编辑。工作区中可同时打开多个文件。刚刚打开一个新演示文稿时,显示的是一张空白的演示文稿。

(5) 视图切换按钮。在工作区的左下角有三个视图命令按钮,单击按钮可实现在不同的工作视图之间快速切换,这三个视图切换按钮分别是**普通视图**按钮、**幻灯片浏览视图**按钮、**幻灯片放映**按钮。如不小心关闭了窗口左部的**大纲/幻灯片**窗格,可通过单击**普通视图**按钮恢复该视图下的所有窗格。

(6) 状态栏。状态栏位于应用程序窗口的最下面,显示与当前演示文稿有关的一些信息。

(7) 任务窗格。PowerPoint 窗口右边是任务窗格,它使得在 PowerPoint 中的操作变得更简捷,在后边的很多操作中都是由任务窗格来完成的。

6.1.3　快捷菜单与工具栏

PowerPoint 提供了快捷菜单和工具栏,它们使 PowerPoint 操作更为简便。快捷菜单的使用是将鼠标指针移到所要操作的对象上,然后单击右键,这时会弹出快捷菜单,这样做可以避免频繁使用主菜单。

PowerPoint 中提供多种工具栏,如**常用**工具栏、**格式**工具栏、**绘图**工具栏等,其中许多按钮与 Word 工具栏中的按钮类似,使用方法可以参照本书第 4 章的内容。

PowerPoint 中特有的三个按钮都位于**格式**工具栏中,分别是**新幻灯片**按钮、**幻灯片版式**按钮、**幻灯片设计**按钮。**新幻灯片**按钮用于新建一张幻灯片,位置在当前幻灯片的后面。**幻灯片版式**按钮是用来改变选定幻灯片的版式,但它不影响占位符之外的对象。**幻灯片设计**按钮是用来选择幻灯片的设计模板。

6.2 演示文稿的创建

由 PowerPoint 生成的文件叫做演示文稿,演示文稿名就是文件名,其扩展名为 ppt。一个演示文稿包含若干张幻灯片,每一张幻灯片都是由对象及其版式组成的。演示文稿可以通过普通视图、幻灯片浏览视图、幻灯片放映视图来显示。

在 PowerPoint 中新建一个演示文稿一般可以在任务窗格中完成。PowerPoint 提供了多种方法来建立演示文稿,主要有空演示文稿、根据设计模板、根据内容提示向导三种方法,如图 6.2 所示。此外,还可以根据现有演示文稿来新建一个幻灯片文稿。

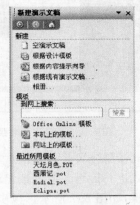

图 6.2　新建演示文稿任务窗格

6.2.1　使用内容提示向导创建演示文稿

使用内容提示向导是创建演示文稿最迅速的方式,因此多被初学者采用。单击**开始工作**任务窗格中右边的下拉按钮,弹出下拉菜单如图 6.3(a)所示。单击**新建演示文稿**命令,切换至**新建演示文稿**任务窗格,如图 6.3(b)所示。单击**根据内容提示向导**链接,弹出**内容提示向导**对话框,如图 6.4 所示。在对话框左部可以看到建立演示文稿的 5 个步骤。

　（a）　　　　　　　　（b）

图 6.3　创建新幻灯片

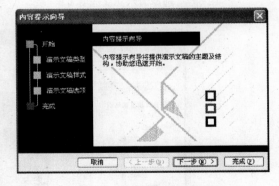

图 6.4　**内容提示向导**对话框

单击**下一步**按钮,进入选择**演示文稿类型**步骤,如图 6.5 所示。对话框中列出了向导中所有的演示文稿类型,分为常规、企业、项目等 7 类,用户既可以单击**全部**按钮进行总体浏览,也可以单击各个类别按钮进行查找。此处单击**全部**按钮,选定**培训**选项,然后单击**下一步**按钮,进入选择**演示文稿样式**步骤,如图 6.6 所示。

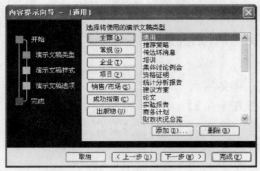
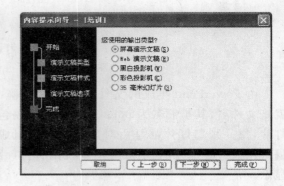

图 6.5　选择**演示文稿类型**步骤　　　　　　图 6.6　选择**演示文稿样式**步骤

　　此步骤主要是选择演示文稿的输出样式，前面已经提到 PowerPoint 的演示文稿可选择多种方式进行展示。此处选定**屏幕演示文稿**单选按钮，再单击**下一步**按钮，进入选择**演示文稿选项**步骤，如图 6.7 所示。该步骤主要对演示文稿的标题、页脚及更新日期、编号等输出的内容进行选择或输入。在此输入演示文稿的标题为**计算机基础培训**，其他内容选默认值，然后单击**下一步**按钮，进入**完成创建过程**步骤，如图 6.8 所示。至此已完成所有的设置工作，单击**完成**按钮，窗口显示如图 6.9 所示。

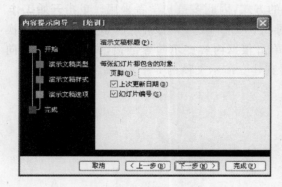
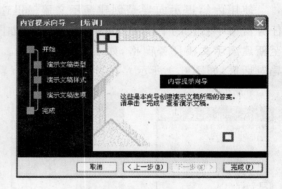

图 6.7　选择**演示文稿选项**步骤　　　　　　图 6.8　**完成创建过程**步骤

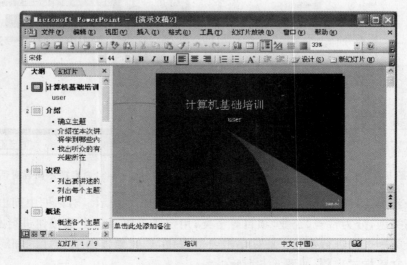

图 6.9　新创建的幻灯片

以上所创建的只是"计算机基础培训"幻灯片的半成品。要真正将整个文稿完成,还需要一些加工,主要是输入各对象的内容,可以拖动屏幕右边的滚动条,选择不同的幻灯片进行修改。当所要制作的演示文稿的内容与内容模板的内容差距较大,或想要制作符合自己需要的有个性的幻灯片时,可以用第二种方法即设计模板来进行设计。

6.2.2 使用模板创建演示文稿

模板就是已经设计好一组背景图案的演示文稿,其中包括预先定义好的页面结构、标题格式、配色方案和图形元素,其标题和正文的内容可以由用户来添加。使用模板不仅极大方便用户的操作,同时还可以使演示文稿具有统一的风格,使得整体美观而具有吸引力。

单击**新建演示文稿**任务窗格中的**根据设计模板**链接,切换至**幻灯片设计**任务窗格,如图6.10所示。其中有各种各样的设计模板样式图,用户可根据演示文稿的内容或自己的喜好来选择一种设计模板样式。例如,选定**西厢记**模板后的演示文稿外观样式,如图6.11所示。

图 6.10　**幻灯片设计任务窗格**　　　　图 6.11　**西厢记模板外观样式**

这时只是建立一个具有统一背景或样式的幻灯片演示文稿,用户还需在上面添加自己的内容,如文字、图片等,来完成幻灯片的制作。一般一个演示文稿完成后,文件中会有多张幻灯片。当用户选择了一个设计模板后,这多张幻灯片将具有相同的设计模板外观样式。

6.2.3 建立空演示文稿

建立空演示文稿,就是用户完全根据自己的风格、特色和要求来设计演示文稿。启动PowerPoint后,程序即会自动建立一张"空白的幻灯片",如图6.1所示;或者单击**新建演示文稿**任务窗格中的**空演示文稿**链接,也将建立一张空白的幻灯片。

6.3　编辑演示文稿

在制作一个演示文稿之前,需要对所要阐述的问题有着清醒和明确的认识。制作演示文稿的最终目的不是向观众展示制作各种动画的能力,这样做只会舍本求末,用户必须对整个内容做充分的准备工作。比如确定演示文稿的应用范围和重点、加入一些有说服力的数据和图表、最终给出概括性的结论等，当然对于不同的应用有着不同的设计规则，这只有通过不断的实践才能获得。

6.3.1 编辑幻灯片中的文本

1. 在幻灯片中输入文本

在幻灯片中创建文本对象有通过文本占位符和通过文本框两种方法。

（1）通过文本占位符输入文本。如果用户使用的是带有文本占位符的幻灯片版式，只要单击文本占位符位置，就可在其中输入文本。例如：①单击**常用**工具栏中的**新幻灯片**按钮，建立一张新幻灯片；②单击**格式**工具栏中的**幻灯片版式**按钮，打开**幻灯片版式**任务窗格；③选定一种包含文本占位符的版式，如**标题幻灯片**版式，如图 6.12 所示；④单击文本占位符，即可在里面输入文本内容。

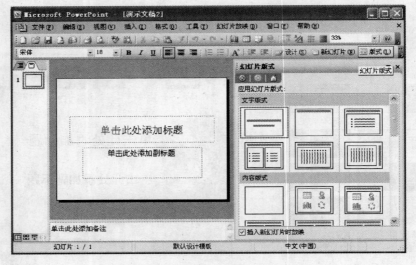

图 6.12 文本占位符

（2）通过文本框输入文本。单击**插入**菜单中**文本框**命令或单击**绘图**工具栏中的**文本框**按钮，然后在幻灯片上要添加文本的位置拖动画出文本框，如图 6.13 所示，即可以在其中输入文本内容。

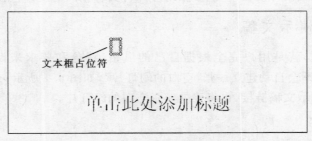

图 6.13 插入文本框

2. 格式化文本

通常输入的文本的格式都是系统默认的，但有时候这种格式并不能完全满足需要，如可能要对文本的字体、颜色、项目符号、对齐方式等进行修改。

（1）修改字体。选定要修改的文本，单击右击快捷菜单中**字体**命令，弹出**字体**对话框。根据需要改变文本的字体大小、字形、字号、颜色、效果等，设置完后单击**确定**按钮即可。

（2）添加项目符号。选定要添加项目符号的全部文本，单击右击快捷菜单中**项目符号和编号**命令，或单击**格式**菜单中**项目符号和编号**命令，弹出**项目符号和编号**对话框。在该对话框中，用户既可以使用常用的符号也可以选择图片或其他符号作为项目符号。添加的项目符号默认颜色为黑色，若想改变颜色可在**颜色**下拉列表框中选择其他的颜色。添加的项目符号默认大小比例是100%，即项目符号的大小与文本字符的大小相等，若想改变项目符号的大小，可在**大小**下拉列表框中修改比例。完成上述操作后，单击**确定**按钮即可。

（3）修改文本对齐方式。选定要更改对齐方式的文本，单击**格式**工具栏中的"对齐"按钮或单击**格式**菜单中**对齐方式**命令，PowerPoint 提供了左对齐、居中对齐、右对齐、两端对齐、分散对齐 5 种段落对齐方式。

（4）调整行距。选定要调整行距的文本，单击**格式**菜单中**行距**命令，弹出**行距**对话框。修改**行距**、**段前**、**段后**组合框中的数值。单击**预览**按钮，此时文本每行之间的间距改变，再单击**确定**按钮完成操作。

6.3.2 更改幻灯片模板

一般一个演示文稿完成后，文件中会有多张幻灯片。当用户选择了一个设计模板后，这多张幻灯片将具有相同的设计模板外观样式，如图 6.14 所示。

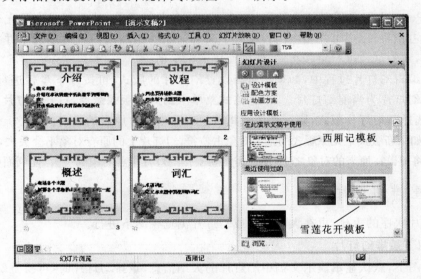

图 6.14 相同设计模板外观样式的幻灯片

用户也可以在一个演示文稿文件中使用多个模板，来使自己设计的幻灯片具有更丰富的外观和视觉效果。例如，图 6.14 所示的演示文稿中有 4 张选择**西厢记**设计模板创建的幻灯片。打开**幻灯片设计**任务窗格，用户此时可以将浏览视图窗口中的所有幻灯片更改为其他设计模板样式，也可以将这几张幻灯片更改成不同的设计模板外观。这里选定第二张幻灯片**议程**，单击雪莲花开模板旁的下拉按钮，单击弹出的下拉菜单中**应用于选定幻灯片**命令，即可将这张幻灯片的模板更换成雪莲花开样式，如图 6.15 所示。

注意 如果直接单击某个模板，将会使所有的幻灯片更换为此模板外观样式；单击模板的下拉菜单中**应用于所有幻灯片**命令，也会使所有的幻灯片更换新的模板外观样式。

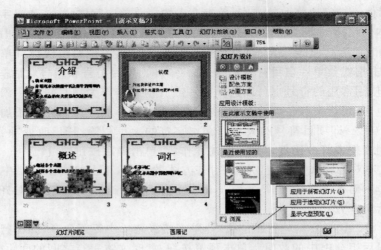

图 6.15　更改幻灯片设计

　　用户也可以在幻灯片编辑过程中随时更换模板样式,方法是单击**格式**菜单中**幻灯片设计**命令,打开**应用设计模板**任务窗格,即可如前所述设计或更换模板。

6.3.3　更改幻灯片版式

　　PowerPoint 为用户预定义了多种自动版式,除空白版式外,其他版式中预先排列着一些不同对象的占位符,用户可在相应的占位符中添加对象。当然用户也可以选定并拖动占位符至其他位置,对幻灯片进行重新布局,使画面更清晰生动。

　　用户在编辑幻灯片过程中,如果想重新设置幻灯片的版式,可按以下步骤进行:①选定欲更换版式的幻灯片为当前幻灯片;②单击**格式**菜单中**幻灯片版式**命令,打开**幻灯片版式**任务窗格;③重新选择新幻灯片版式,则所选版式将替换当前幻灯片原来的版式。

　　注意　如果新版式中无原版式的某一对象占位符,幻灯片上的原有对象不会丢失,新版式中的对象占位符将覆盖在原来的对象之上,用户需重新安排幻灯片中各对象的位置,使画面整洁、清晰。

6.3.4　重排幻灯片

　　对幻灯片次序的重排,可在大纲视图或幻灯片浏览视图下进行。

1. 大纲视图下重排幻灯片

　　大纲视图下,默认显示演示文稿中幻灯片的大纲信息,重排幻灯片时,可折叠幻灯片大纲,只显示幻灯片标题,使删除幻灯片、调整幻灯片次序、复制幻灯片等操作更方便,更一目了然。

　　(1) 删除幻灯片。选定要删除的幻灯片,使其四周有黑框包围,然后单击**编辑**菜单中**删除幻灯片**命令即可。

　　(2) 移动幻灯片。选定幻灯片,使用**上移**和**下移**按钮将幻灯片移动到新位置,其他幻灯片次序也将做相应调整。

　　(3) 复制幻灯片。选定幻灯片,单击**编辑**菜单中**复制**命令。选定插入点,单击**编辑**菜单中**粘贴**命令,则复制当前幻灯片。

2. 幻灯片浏览视图下重排幻灯片

　　幻灯片浏览视图下,演示文稿中所有幻灯片以缩略图的形式依次排列在演示文稿窗口中,显示整个演示文稿的概览,用户可直观地对幻灯片重排。

在幻灯片浏览视图下删除和复制幻灯片的操作方法与在大纲视图下的相同。

选定幻灯片,按住鼠标左键并将屏幕上出现的一个表示幻灯片插入位置的光标(竖直线)拖动至目标位置,即将幻灯片移动到新位置,其他幻灯片次序也将做相应调整。

6.4 在幻灯片中插入对象

对象是 PowerPoint 幻灯片的重要组成元素。当向幻灯片中插入文字、图表结构图、图形、Word 表格以及任何其他元素时,这些元素就是对象。每一个对象在幻灯片中都有一个占位符,根据提示单击或双击它可以填写、添加相应的内容。用户可以选择对象,修改对象的属性,还可以对对象进行移动、复制、删除等操作。

6.4.1 在幻灯片中插入图片及艺术字

在演示文稿中添加图片可以增加演讲的效果,极大丰富了幻灯片的演示效果,Office 2003 设置了剪贴库,其中包含多种剪贴画、图片、声音和图像,它们都能插入演示文稿中使用。

1. 插入剪贴画

在幻灯片中插入剪贴画与在 Word 文档中的操作基本一致。单击**插入→图片→剪贴画**命令,打开**剪贴画**任务窗格,如图 6.16 所示。单击**管理剪辑**链接,打开**剪辑管理器**窗口。在其中选择所需的剪贴画即可。

用户还可以在**剪贴画**任务窗格**搜索文字**文本框中输入想要插入的剪贴画类型的关键字,如输入**动物**两字,然后单击**搜索**按钮,这时将找出与动物有关的所有的剪贴画,如图 6.17 所示。单击搜索出来的剪贴画,即可把剪贴画插入当前幻灯片中。

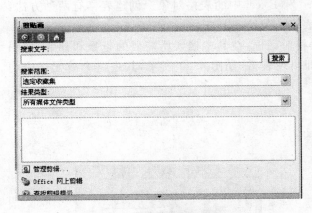

图 6.16 剪贴画任务窗格

图 6.17 搜索剪贴画

选定插入的剪贴画,其四周出现多个控制柄,拖动控制柄即可改变被选定的剪贴画的大小,向某个方向拖动旋转控制柄,则可旋转这张剪贴画。操作与在 Word 中基本一致。

2. 插入图片文件

在 PowerPoint 中能够插入多种类型的图片文件。单击**插入→图片→来自文件**命令,弹出**插入图片**对话框。通过该对话框查找、插入图片的操作与 Word 中相同。

3. 插入艺术字

在演示文稿中插入和编辑艺术字的过程，与 Word 中基本一致：①单击**插入→图片→艺术字**命令，或单击**绘图**工具栏中的**艺术字**按钮，弹出"艺术字"库对话框；②选定适合的样式后单击**确定**按钮，或直接双击需要的样式，弹出**编辑"艺术字"文字**对话框；③在**文字**文本框中输入相应的文字，如**湖北中医药大学**，再对文字的字体、字号、字形进行格式化，如图 6.18 所示；④单击**确定**按钮，则所编辑的艺术字被插入当前幻灯片中；⑤选定艺术字，使其四周显示 8 个尺寸控制点和 1 个黄色菱形控制点，并弹出**艺术字**工具栏；⑥按 Del 键可删除艺术字；将鼠标指针指向尺寸控制点，当指针形状变成双向箭头时拖动，即可放大或缩小艺术字；将鼠标指针指向艺术字，当指针形状变成四向箭头时拖动，即可移动艺术字；拖动黄色菱形控制点可改变艺术字的形状；⑦利用**艺术字**工具栏中的各种命令按钮，可对艺术字的文字信息、式样、形状、颜色等进行重新设置，如将其设置为**波形 1** 外观，如图 6.19 所示。

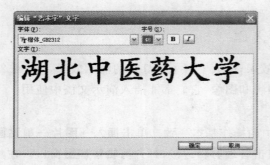

图 6.18　**编辑"艺术字"文字**对话框

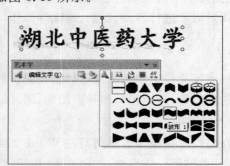

图 6.19　**艺术字**工具栏

6.4.2　在幻灯片中插入表格

1. 插入表格

在 PowerPoint 中也可处理类似于 Word 和 Excel 中的表格对象。创建表格有两种方法：①双击包含表格对象的幻灯片自动版式中表格占位符；②单击**插入**菜单中**表格**命令。

无论用哪种方式启动，都会弹出**插入表格**对话框，在其中输入所需要的行数和列数，如图 6.20 所示。单击**确定**按钮，当前幻灯片中即出现表格，如图 6.21 所示，其中每个单元格内均可根据需要输入内容。

图 6.20　**插入表格**对话框

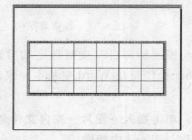

图 6.21　幻灯片中插入的表格

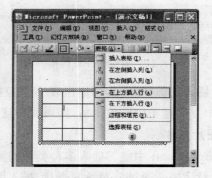

图 6.22　在表格中插入新的行列

注意 与 Word 和 Excel 的表格不同的是,在 PowerPoint 表格中,虽能插入、删除行和列,但不能插入、删除某个单元格,只能对单元格中的文本或数据进行修改。

2. 在表格中插入行或列

将光标置于表格中要插入行或列的位置,单击**表格和边框**工具栏中**表格**按钮旁的下拉按钮,单击弹出的下拉菜单中**在上方插入行**或**在下方插入行**命令来插入一行;或者单击**在左侧插入列**或**在右侧插入列**命令来插入一列,如图 6.22 所示。

3. 在表格中删除行或列

与插入的操作类似,单击**表格**下拉菜单中**删除行**命令删除光标所在行;或者单击**删除列**命令删除光标所在列。

6.4.3 插入图表

如果需要在幻灯片中加入一些有说服力的图表和数据以加强效果,可以选择使用 Microsoft Graph 工具。用户可以在 Graph 中预先编辑好图表,然后再将图表嵌入幻灯片中。创建 Graph 数据图表有两种方法:①双击包含 Graph 数据图表的幻灯片自动版式中图表占位符;②单击**插入**菜单中**图表**命令。

操作方法如下:①单击常用工具栏中的**新建**按钮,选定带有图表占位符的幻灯片自动版式,如**标题与图表**,创建一张幻灯片,如图 6.23 所示;②双击图表占位符,打开创建图表的 Microsoft Graph 窗口,如图 6.24 所示;③图表的数据显示在名为**数据表**的表格内,该数据表提供了示例信息,用以表明应在何处键入行和列的标志及数据;④在数据表内修改信息,幻灯片中的图表将相应改变;⑤单击幻灯片中任意处,可完成图表的插入。

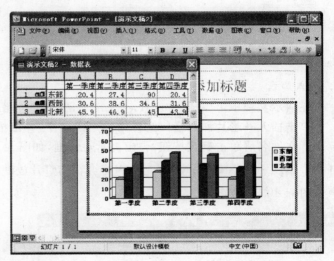

图 6.23 图表占位符   　　　　　　　图 6.24 创建图表

PowerPoint 为用户提供了各种图表类型,用户可以根据自己的喜好进行选择。单击**图表**菜单中**图表类型**命令,弹出**图表类型**对话框,在对话框的列表中选择图表样式即可。

6.4.4 插入组织结构图

如果演讲时要对机构等进行总体和直观的描述,就可以采用组织结构图。创建组织结构图有两种方法:①双击包含组织结构图的幻灯片自动版式中组织结构图占位符,弹出**图示库**对话框,在其中选定组织结构图的四图框样式,如图 6.25 所示,单击**确定**按钮即在当前幻灯片中插入组织结构图,如图 6.26 所示;②单击**插入→图片→组织结构图**命令,即在当前幻灯片中插入组织结构图。

若想在幻灯片里插入的组织结构图图框中输入文字,可以单击该图框后直接输入。若想继续在其他图框中输入信息,可以按 Tab 键选择或用鼠标选择下一个图框。若想添加新的组织图框,可先选择添加位置的图框,然后在**组织结构图**工具栏中的**插入形状**按钮下拉菜单中选择即可,如图 6.27 所示。若想改变图框中文本的字体样式,可先选定要改变样式的文本,单击鼠标右键,单击弹出的快捷菜单中**字体**命令,在弹出的**字体**对话框中进行设置。

图 6.25　**图示库**对话框

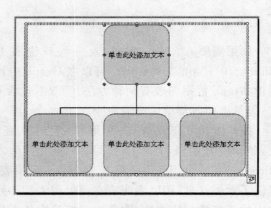

图 6.26　添加组织结构图的幻灯片

图 6.27　**插入形状**按钮下拉菜单

6.4.5　插入声音与视频动画

1. 插入声音

在演示文稿中可以插入 mid,wav,mp3,aif 等多种格式的声音文件。

单击**插入→影片和声音→文件中的声音**命令,弹出**插入声音**对话框,如图 6.28 所示。选定声音文件名后单击**确定**按钮,弹出提示对话框,如图 6.29 所示。如果单击**自动**按钮,当前幻灯片中出现一个小喇叭图标"🔊",声音会在幻灯片放映时自动播放;否则播放时需要用单击声音图标才能播放声音。

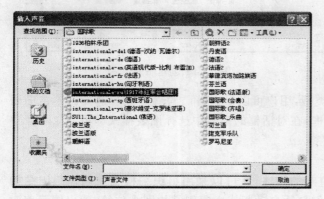

图 6.28　**插入声音**对话框

图 6.29　是否自动播放声音提示对话框

2. 插入视频文件

在演示文稿中还可以插入 avi,mpg,dat,mov 等多种格式的视频文件。插入视频文件与插入声音文件的操作过程类似。单击**插入→影片和声音→文件中的影片**命令,弹出**插入影片**对话框,在其中选择文件夹和文件名,单击**确定**按钮,在弹出的是否需要自动播放提示对话框中选择**自动**或**单击**即可。

6.4.6 插入其他对象

以嵌入 Word 文本对象为例。

1. 通过选择性粘贴进行嵌入

在 Word 中选定用于嵌入的文本,单击**常用**工具栏中的**复制**按钮或**剪切**按钮。切换到 PowerPoint,在幻灯片上希望显示信息的位置插入文本框。单击**编辑**菜单中**选择性粘贴**命令,选定**粘贴链接**单选按钮,如图 6.30 所示。单击**确定**按钮将 Word 文本嵌入演示文稿中。

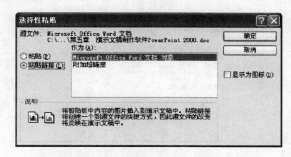

图 6.30 **选择性粘贴**对话框

2. 通过菜单插入对象

单击**插入**菜单中**对象**命令,弹出**插入对象**对话框。选定**新建**单选按钮,**对象类型**列表框中将列出允许激活的应用程序。选定 **Microsoft Word 文档**,单击**确定**按钮,系统激活 Word 应用程序的文本输入,用户可以在其中编辑将插入的对象,完成后单击输入窗口外的任一处即可。如果在**插入对象**对话框中选定**由文件创建**单选按钮,系统就将一个现存文件作为嵌入对象插入。

6.5 演示文稿动画设置

在同一张幻灯片上有多个对象,用户可以对其中的每一个对象设置不同的动画效果。

6.5.1 文本框对象的动画设置

PowerPoint 提供了多种动画效果,并将动画效果归为进入、强调、退出、动作路径 4 类。其中,进入效果又分为百叶窗、飞入、盒状、菱形、棋盘、其他效果等多种效果;强调效果又分为放大/缩小、更改字号、更改字体、更改字形、陀螺旋、其他效果等多种效果;退出效果又分为百叶窗、飞出、盒状、菱形、棋盘、其他效果等多种效果;动作路径效果又分为对角线向右上、对角线向右下、向上、向下、向右、向左、绘制自定义路径、更多动作路径等多种效果。

下面用一个实例说明文本框对象的动画设置：①新建一个空白文稿，插入一个文本框，在框中输入文字**湖北中医药大学**，并设置文字字号大小为 40 号；②选定文本框，单击**幻灯片放映**菜单中**自定义动画**命令，打开**自定义动画**任务窗格；③单击**添加效果**按钮，弹出一个动画效果下拉菜单，如图 6.31 所示；④单击**进入**级联菜单中**飞入**命令，任务窗格中会显示动画的方向和速度等参数的默认设置，如图 6.32 所示；⑤在**方向**下拉列表框中选择**自左上部**，如图 6.33 所示；⑥在**速度**下拉列表框中调整进入的速度；⑦单击**播放**按钮观看当前页的动画效果，如果选定了**自动预览**复选框，只要对动画的参数进行了修改，动画都会自动播放效果；⑧如不满意可继续修改，直到满意为止；⑨动画效果设置好后，单击**幻灯片放映**菜单中**观看放映**按钮，查看对象的动画效果。

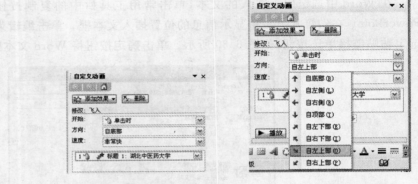

图 6.31　**添加效果下拉菜单**　　　图 6.32　飞入效果的默认参数设置　　　图 6.33　**方向下拉列表**

6.5.2　自绘图形的动画设置

仍一个实例说明自绘图形的动画设置：①新建一个空白文稿，利用**绘图**工具栏绘制一大一小两个椭圆，小椭圆放在大椭圆的中间，并将大椭圆填充为淡蓝色，小椭圆填充为红色，设计为一个射击的靶子；②用箭头工具画出一个箭头，如图 6.34 所示；③选定箭头后，单击**幻灯片放映**菜单中**自定义动画**命令，打开**自定义动画**任务窗格；④单击**添加效果**下拉菜单**进入**级联菜单中**飞入**命令；⑤将方向设置为**自左侧**，其他的参数保持不变；⑥单击**幻灯片放映**菜单中**观看放映**命令，可以看到幻灯片放映时，黑色的箭头从屏幕的左边"射向"靶心——中间的小椭圆。

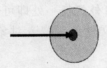

图 6.34　射击

6.5.3　幻灯片切换时的动画设置

前面介绍的动画设置，指的是对每张幻灯片中的对象进行动画设置。一个演示文稿文件会有多张幻灯片，在幻灯片放映时，还可以对每张幻灯片设置动画切换方式。

例如，对图 6.14 所示的 4 张幻灯片设置动画切换方式的操作方法如下：①选择**幻灯片浏览视图**，打开**幻灯片浏览**工具栏；②单击**幻灯片切换**按钮，打开**幻灯片切换**任务窗格，如图 6.35 所示；③选定第一张幻灯片，在**幻灯片切换**窗格设置切换动画属性值，如图 6.36 所示；④单击**应用于所有幻灯片**按钮，这样 4 张幻灯片都具有相同的切换属性，即同样的切换动画效果；⑤可以修改每张幻灯片的切换方式各为不同，如修改第二张幻灯片的切换属性值，如图 6.37 所示，即取消对**换片方式**选项组中**单击鼠标时**复选框的选定，并设置每隔 3 秒换片，表示该张幻灯片播放 3 秒后将自动播放下一张幻灯片。

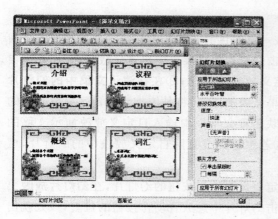

图 6.35 **幻灯片切换任务窗格**　　图 6.36　设置切换值　　图 6.37　设置自动播放

注意　要设置各张幻灯片具有不同的切换方式,设置完后不能单击**应用于所有幻灯片**按钮。

6.6 幻灯片的放映与打印

6.6.1 幻灯片的放映

1. 设置幻灯片的放映

放映幻灯片是制作演示文稿的最终目的。针对不同的应用往往要设置不同的放映方式,放映方式选取得适当能增强演示的效果。单击**幻灯片放映**菜单中**设置放映方式**命令,弹出**设置放映方式**对话框,如图 6.38 所示。

在**放映类型**选项组选定**演讲者放映(全屏幕)**单选按钮,是选择常规的全屏幻灯片放映方式,在放映过程中既可以人工控制幻灯片的放映,也可以使用**幻灯片放映**菜单中**排练计时**命令让其自动放映。如果允许观众自己动手操作的话,可选定**观众自行浏览(窗口)**单选按钮。如果放映幻灯片时无人看管,可以选定**在展台浏览(全屏幕)**单选按钮,此时,PowerPoint 会自动选定**循环放映**,按 **Esc** 键终止复选框。

如果只需要选择性地放映演示文稿中的几张幻灯片,可以在**放映幻灯片**选项组中设置相应的范围。

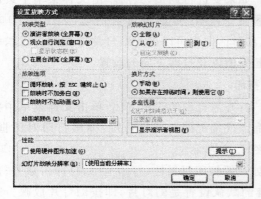

图 6.38　**设置放映方式**对话框

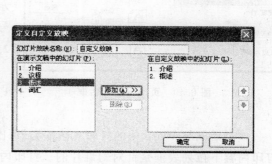

图 6.39　**定义自定义放映**对话框

2. 设置自定义放映

自定义放映方式是指从当前的演示文稿中按一定的目的选取若干张幻灯片另构成一组演示文稿。设置自定义放映方式的步骤如下：①单击**幻灯片放映**菜单中**自定义放映**命令，弹出**自定义放映**对话框；②单击**新建**按钮，弹出**定义自定义放映**对话框；③在**在演示文稿中的幻灯片**列表框中选定要添加到自定义放映中的幻灯片，单击**添加**按钮，将其添加至**在自定义放映中的幻灯片**列表框中，如图 6.39 所示；④在**幻灯片放映名称**文本框中输入自定义放映演示文稿的名称后，单击**确定**按钮返回**自定义放映**对话框；⑤若想添加或删除自定义放映中的幻灯片，可以单击**编辑**按钮后进行添加或删除。

在幻灯片上设置动作按钮的方式如下：①选定要设置动作按钮的幻灯片，在**幻灯片放映**菜单**动作按钮**级联菜单中选择一种动作按钮；②单击幻灯片中想放置动作按钮的位置，该处就出现动作按钮的占位符，同时弹出**动作设置**对话框；③在**单击鼠标**选项卡或**鼠标移过**选项卡中设置动作按钮的功能；④单击**确定**按钮，完成该动作按钮的设置。

3. 幻灯片的放映

幻灯片的放映有三种方式。

（1）从 PowerPoint 中放映幻灯片。可从以下三种操作中选择一种：①单击演示文稿窗口左下角的**幻灯片放映**按钮；②单击**幻灯片放映**菜单中**观看放映**命令；③单击**视图**菜单中**幻灯片放映**命令。

（2）直接从 Windows 资源管理器中启动。在 Windows 资源管理器中找到要放映的演示文稿，右击其文件名，单击弹出的快捷菜单中**显示**命令，系统将会自动放映该演示文稿。

（3）将演示文稿存为 **PowerPoint 放映**类型，然后在 Windows 中直接使用。保存演示文稿时，在**另存为**对话框**保存类型**下拉列表框中选择 **PowerPoint 放映**类型，文件扩展名为 pps；在 Windows 资源管理器中双击该演示文稿文件名，幻灯片就会开始放映。

如果在放映过程中想中断幻灯片的放映，单击右击快捷菜单中**结束放映**命令，或按 Esc 键即可。

6.6.2 幻灯片的打印

1. 打印的设置

在进行打印之前，首先要进行页面设置，默认的设置是按幻灯片放映方式的显示进行打印。如果要进行调整，只需单击**文件**菜单中**页面设置**命令，弹出**页面设置**对话框，如图 6.40 所示，在对话框中可以进行幻灯片的宽度、高度、编号起始值以及打印方向的设置。

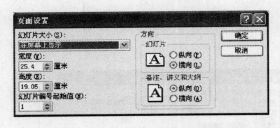

图 6.40　**页面设置**对话框

2. 打印

打开需打印的演示文稿，单击**文件**菜单中**打印**命令或按 Ctrl＋P 组合键，弹出**打印**对话框，如图 6.41 所示。

该对话框与 Word 中的**打印**对话框类似，比如设置打印机属性、打印范围、打印份数等；但**打印内容**下拉列表框是针对幻灯片的。**打印内容**的默认设置是**幻灯片**，即按幻灯片放映方式的显示打印,另外还可以选择**讲义**、**备注页**、**大纲视图**。若选择了**讲义**,讲义选项组就被激活,它主要的设置是每张纸所打印的幻灯片的数量。

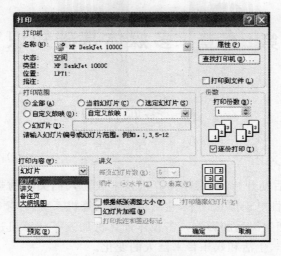

图 6.41　打印对话框

第 7 章　多媒体基础知识

7.1　多媒体的概念

7.1.1　多媒体定义

20 世纪 80 年代中后期开始,多媒体计算机技术成为人们关注的热点之一。多媒体技术是一种迅速发展的综合性电子信息技术,它给传统的计算机系统、音频和视频设备带来了很大的变革,将对大众传媒产生深远的影响。多媒体计算机加速了计算机进入家庭和社会各个方面的进程,给人们的工作、生活和娱乐带来巨大的变化。

20 世纪 90 年代以来,世界向着信息化社会发展的速度明显加快,而多媒体技术的应用在这一发展过程中发挥了极其重要的作用。多媒体改善了人类信息的交流,缩短了人类传递信息的路径。应用多媒体技术是 90 年代计算机应用的时代特征,也是计算机的又一次革命。

"多媒体"一词译自英文 multimedia,而该词又是由 multiple 和 media 复合而成,核心词是媒体。媒体(medium)在计算机领域有两种含义:一是指存储信息的实体,如磁盘、光盘、磁带、半导体存储器等,中文常译为媒质;二是指传递信息的载体,如数字、文字、声音、图形和图像等,中文译作媒介。多媒体技术中的媒体是指后者。与多媒体对应的词是单媒体(monomedia),从字面上看,多媒体是由单媒体复合而成。人类在信息交流中要使用各种信息载体,多媒体就是指多种信息载体的表现形式和传递方式;但这样来理解"媒体",其概念还是比较窄,其实"媒体"的概念范围是相当广泛的,分下列 5 大类。

(1) 感觉媒体(perceptionmedium)。感觉媒体指的是能直接作用于人们的感觉器官,从而能使人产生直接感觉的媒体,如语言、音乐、图像、动画、文本等。

(2) 表示媒体(representationmedium)。表示媒体指的是为了传送感觉媒体而人为研究出来的媒体。借助于此种媒体,便能更有效地存储感觉媒体或将感觉媒体从一个地方传送到遥远的另一个地方,如语言编码、电报码、条形码等。

(3) 显示媒体(presentationmedium)。显示媒体指的是用于通信中使电信号和感觉媒体之间产生转换用的媒体,如输入/输出设施、键盘、鼠标器、显示器、打印机等。

(4) 存储媒体(storagemedium)。存储媒体指的是用于存放某种媒体的媒体,如纸张、磁带、磁盘、光盘等。

(5) 传输媒体(transmissionmedium)。传输媒体指的是用于传输某些媒体的媒体,如电话线、电缆、光纤等。

人们普遍认为,"多媒体"是指能够同时获取、处理、编辑、存储和展示两个以上不同类型信息媒体的技术,这些信息媒体包括文字、声音、图形、图像、动画、视频等。从这个意义中可以看到,人们常说的多媒体最终被归结为一种技术,即人们现在所说的"多媒体",常常不是指多种媒体本身,而主要是指处理和应用它的一整套技术。因此,多媒体常常被当成

"多媒体技术"的同义语。另外还应注意到,现在人们谈论的多媒体技术往往与计算机联系起来,这是由于计算机的数字化及交互式处理能力,极大地推动了多媒体技术的发展。通常可以将多媒体视为先进的计算机技术与视频、音频和通信等技术融为一体而形成的新技术或新产品。

多媒体计算机技术(multimedia computer technology)的定义是,计算机综合处理多种媒体信息——文本、图形、图像、音频和视频,使多种信息建立逻辑连接,集成为一个具有交互性的系统。

7.1.2 多媒体技术的特性

1. 集成性

集成性包括两个方面:一方面是多媒体技术能将各种不同的媒体信息有机地进行同步,组合成为一个完成的多媒体信息;另一方面是多媒体技术把不同的媒体设备集成在一起,形成一个完整的多媒体系统。对于前者而言,多媒体技术是将各种媒体信息集成为一体。这种集成包括信息的多通道统一获取、存储与组织,并将这些信息综合应用;而不像早期那样,声音、图像、交互性等各项技术只能单一、零散地应用。对于多媒体系统来说,应从硬件系统和软件系统两个方面来考虑。

多媒体计算机技术是结合文字、图形、影像、声音、动画等各种媒体的一种应用,并且是建立在数字化处理的基础上的。它不同于一般传统文件,是一个利用电脑技术的应用来整合各种媒体的系统。媒体依其属性的不同可分成文字、音频(audio)及视频(video),其中文字可分为文字及数字,音频可分为音乐及语音,视频可分为静止图像、动画及影片等,所包含的技术非常广,大致有电脑技术、超文本技术、光盘储存技术及影像绘图技术等;而计算机多媒体的应用领域也比传统多媒体更加广阔,如 CAI、有声图书、商情咨询等,都是计算机多媒体的应用范围。多媒体具有多种技术的系统集成性,基本上可以说是包含了当今计算机领域内最新的硬件技术和软件技术。

2. 交互性

交互性是多媒体技术的特色之一,就是可与使用者作交互性沟通(interactive communication)的特性,这也正是它和传统媒体最大的不同。这种改变,除了提供使用者按照自己的意愿来解决问题外,更可借助这种交谈式的沟通来帮助学习、思考,做有系统的查询或统计,以达到增进知识及解决问题的目的。

3. 非循序性

一般而言,使用者对非循序性的信息存取需求要比对循序性存取大得多。过去,在查询信息时,用了大部分的时间在寻找资料及接收重复信息上。多媒体系统克服了这个缺点,使得以往人们依照章、节、页阶梯式的结构,循序渐进地获取知识的方式得以改善,再借助"超文本"的观念来呈现一种新的风貌。所谓"超文本",简单地说就是非循序性文字,它可以简化使用者查询资料的过程,这也是多媒体强调的功能之一。

4. 实时性

多媒体数据中的声音和视频数据与时间有关,很多场合需要实时处理。例如,在播放视频时要求声音与图像同步。

7.1.3　多媒体系统的分类

1. 基于功能的分类

（1）开发系统。开发系统具有多媒体应用的开发能力,因此系统应该配有功能的计算机和齐全的声音、文字、图像等信息的外部设备和多媒体演示制作工具,主要应用于多媒体应用的制作和非线性编辑等。

（2）演示系统。演示系统是一个增强型的桌上系统,可以完成多种多媒体的应用,并与网络连接,主要应用于高等教育和会议演示等。

（3）培训系统。主要用于家庭教育、小型商业销售和教育培训等,是一个以计算机为基础,配有光盘驱动器、声音和图像等设备的多媒体播放系统。

（4）家庭系统。主要用于家庭学习、娱乐等,是一个多媒体播放系统。

2. 基于应用的分类

基于应用多媒体系统可分为多媒体信息咨询系统、多媒体管理系统、多媒体辅导教育系统、多媒体通信系统,以及多媒体娱乐系统。

7.1.4　多媒体信息的特点

1. 多媒体数据的特点

（1）数据量巨大。传统的数据采用编码表示,数据量并不大,但多媒体数据量巨大。例如,一副 640×480 分辨率、256 种颜色的彩色照片存储量为 0.3 MB;CD 质量双声道的声音,每秒存储量为 172 KB,一首 3 分钟的歌曲就需要大约 30 MB 的存储空间,如不采用压缩技术处理,一张 600 MB 的 CD 光盘,大约可以存储 20 首这样的歌曲。

（2）数据类型多。多媒体数据包括图形、图像、声音、文本和动画等多种形式,即使同属于图像一类,也有黑白与彩色、高分辨率与低分辨率之分。

（3）数据类型间区别大。数据类型间区别主要表现在不同的媒体存储量差别大,声音和动态影像视频的时基媒体与建立在空间数据基础上的信息组织方法有很大的不同。

（4）数据的输入和输出复杂。多媒体的输入方式分为多通道异步输入方式和多通道同步输入方式两种。多通道异步输入方式是指在通道、时间都不相同的情况下输入各种媒体数据存储,最后按合成效果在不同的设备上表现出来。多通道同步方式是指同时输入媒体数据并存储,最后按合成效果在不同的设备上表现出来,由于涉及的设备较多,因此较为复杂。

2. 多媒体数据的表现形式

多媒体数据的表现形式有文字、音频、图形与图像、动画与视频等。

7.2　多媒体技术的发展

7.2.1　发展过程

1. 启蒙阶段

多媒体技术是随着计算机技术的发展而不断取得进步的。早在 20 世纪 80 年代国外很多著名的大学、公司和研究机构就投入大量的人力和物力对多媒体技术从事研究,并取得了一定的成就。

(1) Commodore 的 Amiga 系统是世界上最早的多媒体计算机系统。Amiga 系统可以用于动画制作、音响处理和图形处理。

(2) Apple 公司的 HyperCard 系统能够方便地处理多种多媒体信息,是一个以卡片为结点的超级文本系统。

(3) Philips/Sony 公司的 CD-I 系统是 Philips 和 Sony 公司联合推出的交互式紧凑光盘系统。

(4) Intel/IBM 公司的 DVI 系统是一个交互式数字视频系统。

2．标准化阶段

20 世纪 80 年代中期以后,多媒体系统和个人计算机升级套件的迅速发展为开发多媒体技术的应用奠定了基础。90 年代以来,多媒体应用广泛,范围包括培训、教育、商业、简报和产品展示、产品和事务咨询、信息出版、销售演示、家庭教育和电子商务等众多领域。

1990 年 10 月,多媒体 PC 机技术规范 1.0 形成,简称标准 1。这个标准对计算机的最低要求为内存为 2MB、1 倍速的光盘驱动器,CPU 为 16 MHz 386SX,音频为 8 位数字音频,视频为 640×480、16 色。

1993 年建立了新的多媒体性能标准,即标准 2。新的标准与原有的标准相兼容,但在计算机硬件上提出了更高的要求。标准 2 对计算机的最低要求为内存为 4MB,2 倍速的光盘驱动器,CPU 为 25 MHz 486SX,音频为 16 位数字音频,视频为 640×480、65 536 色。

20 世纪 80~90 年代是多媒体技术快速发展的一个时期,其技术和研究成为世界性的热点。1993 年 8 月在美国召开了第一届多媒体技术国际会议,主要涉及多媒体技术的以下热点课题:视频信号压缩编码与解码、超级媒体与文件系统、通信协议与通信系统、多媒体创作工具、多媒体与系统的同步机制等。

3．多媒体技术的当前发展

近年来,计算机、通信和视频等相关技术的发展,为多媒体技术的发展提供了必要的技术手段。大容量存储设备的出现和数据压缩技术的提升,解决了语音、图像视频信息的存储问题。随着计算机网络的广泛应用,使多种信息的共享和传输成为可能。同时,技术的进步也有效地推动了数字视频压缩算法和视频处理器结构的改进,使早期的单色文本/图形显示系统被色彩丰富、高清晰度的显示系统所代替。

为了使多媒体技术能够更加有效地集成与综合,构架在一个统一的平台上,未来的发展方向是实现三电合一和三网合一。三电合一是指将电信、电脑和电器通过多媒体数字化技术相互渗透融合,如信息家电、移动办公等。三网合一是指将因特网、通信网和电视网合为一体,形成一个综合数字业务网,使原本完全不同媒体的电视广播、电话和计算机数据通信,全部数字化后将信号组合在一起,通过一个双向宽带网送到每个家庭。三网合一的三大优点是带宽资源利用率高、网络管理费用低廉以及使用便捷。

7.2.2 关键技术与应用领域

1．促进多媒体技术发展的关键技术

多媒体技术是信息技术发展的必然结果。促进多媒体技术发展的技术很多,其中最关键的技术有以下几个方面:①存储技术,随着光盘、大容量的硬盘出现,多媒体信息的存储问题得以解决;②网络传输技术,高速计算机网络为多媒体信息的传输提供了一个很好的通道;③处

理技术,高速位处理技术、先进的集成电路技术的发展,为多媒体技术提供了高速处理的硬件环境;④多媒体压缩技术;⑤人机交互技术;⑥分布式处理技术。

2. 多媒体的应用领域

多媒体技术的应用领域极其广泛,已经渗透到人类的各个领域。主要表现在以下几个方面:①娱乐;②教育与培训;③办公系统;④通信系统;⑤工业领域和科学计算;⑥医疗影像及诊断系统;⑦各种咨询服务和广告宣传;⑧电子出版物。

7.3 多媒体数据压缩编码技术

7.3.1 多媒体数据编码的重要性

信息时代的重要特征是信息的数字化。信息的数字化包含了数值、文字、语言、音乐、图形、动画、静态图像和电视视频图像等多种媒体由模拟量转化为数字量的一个过程,这个过程包含了信息的吞吐、存储和传输等问题。为了解决这些问题,多媒体数据在转化过程要充分考虑多媒体数据的压缩技术。

例如,印在一页 B5(约 182 mm×257 mm)纸上的文件,如果以中等分辨率(300 dpi,约 12 像素点/mm)的扫描仪进行采样,其数据量大约为 6.61 MB,一张 650 MB 的 CD 光盘,可以存 98 页。又如,源输入格式 NTSC 制、彩色 4:4:4 数字电视图像,每帧数据量为 352×240×3＝0.242 MB,每秒数据量为 0.242×30＝7.25 MB,一张 650 MB 的光盘只能存放 1.49 分钟的节目。

以上数据说明,如果没有经过压缩处理,信息的数据量非常大。这样大的数据量无论是给存储器的存储容量,还是通信干线的信道传输率,以及计算机的处理能力,都会带来极大的压力。而解决这个问题,如果单纯地扩大存储器的存储容量或增加通信干线的传送率,是一个非常不现实的方案。行之有效的方法应该是采用数据压缩技术来解决。数据压缩技术不仅解决了对数据的存储问题,同时又提高了数据的传输效率,更重要的是使计算机对数据的处理更为容易,更为方便。下面重点讨论图像、音频和视频的压缩技术。

7.3.2 音频信号的压缩编码及标准

1. 音频信号

通常将人耳可以听到的频率在 20 Hz 到 20 KHz 的声波称为音频信号。人的发音器官发出的声音频段在 80～3 400 Hz,人说话的信号频率在 300～3 000 Hz,有的人将该频段的信号称为语音信号。在多媒体技术中,处理的主要是音频信号,包括音乐、语音、风声、雨声、鸟叫声、机器声等。

2. 语音编码技术

对数字音频信息的压缩主要是依据音频信息自身的相关性以及人耳对音频信息的听觉冗余度。音频信息在编码技术中通常分成两类来处理,分别是语音和音乐,各自采用的技术有差异。现代声码器的一个重要课题是,如何把语音和音乐的编码融合起来。

语音编码技术分为波形编码、参数编码以及混合编码三类。

(1) 波形编码。波形编码的编码信息是声音的波形。这种方法要求重构的声音信号的各个样本尽可能地接近于原始的声音采样值,使复原的声音质量较高。波形编码技术有 PCM

（脉冲编码调制）、ADPCM（自适应差分脉冲编码调制）和 ATC（自适应变换编码）等。波形编码是现实生活中用得比较多的一种编码方案，尤其是 PCM 编码。

（2）参数编码。参数编码是一种对语音参数进行分析合成的方法。语音的基本参数是基音周期、共振峰、语音谱、声强等，如能得到这些语音的基本参数，就可以不对语音的波形进行编码，而只要记录和传输这些参数就能实现声音数据的压缩。

（3）混合编码。混合编码是一种在保留参数编码技术的基础上，引用波形编码准则优化激励源信号的方法。混合编码充分利用了线性预测技术和综合分析技术。其典型算法有码本激励线性预测（CELP）、多脉冲线性预测（MP-LPC）及矢量和激励线性预测（VSELP）等。

3. 音乐编码技术

音乐编码技术主要有自适应变换编码（频域编码）、心理声学模型和熵编码等。

（1）自适应变换编码。利用正交变换，把时域音频信号变换到另一个域，由于去相关的结果，变换域系数的能量集中在一个较小的范围，所以对变换域系数最佳量化后，可以实现码率的压缩。理论上的最佳量化很难达到，通常采用自适应比特分配和自适应量化技术来对频域数据进行量化。在 MPEG layer3 和 AAC 标准及 Dolby AC-3 标准中都使用了改进的余弦变换（MDCT）；在 ITU G.722.1 标准中则用的是重叠调制变换（MLT）。本质上它们都是余弦变换的改进。

（2）心理声学模型。其基本思想是对信息量加以压缩，同时使失真尽可能不被觉察出来，利用人耳的掩蔽效应就可以达到此目的，即较弱的声音会被同时存在的较强的声音所掩盖，使得人耳无法听到。在音频压缩编码中利用掩蔽效应，就可以通过给不同频率处的信号分量分配以不同的量化比特数的方法来控制量化噪声，使得噪声的能量低于掩蔽阈值，从而使得人耳感觉不到量化过程的存在。在 MPEG layer2,3 和 AAC 标准及 AC-3 标准中都采用了心理声学模型，在目前的高质量音频标准中，心理声学模型是一个最有效的算法模型。

（3）熵编码。根据信息论的原理，可以找到最佳数据压缩编码的方法，数据压缩的理论极限是信息熵。如果要求编码过程中不丢失信息量，即要求保存信息熵，这种信息保持编码称为熵编码，它是根据信息出现概率的分布特性而进行的，是一种无损数据压缩编码。常用的有霍夫曼编码和算术编码。在 MPEG layer1,2,3 和 AAC 标准及 ITU G.722.1 标准中都使用了霍夫曼编码；在 MPEG4 BSAC 工具中则使用了效率更高的算术编码。

4. 音频信号的压缩

将量化后的数字声音信息直接存入计算机将会占用大量的存储空间。在多媒体系统中，一般是对数字化的音频信息进行压缩后再存入计算机，以减少音频数据的存储量。

（1）声音信号能够进行压缩的基本依据如下：①声音信号中存在很大的冗余度，通过识别和去除这些冗余度，便能达到压缩的目的；②音频信息的最终接收者是人，人耳听觉中的一个重要的特点，就是听觉的"掩蔽"，即一个强音能抑制一个同时存在的弱音，利用这一性质，可以抑制与信号同时存在的量化噪音；③对声音波形采样后，相邻样值之间存在着很强的相关性。

（2）音频信号的压缩标准。随着多媒体计算机系统及数字通信系统的发展，数字音频编码技术正日益受到重视。为了提高信号传输和存储的效率，人们多方致力于信源编码的研究，力图在保证声音质量的前提下，降低信源编码的数据速率，并由此产生了一系列的国际区域的标准。

5. 音频数字化采用的编码标准

（1）WAV 格式是微软公司开发的一种声音文件格式，也叫波形声音文件，是最早的数字音频格式,被 Windows 平台及其应用程序广泛支持。WAV 格式支持许多压缩算法,支持多种音频位数、采样频率和声道,采用 44.1 kHz 的采样频率,16 位量化位数,因此 WAV 的音质与 CD 相差无几,但 WAV 格式对存储空间需求太大不便于交流和传播。

(2) MIDI(musical instrument digital interface)又称为乐器数字接口,是数字音乐/电子合成乐器的统一国际标准。它定义了计算机音乐程序、数字合成器及其他电子设备交换音乐信号的方式,规定了不同厂家的电子乐器与计算机连接的电缆和硬件及设备间数据传输的协议,可以模拟多种乐器的声音。MIDI 文件就是 MIDI 格式的文件,在 MIDI 文件中存储的是一些指令。将这些指令发送给声卡,由声卡按照指令将声音合成出来。

(3) CD 音乐格式扩展名 CDA,其取样频率为 44.1 kHz,16 位量化位数。CD 存储采用了音轨的形式,又叫"红皮书"格式,记录的是波形流,是一种近似无损的格式。

(4) MP3 全称是 MPEG-1 Audio Layer 3,它在 1992 年合并至 MPEG 规范中。MP3 能够以高音质、低采样率对数字音频文件进行压缩。换句话说,音频文件(主要是大型文件,如 WAV 文件)能够在音质丢失很小的情况下(人耳根本无法察觉这种音质损失)将文件压缩到更小的程度。

(5) MP3 Pro 是由瑞典 Coding 科技公司开发的,其中包含了两大技术:一是来自于 Coding 科技公司所特有的解码技术;二是由 MP3 的专利持有者法国汤姆森多媒体公司和德国 Fraunhofer 集成电路协会共同研究的一项译码技术。MP3 Pro 可以在基本不改变文件大小的情况下改善原先的 MP3 音乐音质。它能够在用较低的比特率压缩音频文件的情况下,最大限度地保持压缩前的音质。

(6) WMA(Windows media audio)是微软公司在互联网音频、视频领域的力作。WMA 格式是以减少数据流量但保持音质的方法来达到更高的压缩率目的,其压缩率一般可以达到 1:18。此外,WMA 还可以通过 DRM(digital rights management)方案加入防止拷贝,或者加入限制播放时间和播放次数,甚至是播放机器的限制,可有力地防止盗版。

(7) MP4 采用的是美国电话电报公司(AT&T)所研发的以"知觉编码"为关键技术的 a2b 音乐压缩技术,由美国网络技术公司(GMO)及 RIAA 联合公布的一种新的音乐格式。MP4 在文件中采用了保护版权的编码技术,只有特定的用户才可以播放,有效地保证了音乐版权的合法性。另外 MP4 的压缩比达到了 1:15,体积较 MP3 更小,但音质却没有下降。不过因为只有特定的用户才能播放这种文件,因此其流传与 MP3 相比差距甚远。

(8) SACD(super audio CD)是由 Sony 公司正式发布的。它的采样率为 CD 格式的 64 倍,即 2.822 4 MHz。SACD 重放频率带宽达 100 kHz,为 CD 格式的 5 倍,24 位量化位数,远远超过 CD,声音的细节表现更为丰富、清晰。

(9) QuickTime 是 Apple 公司于 1991 年推出的一种数字流媒体,它面向视频编辑、Web 网站创建和媒体技术平台,QuickTime 支持几乎所有主流的个人计算平台,可以通过互联网提供实时的数字化信息流、工作流与文件回放功能。现有版本为 QuickTime 1.0,2.0,3.0,4.0 和 5.0,在 5.0 版本中还融合了支持最高 A/V 播放质量的播放器等多项新技术。

(10) VQF 格式是由 YAMAHA 和 NTT 共同开发的一种音频压缩技术,它的压缩率能够达到 1:18,因此相同情况下压缩后 VQF 的文件体积比 MP3 小 30%～50%,更便利于网上传播,同时音质极佳,接近 CD 音质(16 位 44.1 kHz 立体声);但 VQF 未公开技术标准,至今未能流行开来。

(11) DVD Audio 是新一代的数字音频格式,与 DVD Video 尺寸以及容量相同,为音乐格式的 DVD 光碟,取样频率为"48 kHz/96 kHz/192 kHz"和"44.1 kHz/88.2 kHz/176.4 kHz"可选择,量化位数可以为 16,20 或 24 比特,它们之间可自由地进行组合。低采样率的 192 kHz,176.4 kHz 虽然是 2 声道重播专用,但它最多可收录到 6 声道。而以 2 声道 192 kHz/24 b 或 6 声道 96 kHz/24 b 收录声音,可容纳 74 分钟以上的录音,动态范围达 144 dB,整体效果出类拔萃。

(12) MD(mini disc)是 Sony 公司推出的,之所以能在一张小小的盘中存储 60~80 分钟采用 44.1 kHz 采样的立体声音乐,就是因为使用了 ATRAC 算法(自适应声学转换编码)压缩音源。这是一套基于心理声学原理的音响译码系统,它可以把 CD 唱片的音频压缩到原来数据量的大约 1/5 而声音质量没有明显的损失。ATRAC 利用人耳听觉的心理声学特性(频谱掩蔽特性和时间掩蔽特性)以及人耳对信号幅度、频率、时间的有限分辨能力,编码时将人耳感觉不到的成分不编码、不传送,这样就可以相应减少某些数据量的存储,从而既保证音质又达到缩小体积的目的。

(13) RealAudio 是由 Real Networks 公司推出的一种文件格式,最大的特点就是可以实时传输音频信息,尤其是在网速较慢的情况下,仍然可以较为流畅地传送数据,因此 RealAudio 主要适用于网络上的在线播放。现在的 RealAudio 文件格式主要有 RA(RealAudio)、RM(RealMedia,RealAudio G2)、RMX(RealAudio Secured)三种,这些文件的共同性在于随着网络带宽的不同而改变声音的质量,在保证大多数人听到流畅声音的前提下,令带宽较宽敞的听众获得较好的音质。

(14) Liquid Audio 是一家提供付费音乐下载的网站。它通过在音乐中采用自己独有的音频编码格式来提供对音乐的版权保护。Liquid Audio 的音频格式就是所谓的 LQT。如果想在 PC 中播放这种格式的音乐,就必须使用 Liquid Player 和 Real Jukebox 中的一种播放器。这些文件也不能够转换成 MP3 和 WAV 格式,因此这使得采用这种格式的音频文件无法被共享和刻录到 CD 中。如果一定要将 Liquid Audio 文件刻录到 CD 中的话,就必须使用支持这种格式的刻录软件和 CD 刻录机。

(15) Audible 拥有 4 种不同的格式 Audible1,2,3,4。Audible.com 网站主要是在互联网上贩卖有声书籍,并对它们所销售商品、文件通过 4 种 Audible.com 专用音频格式中的一种提供保护。每一种格式主要考虑音频源以及所使用的收听设备。格式 1,2 和 3 采用不同级别的语音压缩,而格式 4 采用更低的采样率和 MP3 相同的解码方式,所得到语音吐词更清晰,而且可以更有效地从网上进行下载。Audible 所采用的是其自己的桌面播放工具 Audible Manager,使用这种播放器就可以播放存放在 PC 或者是传输到便携式播放器上的 Audible 格式文件。

(16) VOC 文件,在 DOS 程序和游戏中常会遇到这种文件,它是随声霸卡一起产生的数字声音文件,与 WAV 文件的结构相似,可以通过一些工具软件方便地互相转换。

(17) AU 文件,在 Internet 上的多媒体声音主要使用该种文件。AU 文件是 UNIX 操作系统下的数字声音文件,由于早期 Internet 上的 Web 服务器主要是基于 UNIX 的,所以这种文件成为 WWW 上唯一使用的标准声音文件。

(18) AIFF(aif 文件)是 Apple 公司开发的声音文件格式,被 Macintosh 平台和应用程序所支持。

(19) Amiga 声音(svx 文件)是 Commodore 所开发的声音文件格式,被 Amiga 平台和应用程序所支持,不支持压缩。

(20) MAC 声音(snd 文件)是 Apple 公司所开发的声音文件格式,被 Macintosh 平台和多种 Macintosh 应用程序所支持,支持某些压缩。

（21）S48（stereo 48 kHz）采用 MPEG-1 layer 1,MPEG-1 layer 2（简称 Mp1,Mp2）声音压缩格式,由于其易于编辑、剪切,所以在广播电台应用较广。

（22）AAC 实际上是高级音频编码的缩写。AAC 是由 Fraunhofer IIS-A、杜比和 AT&T 共同开发的一种音频格式,它是 MPEG-2 规范的一部分。AAC 所采用的运算法则与 MP3 的运算法则有所不同,AAC 通过结合其他的功能来提高编码效率。AAC 的音频算法在压缩能力上远远超过了以前的一些压缩算法（比如 MP3 等）。它还同时支持多达 48 个音轨、15 个低频音轨、更多种采样率和比特率、多种语言的兼容能力、更高的解码效率。总之,AAC 可以在比 MP3 文件缩小 30％的前提下提供更好的音质。

7.3.3 图像与视频压缩编码及标准

1. 图像视频编码的国际标准

1）JPEG（joint photographic expert group）

JPEG 是 ISO/IEC 联合图像专家组制定的静止图像压缩标准,是适用于连续色调（包括灰度和彩色）静止图像压缩算法的国际标准。JPEC 算法共有 4 种运行模式,其中一种是基于空间预测（DPCM）的无损压缩算法,可以保证无失真地重建原始图像。另外三种是基于 DCT 的有损压缩算法:①基于 DCT 的顺序模式,按从上到下、从左到右的顺序对图像进行编码,称为基本系统;②基于 DCT 的递进模式,指对一幅图像按由粗到细对图像进行编码;③基于 DCT 的分层模式,以各种分辨率对图像进行编码,可以根据不同的要求,获得不同分辨率的图像。

JEPG 对图像的压缩有很大的伸缩性,图像质量与比特率的关系如下:①1.5～2.0 比特/像素,与原始图像基本没有区别（transparent quality）;②0.75～1.5 比特/像素,极好（excellent quality）,满足大多数应用;③0.5～0.75 比特/像素,好至很好（good to very good quality）,满足多数应用;④0.25～0.5 比特/像素,中至好（moderate to very good quality）,满足某些应用。

2）JPEG-2000

与以往的 JPEG 标准相比,JPEG-2000 压缩率高出约 30％,它有许多原先的标准所不可比拟的优点。JPEG-2000 与传统 JPEG 最大的不同,在于它放弃了 JPEG 所采用的以 DCT 变换为主的分块编码方式,而改为以小波变换为主的多分辨率编码方式。

首先,JPEG-2000 能实现无损压缩（lossless compression）。在实际应用中,有一些重要的图像,如卫星遥感图像、医学图像、文物照片等,通常需要进行无损压缩。对图像进行无损编码的经典方法——预测法已经发展成熟,并作为一个标准写入了 JPEG-2000 中。

JPEG-2000 还有一个很好的优点就是误码鲁棒性（robustness to bit error）好。因此使用 JPEG-2000 的系统稳定性好,运行平稳,抗干扰性好,易于操作。

JPEG-2000 能实现渐进运输（progressive transmission）,这是 JPEG-2000 的一个极其重要的特征。它可以先传输图像的轮廓,然后逐步传输数据,不断提高图像质量,以满足用户的需要,这在网络传输中具有非常重大的意义。使用 JPEG-2000 下载一个图片,用户可先看到这个图片的轮廓或缩影,然后再决定是否下载。而且,下载时可以根据用户需要和带宽来决定下载图像质量的好坏,从而控制数据量的大小。

JPEG-2000 另一个极其重要的优点就是感兴趣区（region of interest,ROI）特性。用户在处理的图像中可以指定感兴趣区,对这些区域进行压缩时可以指定特定的压缩质量,或在恢复时指定特定的解压缩要求,这给人们带来了极大的方便。在有些情况下,图像中只有一小块区域对用户是有用的,对这些区域采用高压缩比。在保证不丢失重要信息的同时,又能有效地压缩数据量,这就是感兴趣区的编码方案所采取的压缩策略。基于感兴趣区压缩方法的优点,在于它结合了接收方对压缩的主观要求,实现了交互式压缩。

3) MPEG-1

国际标准化组织 ISO/IEC 的运动图像专家组 MPEG(Moving Picture Expert Group)一直致力于运动图像及其伴音编码标准化工作,并制定了一系列关于一般活动图像的国际标准。1993 年制定的 MPEG-1 标准是针对 1.5 Mbit/s 速率的数字存储媒体运动图像及其伴音编码制定的国际标准,该标准的制定使得基于 CD-ROM 的数字视频以及 MP3 等产品成为可能。MPEG-1 的带宽最多为 1.5 Mbit/s,其中 1.1 Mbit/s 用于视频,128 Kbit/s 用于音频,其余带宽用于 MPEG 系统本身。

为了追求高的压缩效率,去除图像序列的时间冗余度,同时满足多媒体等应用所必需的随机存取要求,MPEG-1 视频把图像编码分成 I 帧、P 帧、B 帧和 D 帧 4 种类型。I 帧为帧内编码帧(intra coded frame),编码时采用类似 JPEG 的帧内 DCT 编码,I 帧的压缩率是几种编码类型中最低的。P 帧为预测编码帧(predictive coded rame),采用前向运动补偿预测和误差的 DCT 编码,由其前面的 I 或 P 帧进行预测。B 帧为双向预测编码帧(bi-directionally predictive coded frame),采用双向运动补偿预测和误差的 DCT 编码,由前面和后面的 I 或 P 帧进行预测,所以 B 帧的压缩效率最高。D 帧为直流编码帧(DC coded frame),只包含每个块的直流分量。MPEG-1 采用运动补偿去除图像序列时间轴上的冗余度,可使对 P 帧和 B 帧图像的压缩倍数比 I 帧提高很多。

4) MPEG-2

MPEG 组织 1995 年推出的 MPEG-2 标准是在 MPEG-1 标准基础上的进一步扩展和改进,主要是针对数字视频广播、高清晰度电视和数字视盘等制定的 4 M~9 Mbit/s 运动图像及其伴音的编码标准,MPEG-2 是数字电视机顶盒与 DVD 等产品的基础。MPEG-2 系统要求必须与 MPEG-1 系统向下兼容,因此其语法的最大特点在于兼容性好并可扩展。MPEG-2 的目标与 MPEG-1 相同,仍然是提高压缩比,改善音频、视频质量,采用的核心技术还是分块 DCT 和帧间运动补偿预测技术。MPEG-2 视频允许数据速率高达 100 Mbit/s,支持隔行扫描视频格式和许多高级性能。考虑到视频信号隔行扫描的特点,MPEG-2 专门设置了按帧编码和按场编码两种模式,并相应地对运动补偿和 DCT 方法进行了扩展,从而显著提高了压缩编码的效率。考虑到标准的通用性,增大了重要的参数值,允许有更大的画面格式、比特率和运动矢量长度。除此之外,MPEG-2 视频压缩编码还进行了以下扩展:①输入/输出图像彩色分量之比可以是 4:2:0,4:2:2,4:4:4;②输入/输出图像格式不限定;③可以直接对隔行扫描视频信号进行处理;④在空间分辨率、时间分辨率、信噪比方面的可分级性适合于不同用途的解码图像要求,并可给出传输上不同等级的优先级;⑤码流结构的可分级性,比如头部信息、运动矢量等部分可以给予较高的优先级,而对于 DCT 系数的高频分量部分则给予较低的优先级;⑥输出码率可以是恒定的也可以是变化的,以适应同步和异步传输。

2. 视频压缩标准

视频编码标准主要由 ITU-T 和 ISO/IEC 开发。前者已经发布了视频会议标准 H.261,H.262,H.263,并且准备进行远期编码标准 H.263L 的开发,以期望获得更大的编码效率。

ISO/IEC 的标准系列是大家熟悉的 MPEG 家族：①MPEG-1(1988～1992 年)，可以提供最高达 1.5 Mbps 的数字视频，只支持逐行扫描；②MPEG-2(1990～1994 年)，支持的带宽范围从 2 Mbps 到超过 20 Mbps，MPEG-2 后向兼容 MPEG-1，但增加了对隔行扫描的支持，并有更大的伸缩性和灵活性；③MPEG-4(1994～1998 年)，支持逐行扫描和隔行扫描，是基于视频对象的编码标准，通过对象识别提供了空间的可伸缩性；④MPEG-7(1996～2000 年)，是多媒体内容描述接口，与前述标准集中在音频/视频内容的编码和表示不同，它集中在对多媒体内容的描述。

除了上述通用标准外，还存在很多专用格式，比较流行的有 C-Cube 的 M-JPEG，Intel 的 IVI(tm)(Indeo video interactive)，Apple 的 QuickTime(tm)，Microsoft 的 Media Player(tm) 和 RealNetworks 的 RealPlayer(tm)。

3. 几种常见的视频编码算法

1) 无声时代的 FLC

FLC 是 Autodesk 开发的一种视频格式，仅仅支持 256 色，但支持色彩抖动技术，因此在很多情况下和真彩视频区别不是很大，不支持音频信号，现在看来这种格式已经毫无用处，但在没有真彩显卡没有声卡的 DOS 时代确实是最好的也是唯一的选择。最重要的是，Autodesk 的全系列的动画制作软件都提供了对这种格式的支持，包括著名的 3D Studio X，因此这种格式代表了一个时代的视频编码水平。直到今日，仍旧有不少视频编辑软件可以读取和生成这种格式。但毕竟廉颇老矣，这种格式已经被无情地淘汰。

2) 载歌载舞的 AVI

AVI(audio video interleave)即音频视频交叉存取格式。1992 年初 Microsoft 公司推出了 AVI 技术及其应用软件 VFW(video for Windows)。在 AVI 文件中，运动图像和伴音数据是以交织的方式存储，并独立于硬件设备。这种按交替方式组织音频和视像数据的方式可使得读取视频数据流时能更有效地从存储媒介得到连续的信息。构成一个 AVI 文件的主要参数包括视像参数、伴音参数和压缩参数等。AVI 文件用的是 AVI RIFF 形式，AVI RIFF 形式由字串"AVI"标志。所有的 AVI 文件都包括两个必需的 LIST 块。这些块定义了流和数据流的格式。AVI 文件可能还包括一个索引块。

只要遵循这个标准，任何视频编码方案都可以使用在 AVI 文件中。这意味着 AVI 有着非常好的扩充性。这个规范由于是由微软制定，因此微软全系列的软件包括编程工具 VB，VC 都提供了最直接的支持，因此更加奠定了 AVI 在 PC 上的视频霸主地位。由于 AVI 本身的开放性，获得了众多编码技术研发商的支持，不同的编码使得 AVI 不断被完善，现在几乎所有运行在 PC 上的通用视频编辑系统，都是以支持 AVI 为主的。AVI 的出现宣告了 PC 上哑片时代的结束，不断完善的 AVI 格式代表了多媒体在 PC 上的兴起。

说到 AVI 就不能不提起 Intel 公司的 Indeo video 系列编码，Indeo 编码技术是一款用于 PC 视频的高性能的、纯软件的视频压缩/解压解决方案。Indeo 音频软件能提供高质量的压缩音频，可用于互联网、企业内部网和多媒体应用方案等。它既能进行音乐压缩也能进行声音压缩，压缩比可达 8:1 而没有明显的质量损失。Indeo 技术能帮助您构建内容更丰富的多媒体网站。目前被广泛用于动态效果演示、游戏过场动画、非线性素材保存等用途，是目前使用最广泛的一种 AVI 编码技术。现在 Indeo 编码技术及其相关软件产品已经被 Ligos Technology 公司收购。随着 MPEG 的崛起，Indeo 面临着极大的挑战。

3）容量与质量兼顾的 MPEG 系列编码

和 AVI 相反，MPEG 不是简单的一种文件格式，而是编码方案。MPEG-1（标准代号 ISO/IEC11172）制定于 1991 年底，处理的是标准图像交换格式（standard interchange format，SIF）或者称为源输入格式（source input format，SIF）的多媒体流，是针对 1.5 Mbit/s 以下数据传输率的数字存储媒质运动图像及其伴音编码（MPEG-1 Audio，标准代号 ISO/IEC 11172-3）的国际标准，伴音标准后来衍生为今天的 MP3 编码方案。MPEG-1 规范了 PAL 制（352×288，25 帧/S）和 NTSC 制（为 352×240，30 帧/S）模式下的流量标准，提供了相当于家用录像系统（VHS）的影音质量，此时视频数据传输率被压缩至 1.15 Mbit/s，其视频压缩率为 26:1。使用 MPEG-1 的压缩算法，可以将一部 120 分钟长的多媒体流压缩到 1.2 GB 左右大小。常见的 VCD 就是 MPEG-1 编码创造的杰作。MPEG-1 编码也不一定要按 PAL/NTSC 规范的标准运行，可以自由设定影像尺寸和音视频流量。随着光头拾取精度的提高，有人把光盘的信息密度加大，并适度降低音频流流量，于是出现了只要一张光盘就存放一部电影的 DVCD。DVCD 碟其实是一种没有行业标准，没有国家标准，更谈不上是国际标准的音像产品。

当 VCD 开始向市场普及时，电脑正好进入了 486 时代，当年不少人都梦想拥有一块硬解压卡，来实现在 PC 上看 VCD 的夙愿。如今看来，觉得真有点不可思议，但当时的现状就是 486 的系统不借助硬解压是无法流畅播放 VCD 的，上万元的 486 系统都无法流畅播放的 MPEG-1 被打上了贵族的标志。随着奔腾的发布，Windows Media Player 也直接提供了 MPEG-1 的支持，至此 MPEG-1 使用在 PC 上已经完全无障碍了。

MPEG-2（标准代号 IOS/IEC13818）于 1994 年发布国际标准草案（DIS），在视频编码算法上基本和 MPEG-1 相同，只是有了一些小小的改良，例如增加隔行扫描电视的编码。它追求的是大流量下的更高质量的运动图像及其伴音效果。MPEG-2 的视频质量看齐 PAL 或 NTSC 的广播级质量，事实上 MPEG-1 也可以做到相似效果，MPEG-2 更多的改进来自音频部分的编码。目前最常见的 MPEG-2 相关产品就是 DVD 了，SVCD 也是采用的 MPEG-2 的编码。MPEG-2 还有一个更重要的用处，就是让传统的电视机和电视广播系统往数码的方向发展。

MPEG-3 最初为 HDTV 制定，由于 MPEG-2 的快速发展，MPEG-3 还未彻底完成便宣告淘汰。

MPEG-4 于 1998 年公布，和 MPEG-2 所针对的不同，MPEG-4 追求的不是高品质而是高压缩率以及适用于网络的交互能力。MPEG-4 提供了非常惊人的压缩率，如果以 VCD 画质为标准，MPEG-4 可以把 120 分钟的多媒体流压缩至 300 M。MPEG-4 标准主要应用于视像电话（video phone），视像电子邮件（video E-mail）和电子新闻（electronic news）等，其传输速率要求较低，在 4 800～64 000 bit/s，分辨率为 176×144。MPEG-4 利用很窄的带宽，通过帧重建技术，压缩和传输数据，以求以最少的数据获得最佳的图像质量。

MJPEG，这并不是专门为 PC 准备的，而是为专业级甚至广播级的视频采集与在设备端回放的准备的，所以 MJPEG 包含了为传统模拟电视优化的隔行扫描电视的算法，如果在 PC 上播放 MJPEG 编码的文件，效果会很难看（如果显卡不支持 MJPEG 的动态补偿），但一旦输出到电视机端，立刻会发现这种算法的好处。

4）属于网络的流媒体

RealNetworks RealVideo，采用的是 RealNetworks 公司自己开发的 Real G2 Codec，它具有很多先进的设计。例如，SVT（scalable video technology）；双向编码（two-encoding，类似于

VBR）。RealMedia 音频部分采用的是 RealAudio，可以接纳很多音频编码方案，可实现声音在单声道、立体声音乐不同速率下的压缩。最新的 RealAudio 竟然采用 ATRAC3 编码方案，以挑战日益成熟的 MP3。

Windows Media，视频编码采用的是非常先进的 MPEG-4 视频压缩技术，被称为 Microsoft MPEG-4 Video Codec，音频编码采用的是微软自行开发的一种编码方案，目前没有公布技术资料，在低流量下提供了令人满意的音质和画质。最新的 Windows Media Encoding Utility V8.0 将流技术推向到一个新的高度，常见的 ASF，WMV，WMA 就是微软的流媒体文件。

常见的 MPG 文件，也具有流媒体的最大特征——边读边放。

4. 常见编码与文件格式的对应关系及用途

（1）Audodesk FLC。这是一种古老的编码方案，常见的文件扩展名为 flc 和 fli。由于 FLC 仅仅支持 256 色的调色板，它会在编码过程中尽量使用抖动算法（也可以设置不抖动），以模拟真彩的效果。这种算法在色彩值差距不是很大的情况下几乎可以达到乱真的地步。例如，红色 A(R:255,G:0,B:0)到红色 B(R:255,G:128,B:0)之间的抖动。这种格式现在已经很少被采用了，但当年很多这种格式被保留下来，这种格式在保存标准 256 色调色板或者自定义 256 色调色板是无损的，这种格式可以清晰到像素，非常适合保存线框动画，例如 CAD 模型演示。现在这种格式很少见了。

（2）Microsoft RLE。这是微软为 AVI 格式开发的一种编码，文件扩展名为 avi，使用了 RLE 压缩算法，这是一种无损的压缩算法，常见的 tga 格式的图像文件就使用了 RLE 算法。举一个很简单的例子，假设一个图像的像素色彩值排列为"红红红红红红红红红红红红蓝蓝蓝蓝蓝蓝绿绿绿绿"，经过 RLE 压缩后就成为"红 12 蓝 6 绿 4"。这样既保证了压缩的可行性，而且不会有损失。可以看到，颜色数越少时，压缩效率会越高。由于 Microsoft RLE 仅仅支持 256 色，而且没有抖动算法，在色彩处理方面，FLC 明显比 Microsoft RLE 要好很多。当然这也不表示 Microsoft RLE 一无是处，和 FLC 一样，Microsoft RLE 在处理相邻像素时也没有色染，可以清晰地表现网格。因此同样可以优秀地表现单色字体和线条。只要色彩不是很复杂，FLC 能做的，Microsoft RLE 也可以做到。由于 AVI 可以拥有一个音频流，而且 Windows 系统给予了直接的支持，Microsoft RLE 最常用的用途是，在 256 色显示模式下，通过配合抓屏生成 AVI 的工具制作一个软件的操作演示过程，以达到图文并茂，形声兼备的效果。

（3）Microsoft Video1。这也是由微软提供的一个 AVI 编码，任何 Windows 系统都自带了它的 Codec，这个编码支持真彩，画面质量很不错，Microsoft Video1 的压缩效率非常低下，编码后的文件庞大得让人受不了。Microsoft Video1 一般被用在保存一些没有渐变的小型视频素材方面。

（4）Indeo Video R3.2。这个编码由 Intel 架构实验室开发，对应的文件格式是 AVI，相对之前流行的编码，Indeo Video R3.2 最大的特点就是高压缩比。Intel 声称其压缩比可达8∶1而没有明显的质量损失，解码速度也非常快，对系统要求不高，由于 Windows 9x 中自带 Indeo Video R3.2 的 Codec，Indeo Video R3.2 一度成为了最流行的 AVI 编码方案。有不少游戏的过场动画和启动动画都是 Indeo Video R3.2 编码的。Indeo Video R3.2 同样不适合高要求的环境，在要表现细线条或大色彩值变化的渐变时，Indeo Video R3.2 会表现得非常糟糕。如果画面的色彩值差异不是很大，也没有明显的色彩区域界限，Indeo Video R3.2 还是合适的，例如海天一色的场景。Indeo Video R3.2 已经基本被淘汰，只是为播放以前遗留的一些 Indeo Video R3.2 编码视频，Windows ME/2000 还保留有 Indeo video R3.2 的 Codec。

（5）Indeo Video 5.10。这个编码方案同样也是 Intel 架构实验室开发的，它继承了 Indeo Video R3.2 的优点，对应的文件格式仍然是 AVI，解码速度同样非常快。Windows ME/2000 自带了 Indeo Video 5.1 的 Codec，很多游戏也适用 Indeo Video 5.10 来编码自己的演示动画。在 DivX 没有普及前，这几乎是最流行的 AVI 编码了，由于微软和 Intel 的同时支持，这种编码方案被广泛采用。

（6）None。顾名思义，这是一个没有损失的视频编码方案，对应的文件扩展名为 avi。这种编码几乎是不压缩的，文件大得惊人！其用途是保存视频素材，因为是无损的，保存素材非常合适，代价就是大量的存储空间。

（7）MPEG1。VCD 就是 MPEG1 编码的，对应的文件扩展名为 mpg，mpeg 或 dat。事实上 MPEG1 可以工作于非 PAL 制和非 NTSC 制标准下。它可以自由设置数据流量和画面尺寸，只是这样非标准的文件无法直接刻录成 VCD。

（8）MPEG2。DVD 的视频部分就是采用的 MPEG2，SVCD 同样也采用了 MPEG2 编码。对应的文件扩展名一般为 vob 和 mpg。MPEG2 的设计目标就是提供接近广播级的高品质输出。

（9）DivX。DivX 视频编码技术可以说是一种对 DVD 造成威胁的新生视频压缩格式（有人说它是 DVD 杀手）对应的文件扩展名为 avi 或 divx，它由 Microsoft MPEG-4v3 修改而来，使用 MPEG-4 压缩算法。据说是美国禁止出口的编码技术。DivX 最大的特点就是高压缩比和不错的画质，更可贵的是，DivX 的对系统要求也不高，只要主频 300 的 CPU 就基本可以很流畅地播放了，因此 DivX 从诞生起，立刻吸引了大家的注意力。DivX 拥有比 Indeo Video 5.10 高太多的压缩效率，编码质量也远远比 Indeo Video 5.10 好。

（10）PICVideo MJPEG。MJPEG 是很多视频卡支持的一种视频编码，随卡提供了 Codec，安装完成后可以像使用其他编码一样生成 AVI 文件。MJPEG 编码常用于非线性系统，披上了一层很专业的外衣。MJPEG 的编码质量是相当高的，是一种以质量为最高要求的编码，这种编码的设置比较复杂，可以得到很高的压缩比，但牺牲了解码速度，如果要保证解码速度，编码后的压缩比却不是很理想，如果希望从专业的非线性系统上捕捉视频，然后自行进行处理，这种格式是很有必要去了解一些的。

（11）RealNetworks RealVideo。REAL VIDEO（RA，RAM）格式由 Real Networks 公司开发，一开始就定位在视频流应用方面，也可以说是视频流技术的始创者。它可以在用 56K Modem 拨号上网的条件实现不间断的视频播放。从 RealVideo 的定位来看，就是牺牲画面质量来换取可连续观看性。其实 RealVideo 也可以实现不错的画面质量，由于 RealVideo 可以拥有非常高的压缩效率，很多人把 VCD 编码成 RealVideo 格式，这样一来，一张光盘上可以存放好几部电影。REAL VIDEO 存在颜色还原不准确的问题，RealVideo 就不太适合专业的场合，但 RealVideo 出色的压缩效率和支持流式播放的特征，使得 RealVideo 在网络和娱乐场合占有不错的市场份额。

（12）Windows Media Video。这是微软为了和现在的 Real Networks 的 RealVideo 竞争而发展出来的一种可以直接在网上观看视频节目的文件压缩格式。由于它使用了 MPEG4 的压缩算法，其压缩率和图像的质量都很不错。经常看到的 ASF 和 WMV 就是 Windows Media Video。Windows Media Video 的编码质量明显好于 RealVideo，因为 Windows Media Video 是微软的杰作，所以 Windows 系统给予了 Windows Media Video 很好的支持，Windows Media Player 可以直接播放这些文件。

第 *8* 章 Access 数据库应用基础

Excel 软件对数据进行了电子表格化,令其具有丰富的显示格式,并提供了强大的计算功能,另辅以直观的图表展示,使人印象深刻。但是,Excel 是基于文件技术的数据管理方式,不能反映数据间的内在联系,缺乏结构化,因而不适用于管理大量数据的场合。随着计算机技术的发展,数据库技术成为管理大量数据的主要手段。Access 2003(以下简称 Access)是 Microsoft Office 2003 办公软件的组件之一,是目前最流行的桌面数据库管理系统之一,以功能强大和易学易用而著称。它仅仅通过直观的可视化操作即可完成大部分数据库管理工作,是开发中小型数据库系统的首选。

8.1 数据库与 Access 数据库管理系统

8.1.1 数据库基础知识

数据库技术是信息社会的重要基础技术之一,是计算机科学领域中发展最为迅速的分支。

1. 数据

数据(data)就是描述事物的符号记录。描述事物的符号可以是数字,也可以是文字、图形、图像、声音等,数据有多种表现形式,都可以经过数字化后存入计算机。

2. 数据处理

数据处理是指对各种类型的数据进行收集、存储、分类、计算、加工、检索和传输的过程。数据处理的目的就是根据人们的需要,从大量的数据中抽取出对于特定的人们来说是有意义、有价值的信息,借以作为决策和行动的依据。数据处理通常也称为信息处理。

3. 数据库

数据库(database,DB)是指长期储存在计算机内的、有组织的、可共享的数据集合。数据库中的数据按一定的数据模型组织、描述和储存,具有较小的冗余度、较高的数据独立性和易扩展性,并可以为各种用户共享。数据库是数据管理的高级阶段,它是由文件管理系统发展起来的。

4. 数据库管理系统

数据库管理系统(database management system,DBMS)是一种操纵和管理数据库的软件系统,用于建立、使用和维护数据库。它对数据库进行统一的管理和控制,以保证数据库的安全性和完整性。数据库管理系统是数据库系统的核心,用户在数据库系统中做的一切操作,包括数据定义、查询、更新及各种控制,都是通过 DBMS 进行的,常见的 DB2,Oracle,Sybase,MS SQL Server,MySQL,FoxPro 和 Access 等软件都属于 DBMS 的范畴。

5. 数据库系统

数据库系统(database system,DBS)是指引进数据库技术后的计算机应用系统。它能够提供特定的信息服务。如图书管理系统,人事档案管理系统,药品管理系统等。数据库系统一般由数据库、支持数据库系统的操作系统环境、数据库管理系统及其开发工具、数据库应用软件、数据管理员和用户组成,它们之间的关系如图8.1所示。我们学习Access的目的之一就是为了今后能参加到开发数据库系统的工作中去。

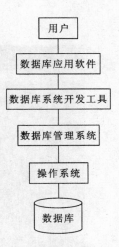

6. 关系数据模型

数据模型是对数据及数据之间的关系的形式化描述。关系数据模型是目前使用最广泛的数据模型,建立在集合论之上,有严格的数学基础。基于关系数据模型的数据库系统称关系型数据库系统。现在普遍使用的数据库管理系统都是关系数据库管理系统,流行的关系DBMS产品包括Access,SQL Server,FoxPro和Oracle等。

为简单起见,这里从直观的角度介绍关系数据模型。由行和列组成的一张二维表就是一个关系。表中的一行称为关系的一个元组(记录),表中的一列称为关系一个属性(字段),每个属性有一个名称即属性名(字段名)。所有的数据分散保存在若干个独立存储的表中,表与表之间通过公共属性实现"松散"的联系,当部分表的存储位置、数据内容发生变化时,表间的关系并不改变。这种联系方式可以将数据冗余(即数据的重复)降到最低。

图8.1　数据库系统

8.1.2　Access数据库管理系统

1. Access简介

Access是一种关系型数据库管理系统。Access 1.0诞生于20世纪90年代初期,当时作为独立软件单独发行。1995年Access成为Microsoft Office的组件之一。Access历经多次升级改版,其功能越来越强大,但操作反而更加简单,目前已经得到广泛使用。Access与Office的高度集成,风格统一的操作界面使得初学者更容易掌握。在使用Access时,使用其他Office组件(如Word和Excel)而掌握的许多技巧可照用不误。例如,使用熟悉的命令、按钮和键盘快捷键打开Access表并编辑其中的信息。此外,Access与Word,Excel或其他组件之间很容易共享信息。

Access与其他数据库管理系统比较有一个明显的优点:用户不用编写一行代码,就可以在很短的时间里开发出一个功能强大且相当专业的数据库应用软件,并且这一过程是完全可视的。用户想要生成对象并应用,只要使用鼠标进行拖放即可,非常直观方便。系统还提供了表生成器、查询生成器、报表设计器以及数据库向导、表向导、查询向导、窗体向导、报表向导等工具,使得操作简便,容易使用和掌握。

启动和退出Access的方法与Word,Excel等Office组件相同。

2. Access窗口

Access应用程序窗口同其他Windows应用程序一样,包括标题栏、菜单栏和工具栏等,右侧是任务窗格,左侧是工作窗格。

Access系统提供了示例数据库方便用户学习,用户可以通过**帮助菜单示例数据库**级联菜单来选择,并打开一个数据库文件,如图8.2所示。例如,单击**罗斯文示例数据库**命令,打开的数据库窗口如图8.3所示。

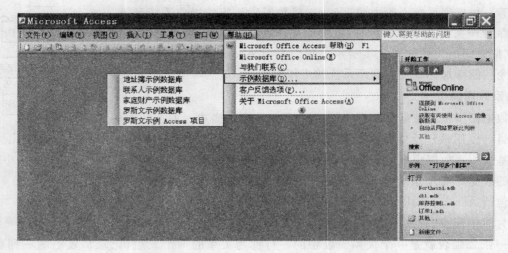

图 8.2　Access 窗口

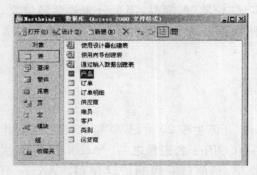

图 8.3　罗斯文示例数据库窗口

在罗斯文（Northwind）示例数据库窗口中，左窗格是 Access 数据库组件，包括表、查询、窗体、报表、页、宏和模块 7 类对象。当选定一类对象后，在右侧窗格中就会显示创建该数据库对象所提供的工具和已创建的该类对象的具体实例。一个数据库文件中可以包含多个已创建的对象。

3. Access 数据库组成

一个数据库是由各种对象组成的，在 Access 中，这些对象包括表、查询、窗体、报表、页、宏和模块。这些对象的有机结合就构成了一个完整的数据库。在计算机的外存中，它是以 mdb 为扩展名的文件。

（1）表。表是 Access 数据库最基本、最重要的对象，它用来存储数据。通常 Access 数据库包含有多个表，每个表存储了特定事物的信息。以罗斯文示例数据库为例，单击窗口右窗格**对象**列表中**表**对象"▦　表"，就可以在数据库的列表窗口中列出所有的表，如**产品**、**订单**和**雇员**等，例如**雇员**表如图 8.4 所示。

图 8.4　雇员表中的字段和记录

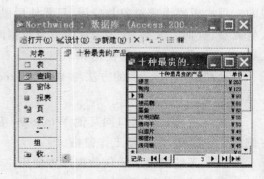

图 8.5　十种最昂贵的产品查询结果

（2）查询。查询是数据库的重要对象之一。Access 提供了非常强大的查询功能,利用查询可以用不同的方法来查看、更改及分析数据,查询的结果是满足查询条件的一组数据,也以二维表的形式呈现,亦称之为查询。它可以作为其他数据库对象的数据来源,特别是作为窗体和报表的数据源。单击罗斯文示例数据库窗口中**对象**列表中**查询**对象,右窗格中会列出数据库中所有的查询对象。双击某查询对象,或选定该查询后单击**打开**按钮,即可打开该查询,如图 8.5 所示。

（3）窗体。Access 的窗体是基于表或查询创建的人机交互界面,用户使用、管理 Access 数据库应用系统一般都通过窗体进行,而不是直接操作数据库中的各种对象。窗体用于输入和输出数据,良好的输入/输出界面可以引导用户进行正确有效的操作。单击罗斯文示例数据库窗口**对象**列表中**窗体**对象,右窗格中会列出数据库中所有的窗体对象。双击某窗体对象,如**订单窗体**,即可打开**订单**窗体窗口,如图 8.6 所示。

（4）报表。报表是数据库中数据输出的形式之一,用于把数据库中的记录内容打印出来。它还可以对要输出的数据进行分类小计、分组汇总等操作,使数据处理的结果多样化。单击罗斯文示例数据库窗口**对象**列表中**报表**对象,右窗格中会列出数据库中所有的报表对象。双击某报表对象,如**按金额汇总销售额**报表,或选定该报表后单击**预览**按钮,即可预览该报表,如图 8.7 所示。

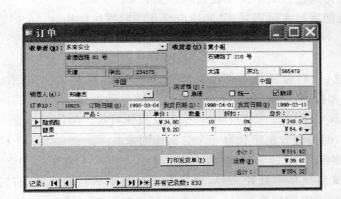

图 8.6　**订单**窗体窗口

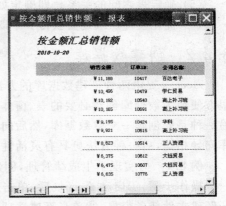

图 8.7　预览**按金额汇总销售额**报表

（5）页,即数据访问页,是数据库中的一个特殊的对象,使用它可以查看和处理来自 Internet 上的数据,也可以将数据库中的数据发布到 Internet 上去。

（6）宏(Macro)。宏是数据库中的一个特殊的对象。它是一个或多个操作命令的集合,其中每个命令实现特定的功能。利用宏可以自动完成一些重复性操作,从而提高工作效率。

（7）模块。模块是用 VBA 语言编写的程序段。模块可以和窗体、报表等对象结合使用,完成宏无法实现的复杂功能,开发高性能、高质量的数据库应用系统。

8.2　数据库操作

　　数据库是数据的容器,任何对数据的操作,都要在打开的数据库中进行。数据库本身也有不少操作。

8.2.1 关系数据库的基本设计方法

设计数据库是开发数据库应用系统过程中的一个关键步骤。合理的数据库设计对实现数据库的应用目标至关重要。通过合理设计数据库来建立业务模型,可以让用户访问最新的、最准确的信息。一旦实现数据库的应用后,再对数据库设计进行重新修改将会花费大量时间。限于篇幅,这里只对数据库设计作最基本的介绍。关系数据库的设计遵循以下步骤。

(1) 确定数据库的用途和需求。根据应用环境,明确创建数据库的目的,要完成哪些功能,建立哪些对象。

(2) 确定数据库中需要的表。要求每个表只能包含关于一个主题的信息,根据主题信息,确定表名。同一个数据库中,不同的表不能同名。

(3) 确定每个表需要包含的字段。要求每个字段不能再分解,同一个表中,不同的字段不能同名。Access 对字段名称要求满足对象命名规则:对象名最多可达 64 个字符长,可以包括字母、汉字、数字和空格,以及除句点"."、惊叹号"!"、重音符号"`"和方括号"[ ]"外的所有特殊字符,不能以空格开头。

(4) 确定每个表的主关键字(主键)。即规定在表中通过哪几个字段来唯一地标识每一条记录。

(5) 确定表之间的关系。即确定如何通过公共字段在表之间建立联系。

(6) 优化设计。最终要获得一个既能满足实际需要,又能适应变化的数据库结构。

8.2.2 创建数据库

Access 提供两种创建数据库的方法:一种是使用数据库向导创建数据库,这种方法可以很方便地为数据库创建必要的表、窗体和报表,是开始学习创建数据库的一种最简单的方法;另一种是先创建一个空数据库,然后向其中添加表、查询、窗体、报表及其他对象。与使用数据库向导相比,后一种方法更具有灵活性,但需要分别定义每一个数据库对象。

例 8.1 为实现学生成绩管理,创建名为"成绩管理"的数据库。

操作步骤:①启动 Access 后,单击**文件**菜单中**新建**命令,或单击工具栏中的**新建**按钮,打开**新建文件**任务窗格;②单击**新建**选项组中**空数据库**链接,弹出**文件新建数据库**对话框;③指定数据库的保存位置,在**文件名**组合框中输入**成绩管理**后,单击**创建**按钮,打开**成绩管理**数据库窗口;④关闭窗口结束创建数据库,此时,在指定的文件夹中创建了**成绩管理**数据库,文件的扩展名为 mdb。

8.2.3 数据库的其他操作

数据库的操作还有打开、关闭、复制、删除和压缩等。

一个数据库是一个文件,前面所学的 Windows 下的文件操作均可用来完成上述的数据库操作。Access 也提供了打开、关闭、压缩和修复数据库的功能。

8.3 数据表操作

数据表(表)是数据库的核心对象,是整个数据库系统的基础。向一个空数据库添加对象,首先要添加的就是表,数据库中的数据都存放在表中,一个数据库中至少有一个表,一般有若干个表。基于表,数据库的其他对象才能发挥作用。

8.3.1 创建表

通常将表名、表中字段名、字段的数据类型、字段的属性、表的关键字的定义视为表的结构,具体的数据形成表的内容(记录)。创建表就是定义表结构,输入表的数据。通常将不包含记录的表称为空表。

Access 提供了文本、备注、数字、日期/时间、货币、自动编号、是/否、OLE 对象、超链接和查阅向导 10 种数据类型,见表 8.1。

表 8.1 Access 2003 中的数据类型

数据类型	存储空间	说　明
文本	最多 255 B	包含任意的文本
备注	最多为 64 KB	长度不固定的文本
数字	1 B,2 B,4 B 或 8 B	存储数值数据
日期/时间	8 B	保存 100～9 999 年的日期或时间值
货币	8 B	存储货币类型的数据
自动编号	4 B	每当向表中添加一条记录时,自动加 1,不能更新
是/否	1 bit	存储逻辑值(Yes/No,True/False 或 On/Off 之一)
OLE 对象	最多 1 GB	链接或嵌入图片或其他数据
超链接	最多包含 6 KB	用来以文本形式存储超级链接地址
查阅向导	与列表字段大小相同	使用列表框或组合框提供数据

创建表可以通过表设计视图、表向导来创建,也可以通过输入数据来创建。

1. 使用设计视图创建表

用表设计视图创建表,比用向导创建的表的字段属性更加贴近实际,特别是数据类型和字段长度,更能符合数据使用的需要。

例 8.2 使用表设计视图在**成绩管理**数据库中创建**学生**表,其结构见表 8.2。

表 8.2 "学生"表结构

字段名	数据类型	字段大小	格　式
学号	文本	11	
姓名	文本	10	
性别	文本	2	
出生日期	日期/时间		短日期
汉族	是/否		是/否
专业	文本	20	
照片	OLE 对象		

操作步骤:①打开**成绩管理**数据库;②选定**表**对象,双击**使用设计器创建表**,或选定**使用设计器创建表**后单击**设计视图按钮**,打开表设计视图;③在**字段名称**框中逐个输入表 8.1 中的字段名;④单击**数据类型**框右边的箭头,在下拉列表框中选择数据类型,如图 8.8 所示;⑤在**说明**框中可以给每个字段加上必要的说明信息,如**学号**字段的说明信息可为**唯一标识每位学生**,说明信息不是必需的,但可以增强表结构的可读性;⑥表中的每一个字段都有一组属性,系统为各项属性设定了默认值,如文本型字段大小默认为 50 个字符,表设计视图的下窗格——**字段属性窗格常规**选项卡,用来让用户设置字段的相应属性,如**学号**字段为文本类型、字段大小为11;⑦建立全部字段后,如图 8.9 所示,再设定**学号**字段为主键,单击工具栏中的**保存**按钮,在弹出的**另存为**对话框中,输入要保存表的名称**学生**;⑧单击**保存**按钮,完成**学生**表结构的建立,此时该表中还没有输入数据,是一个空表。

图 8.8 表设计视图

图 8.9 学生表结构

2. 输入数据创建表

在 Access 中可以通过在**数据表**视图中输入数据的方式来创建表,即先不用确定表结构,或当表的结构不确定时直接输入数据。在保存新的数据表时,由系统分析数据并自动为每一个字段指定适当的数据类型和格式。

班级 ID	班级名称
zy001	中西医临床医学一班
zy002	中西医临床医学二班
zy003	中西医临床医学三班
zy004	中西医临床医学四班
zy005	中西医临床医学五班
zy006	中西医临床医学六班
zy007	中西医临床医学七班

图 8.10 **中医系班级**表记录

例 8.3 通过直接输入数据的方法,创建**中医系班级**表,其记录如图 8.10 所示。

操作步骤:①启动 Access,打开**成绩管理**数据库;②选定**表**对象,双击**通过输入数据创建表**,此时将出现一个空数据表,默认的列名称分别是**字段 1**、**字段 2** 等,如图 8.11 所示;③将数据输入相应的列中,然后按 Tab 键或→键移到下一列,或者按↓键移到下一行,依次输入图 8.10 中的记录;④若要对某个列重新命名,要双击列名,并为该列输入一个名称,然后按 Enter 键;⑤若要在数据表中插入新列,可单击要在其左边插入新列的列,然后单击**插入**菜单中**列**命令,并重命名列名;⑥所有要输入的数据输入完毕后,单击**文件**菜单中**保存**命令,或单击工具栏中的**保存**按钮,弹出**另存为**对话框;⑦在**表名称**组合框中输入**中医系班级**后,单击**确定**按钮。

3. 使用表向导创建表

使用表向导创建表,就是把系统提供的示例表作为样本,在表向导的引导下,通过若干个对话框,选择合适的参数,完成新表的创建。

图 8.11 新建表

8.3.2 表结构的修改

修改表结构的操作主要包括添加字段、修改字段、删除字段、重新设置主键等。通常使用表设计视图修改表结构。

1. 添加字段

在表中添加一个新字段不会影响其他字段和现有数据；但利用该表建立的查询、窗体或报表，新字段不会自动加入，需要手工添加上去。

可以使用两种方法添加字段：①在表设计视图打开需要添加字段的表，然后将光标移动到要插入新字段的位置，单击工具栏中的**插入行**按钮，在新行的**字段名称**列中输入新字段名称，确定新字段数据类型；②在数据表视图打开需要添加字段的表，然后单击**插入**菜单中**列**命令，再双击新列中的字段名**字段1**，为该列输入唯一的名称。

2. 修改字段

修改字段包括修改字段的名称、数据类型、说明、属性等。在数据表视图中，只能修改字段名，如果要改变其数据类型或定义字段的属性，需要切换到设计视图进行操作。具体方法是用表设计视图打开需要修改字段的表，如果要修改某字段名称，单击该字段的**字段名称**列，然后修改字段名称；如果要修改某字段数据类型，单击该字段**数据类型**列右侧向下箭头按钮，然后从打开的下拉列表中选择需要的数据类型。

在 Access 中，数据表视图中字段列顶部的名称可以与字段的名称不相同。因为数据表视图中字段列顶部显示的名称来自于该字段的**标题**属性。如果**标题**属性中为空白，数据表视图中字段列顶部将显示对应字段的名称；如果**标题**属性中输入了新名称，该新名称将显示在数据表视图中相应字段列的顶部。

3. 删除字段

与添加字段操作相似，删除字段也有两种方法。第一种是用表设计视图打开需要删除字段的表，然后将光标移到要删除字段行上；如果要选定一组连续的字段，可将鼠标指针拖过所选字段的字段选定器；如果要选定一组不连续的字段，可先选定要删除的某一个字段的字段选定器，然后按住 Ctrl 键，再单击每一个要删除字段的字段选定器；最后单击工具栏中的**删除行**按钮。第二种是用数据表视图打开需要删除字段的表，选定要删除的字段列，然后单击**编辑**菜单中**删除列**命令。

4. 重新设置主键

如果已定义的主键不合适，可以重新定义。重新定义主键需要先删除已定义的主键，然后再定义新的主键，具体操作步骤如下：①使用设计视图打开需要重新定义主键的表；②单击主键所在行字段选定器，然后单击工具栏中的**主键**按钮，完成此步操作后，系统将取消以前设置的主键；③单击要设为主键的字段选定器，然后单击工具栏中的**主键**按钮，这时主键字段选定器上显示一个"主键"图标，表明该字段是主键字段。

8.3.3 输入数据

建立表后一般都需要将数据输入表中，形成一行行的记录，然后对表中的数据进行检索和统计等工作。在 Access 中，可以通过数据表视图也可以通过窗体视图向表中输入数据，编辑记录。窗体视图将在后文中介绍。

例 8.4 将一批数据输入**学生**表中,记录如图 8.12 所示。

学生 : 表

学号	姓名	专业	性别	汉族	出生日期	照片
20080102007	张强国	中医学	男	☑	1989-3-2	
20080102010	刘康民	中医学	男	☑	1989-4-5	
20080702011	张丽	护理学	女	☑	1988-7-8	
20080702012	王云	护理学	女	☐	1990-1-3	
20080702013	陈志	护理学	女	☑	1989-9-10	
20080302014	刘勇进	制药工程	男	☑	1990-6-11	
20080302015	胡浩然	制药工程	男	☐	1987-12-30	
20080402016	杨成武	信息工程	男	☑	1988-8-3	
20080402017	陈飞虎	信息工程	男	☑	1989-8-15	
20080402018	严艳	信息工程	女	☑	1990-5-23	

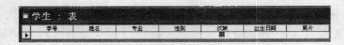

图 8.12 **学生**表记录

操作步骤:①打开**学生**表的数据表视图,如图 8.13 所示,由于**学生**表中没有输入记录,这是一个空表;②从第一个字段开始输入记录,每输入一个字段的内容,按 Tab 键、→键或 Enter 键,光标会移到下一个字段处,输入下一个字段的内容;③**汉族**字段类型为是/否型,默认显示格式是复选框,单击该字段处,出现"✔"表示逻辑值为真,空白为假;④**照片**字段内容先不输入;⑤在输入数据的过程中,如果输入的数据有错误,可以随时修改,每输入一个字段的内容,系统会自动检查输入的数据与设置该字段的有效性规则属性是否一致,如输入日期/时间型字段的数据应遵循日期中的月份在 1~12 之间等;⑥当一条记录输入完毕后,可以继续输入下一条记录。

学生 : 表

学号	姓名	专业	性别	汉族	出生日期	照片
				☐		

图 8.13 无记录的"学生"表

例 8.5 在**学生**表第 1 条记录的**照片** OLE 对象型字段中插入一张照片。

对于 OLE 对象类型的字段,不能直接输入数据。Access 为该字段提供了对象链接和嵌入技术。链接就是将 OLE 对象数据的位置信息和它的应用程序名保存在 OLE 对象字段中,可通过外部程序对 OLE 对象进行编辑修改,当它在 Access 中显示时,修改后的结果随时反映出来。嵌入就是将 OLE 对象的副本保存在表的 OLE 对象字段中,一旦 OLE 对象被嵌入,在 Access 中对 OLE 对象更改时,不会影响原始 OLE 对象的内容。

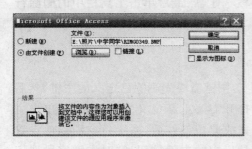

图 8.14 插入对象对话框

操作步骤:①在图 8.12 所示的**学生**表视图中,单击第 1 条记录的**照片**字段;②单击**插入**菜单中**对象**命令,弹出插入对象对话框;③若选定**新建**单选按钮,在**对象类型**列表框中显示出要创建 OLE 对象的应用程序;④选定**由文件创建**单选按钮,在**文件**文本框中输入文档所在的路径和文件名,如图 8.14 所示;⑤单击**确定**按钮,将选定的对象插入**学生**表的第一条记录中,并在该字段上显示文字**包**,如图 8.15 所示;⑥因为未选定**链接**复选框,所以照片是嵌入型的,如果要对插入的 OLE 对象进行编辑,可以双击该字段对象,打开相应的应用程序,对文档进行编辑。

对于 OLE 类型字段的实际内容,如果使用链接,那么可以在 Access 之外使用;如果使用嵌入,那么只有在数据库内才能够存取。当 OLE 对象在 Access 内进行编辑时,两种方式的外观和行为都是一样的,但嵌入对象比链接对象在数据库中占用的存储空间更多。

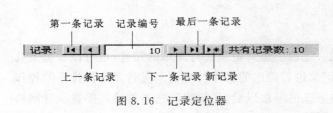

图 8.15　学生表记录

8.3.4　编辑记录

表记录的编辑是在数据表视图中进行的。

1. 定位记录

使用数据表视图窗口底部的"记录定位器"中的各种按钮,可以顺序浏览记录,也可以快速定位记录,即在记录编号的文本框中输入记录号,如图 8.16 所示,再按 Enter 键。

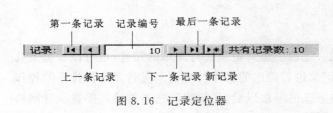

第一条记录　　记录编号　　最后一条记录

记录: ⏮ ◀　　　　10　　▶ ⏭ ▶* 共有记录数: 10

上一条记录　　下一条记录 新记录

图 8.16　记录定位器

图 8.17　删除记录提示对话框

2. 删除记录

在数据表视图中删除不再使用的记录的操作方法如下:①在数据表视图中打开表,单击要删除的记录所在的行;②单击工具栏中的**删除记录**按钮,或按 Del 键,弹出删除记录提示对话框,如图 8.17 所示;③单击**是**按钮,删除一条记录。

在删除记录过程中,一次可以删除相邻的多条记录。在删除操作之前,通过行选择器选定要删除的第一条记录,按住鼠标左键拖动到要删除的最后一条记录,这之间的记录即全部被选定,再单击**删除记录**按钮,系统会将选定的全部记录一次删除。

由于删除表中的记录是无法恢复的,在删除记录之前,应当确认记录是否要被删除。

3. 增加新记录

增加新记录有下列几种方法:①直接将光标定位在表的最后一行上;②单击窗体底部记录定位器最右侧的**新记录**按钮;③单击**数据**选项卡**记录**选项组中**新记录**按钮;④单击**编辑→定位→新记录**按钮。

新记录总是追加到最后的。表中的记录以什么顺序存储并不重要。

4. 修改记录

在数据表视图中,将光标移动到所需修改的数据处,就可以修改光标所在处的数据。

当将光标定位在一个字段单元格时,会出现反白。如果只修改局部内容,那么这时不要直接输入字段值,因为这样原字段值会全部被删除掉,应再一次单击单元格,这时反白消失,将光标定位在被修改字段的位置,然后再修改。如果数据表中要修改的数据很多,要快速查找某一数据,可使用 Access 提供的查找和替换功能。

8.3.5 记录的排序与筛选

记录的排序与筛选并不改变表的内容,但可组织、提取信息并显示。

1. 排序记录

Access 一般是自动以表中定义的主键值的大小,按升序的方式排序显示记录。升序的规则是按字母顺序排列文本,从最早到最晚排列日期/时间值,从最小到最大排列数字与货币值。如果在表中没有主键,那么,Access 将按照记录在表中的物理位置顺序(输入顺序)来显示记录。如果用户需要改变记录的显示顺序,可在数据表视图中对记录进行排序。在数据检索和显示期间,用户可以按不同的顺序来排序记录。在数据表视图中,可以对一个或多个字段进行排序。

在数据表视图中,如果需要根据某一字段对记录进行简单排序,可以使用**升序**或**降序**按钮。如果要根据几个字段的组合对记录排序,可单击**记录→筛选→高级筛选/排序**命令,在打开的筛选窗口中设置排序的组合条件,然后单击**筛选**菜单中**应用筛选/排序**命令来对记录进行复杂排序。若要取消排序,可单击**记录**菜单中**取消筛选/排序**命令,Access 将按照该表的原有顺序显示记录。

2. 筛选记录

在数据表视图中,可以方便地根据某一字段的值对记录进行简单的筛选;也可以根据某几个字段的组合对记录进行复杂筛选。对记录进行筛选的操作与对记录进行多字段排序的操作相似,不同的是,在筛选窗口中,指定了要筛选的字段以后,还要将筛选条件输入筛选设计网格中的**条件**行和**或**行中。

在**条件**行和**或**行中,Access 规定:在同一行中设置的多个筛选条件,它们之间存在逻辑与的关系;在不同行中设置的多个筛选条件,它们之间存在逻辑或的关系。

若要取消筛选,单击**记录**菜单中**取消筛选/排序**命令即可。

8.3.6 创建索引

索引是使表中的数据有序排列的一种技术,目的是加快数据查询。索引技术还是建立同一数据库内各表间关联关系的必要前提。除了不能在备注型及 OLE 对象型字段上建立索引外,在其余类型字段上都可以建立索引。

索引类型有唯一索引、普通索引、主索引(主键)。唯一索引,索引字段值是唯一的;普通索引,索引字段值可以不唯一;主索引(主键),在多个唯一性索引中只能有一个。

可以在表设计器中创建索引,也可以单击数据库窗口**视图**菜单中**索引**命令创建。

8.3.7 建立表间关系

在定义了多个表以后,如果这些表相互之间存在着关系,那么应为这些相互关联的表建立表间关系,使得处理表的数据时能自动保持一致性。两个表之间若要建立表间关系,这两个表必须拥有数据类型相同的字段(关联字段)。

1. 表间关系的类型

表间的关系有一对一关系、一对多关系、多对多关系三种类型。

(1)一对一关系。在这种关系中,A 表中的每一条记录最多只与 B 表中的一条记录相关联。若要在两个表之间建立一对一关系，A 表和 B 表都必须以相关联的字段建立主键。

（2）一对多关系。在这种关系中，A 表中的每一条记录可以与 B 表中的多条记录相关联。A 表被称为主表，B 表被称为子表。若要在两个表之间建立一对多关系，主表必须根据相关联的字段建立主键，子表必须根据相关联的字段建立普通索引。

（3）多对多关系。在这种关系中，A 表中的每一条记录可以与 B 表中的多条记录相关联，B 表中的每一条记录也可以与 A 表中的多条记录相关联。要建立多对多关系，必须要创建第三方表（称为结合表）。多对多关系的两个表，实际是和第三方表的两个一对多关系。

2. 建立表间关联

在定义关系之前必须关闭所有的表，其后的操作如下：①单击**常用**工具栏中的**关系**按钮，或单击数据库设计视图**工具**菜单中**关系**命令，打开**关系**窗口；②右击窗口内任意位置，单击弹出的快捷菜单中**显示表**命令，或者单击关系设计视图**关系**菜单中**显示表**命令，弹出**显示表**对话框；③添加要建立关联的各表，关闭**显示表**对话框；④在**关系**窗口中，将主表中的关联字段拖动至子表的关联字段，弹出**编辑关系**对话框；⑤选定**实施参照完整性**复选框，如图 8.18 所示，参照完整性是输入、更新和删除记录时，为维持表之间已定义的关系而必须遵循的一套规则；⑥最好也选定**级联更新相关字段**和**级联删除相关记录**两复选框；⑦单击**联接类型**按钮，弹出**联接属性**对话框；⑧联接是一项数据库操作，在该操作中两个或更多个表中的相关行合并在一起，形成概念上的单个表，此处可看到三种不同类型联接属性，即只包含来自两个表的联接字段相等处的记录（内部联接，默认属性），包含所有主表的记录和那些联接字段相等的子表的记录（左联接），包括所有子表的记录和那些联接字段相等的主表的记录（右联接），选择合适的联接属性，单击**确定**按钮退出对话框；⑨单击**创建**按钮，完成关系创建。例如，建立的**中医系班级表**和**学生选课成绩表**，**选修课程表**和**学生选课成绩表**之间的关系，如图 8.19 所示。这也是**中医系班级表**和**选修课程表**多对多关系的表示。

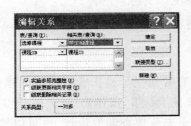

图 8.18　**编辑关系**对话框

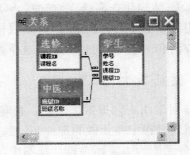

图 8.19　**关系窗口**

8.4　查 询 操 作

查询是 Access 处理和分析数据的工具，它能够按照一定条件将多个表中的数据抽取出来，供用户查看、统计、分析和使用。查询是 Access 数据库的重要对象，它可以为窗体、报表或数据访问页提供数据。在 Access 中，利用查询还可以实现多种功能。

在 Access 中查询既是一项操作也是操作的结果。查询的执行结果是一个数据集，也称为动态集（"虚"表）。它很像一个表，但并没有存储在数据库中。创建查询后，只保存查询的操作,只有在运行查询时才会从数据源中抽取数据,并创建动态集;只要关闭查询,查询的动态集就会自动消失。动态集的好处之一就是每次查询都反映了源数据库的最新变化。

8.4.1　查询分类

在 Access 中,查询分为选择查询、交叉表查询、参数查询、操作查询和 SQL 查询 5 类。5 类查询的应用目标不同,对数据源的操作方式和操作结果也不同。

(1) 选择查询。选择查询是最常用的查询类型。顾名思义,它是根据指定的条件,从一个或多个数据源中获取数据并显示结果。选择查询分为简单选择查询、汇总查询、重复项查询和不匹配查询。简单选择查询是从一个或多个基本表中按照某一指定的准则进行查找,结果集会显示在类似数据表视图中。汇总查询是一种特殊的查询,可以对查询的结果进行各种统计,包括总计、平均值、最小值、最大值等,并在结果集中显示出来。重复项查询可查找具有相同字段信息的重复记录。不匹配查询可查找与指定的条件不相符合的记录。

(2) 参数查询。参数查询是一种根据用户输入的条件或参数来检索记录的查询。运行查询时显示一个对话框,用户可以把参数值输入这个对话框中,以得到动态的查询结果。

(3) 交叉表查找。交叉表查询能够汇总数据字段的内容,汇总计算的结果显示在行与列交叉的单元格中。交叉表查询可以计算平均值、总计、最大值、最小值等。交叉表查询以一种独特的概括形式返回一个表内的统计数字,这种概括形式是其他查询无法完成的,为用户提供了非常清楚的汇总数据,便于分析和使用。

(4) 操作查询。操作查询对表进行批量操作,分为更新查询、追加查询、删除查询和生成表查询。更新查询可对一个或多个表中的一组记录进行全局更改。追加查询可将一个或多个表的一组记录添加到一个或多个其他表的末尾。删除查询可从一个或多个表中删除特定的一组记录。生成表查询可用一个或多个表中的数据创建一个新表。

(5) SQL(结构化查询语言)查询。SQL 查询是通过 SQL 语句创建的各种查询。SQL 语句是一种用于数据库的标准语言,许多数据库管理系统都支持该语言。

操作查询和 SQL 查询必须是在选择查询的基础上创建。

8.4.2　查询设计视图

Access 对常用查询提供了向导。查询向导能够有效地指导操作者顺利地创建查询,详细地解释在创建过程中需要做的选择,并能以图形方式显示结果,操作简单、方便;但对于有条件的查询,向导无能为力。而在设计视图中,不仅可以完成新建查询的设计,也可以修改已有查询。设计视图功能丰富、灵活,使用户能够按照要求完成各种查询。

打开数据库,在数据库窗口中选定**查询**对象后,进入查询设计视图(打开查询设计窗口)的几种方法如下:①单击工具栏中的**新建**按钮,在弹出的对话框中选定**设计视图**选项,再单击**确定**按钮;②双击右窗格中**在设计视图中创建查询**选项;③选定右窗格中**在设计视图中创建查询**选项,再单击工具栏中的**设计**按钮;④在右窗格选定已有的查询,单击工具栏中的**设计**按钮;⑤在右窗格选定已有的查询,单击工具栏中的**打开**按钮,再单击工具栏中的**设计**按钮。

查询设计窗口分为上下两个部分,如图 8.20 所示。上半部分是表/查询输入窗格,显示作为数据源的表或查询,列出各表的字段。下半部分是查询设计窗格,用于确定动态集所拥有的字段和筛选条件等。查询设计窗格反映查询设计总体考虑。此例查询窗口的下部,第一行包含要包括在查询中的字段的名称,这是查询设计人从上窗格的表中拖动来的字段名。第二行

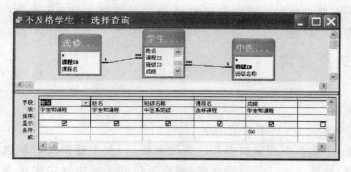

图 8.20 查询设计窗口

显示每个字段所属的表。第三行(标有**总计**)规定对字段值应执行的计算。第四行指示是否将按此字段对查询结果进行排序。第五行(标有**显示**)中复选框的复选标记意味着将在结果数据集中显示该字段,如果未选定复选框,则该字段可用于确定查询结果,但是不会显示该字段。第六行(标有**条件**)包含确定将显示哪些记录的条件,在成绩字段的**条件**行中输入了**<60**,因此此查询将查找成绩的值小于 60 的所有记录。第七行(标有**或**)设置替代条件,**或**行可以以多行的形式出现。

设置条件是达到查询目的的重要手段。条件是由表达式来表示的。用户可以自己输入运算符和运算对象组成的式子表达条件,也可以利用 Access 的**表达式生成器**对话框形成条件。在 Excel 中已学习过表达式(公式)的使用,这里只补充几个常用的表示条件的运算符。

(1) 逻辑运算符 And,Or,Not。And 表示两个操作数都为 True 时表达式的值才为 True;Or 表示两个操作数只要有一个为 True,表达式的值就为 True;Not 表示取操作数的相反值。

(2) 特殊运算符 Like,用来设定匹配条件,隐含的操作数是字段(值)。Like 后跟一个字符串,一般用通配符来设定文字的匹配条件。Access 提供的通配符有"?"代表任意一个字符;"＊"代表任意多个字符;"♯"代表任意一个数字位(0~9);"[字符表]"代表在字符表中的单一字符;"[! 字符表]"代表不在字符表中的单一字符。可以使用一对方括号为字符串中该位置的字符设置一个范围,如[0-9]、[a-z]、[! a-z]等,连接符"-"用于分隔范围的上下界。例如,Like"? [! 3-8][A-P]＊"表示匹配的文字应为,第一个字符为任意字符,第二个为非 3~8 的任意字符,第三个为 A~P 之间的一个字母,其后为任意字符串。

(3) 特殊运算符 Between,用于指定一个字段值的取值范围,指定的范围之间用 And 连接。例如,Between 70 And 90 等价于 >=70 And <=90。

(4) 特殊运算符 In,用于指定一个字段值的列表,列表中的任何一个值都可与查询的字段相匹配。例如,In("党员","团员")查询所有政治面貌为党员或团员的人。

8.4.3 运行查询

创建的查询可能要运行多次,所以要保存它。保存后,它就成为数据库的一部分,单击数据库窗口**对象**列表中**查询**时,它会显示在右窗格中供使用。通过运行它来获得查询结果。

运行查询的方式有下列几种:①显示在数据库窗口右窗格中时,双击它;②在数据库窗口右窗格中选定它后,单击工具栏中的**打开按钮**;③在查询设计视图中,单击工具栏中的**执行按钮**;④在查询设计视图中,单击**视图**按钮下拉菜单中**数据表视图**命令;⑤在查询设计视图中,单击**查询**菜单中**运行**命令。

打开一个查询实质是执行一次查询操作,重新从数据源表中产生本次查询结果,所以说一个查询是一个动态的"虚"表。

8.4.4 创建选择查询

1. 通过向导创建

通过例子来说明。

例 8.6 查询学生信息,显示学生的名字、性别和专业。

操作步骤如下:①在数据库窗口中选定**查询**对象后,双击**使用向导创建查询**选项,弹出**简单查询向导**对话框,如图 8.21 所示;②在**表/查询**下拉列表框中选定**学生**表,在**可用字段**列表框中,分别双击**姓名、性别、专业**字段,将它们添加到**选定的字段**列表框中;③单击**下一步**按钮,进入简单查询向导第二步骤,确定建立明细查询还是汇总查询;④选定**明细**单选按钮,则查看详细信息;选定**汇总**单选按钮,则对一组或全部记录进行各种统计,本例选定**明细**单选按钮;⑤单击**下一步**按钮,进入简单查询向导第三步骤;⑥在**请为查询指定标题**文本框中输入**学生**;⑦单击**完成**按钮,查询结果如图 8.22 所示。

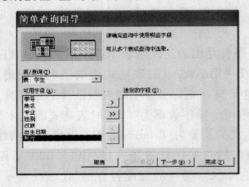

图 8.21 **简单查询向导**对话框

图 8.22 **学生 查询**结果

2. 通过设计视图创建

通过例子来说明。这里创建基于多个数据源的查询。

注意 当所建查询的数据源来自于多个表时,应建立表之间的关系。

例 8.7 查找所有选修课成绩不及格的学生。

图 8.23 **不及格学生**查询结果

操作步骤:①进入查询设计视图;②将**学生选修课成绩、选修课程、中医系班级**三个表添加到**表/查询**输入窗格;③将相应字段拖动到查询设计窗格;④在设计窗格成绩字段的**条件**行单元格中输入条件**<60**;⑤单击工具栏中的**保存**按钮,在弹出的对话框中**查询名称**文本框里输入**不及格学生**,然后单击**确定**按钮;⑥运行**不及格学生**查询。

该查询设计完成形式如图 8.20 所示,运行结果如图 8.23 所示。

8.4.5 创建交叉表查询

交叉表查询的思路是将源表中的字段进行分组,一组列在交叉表左侧(行),一组列在交叉表上部(列),并在交叉表行与列交叉处显示表中某个字段的各种计算值。在创建交叉表查询时，需要指定三种字段：①放在交叉表最左端的行标题，它将某一字段的相关数据放入指定的行中；②放在交叉表最上面的列标题，它将某一字段的相关数据放入指定的列中；③放在交叉表行与列交叉位置上的字段，需要为该字段指定一个总计项，如总计、平均值、计数等。在交叉表查询中，只能指定一个列字段和一个总计类型的字段，行字段最多可以有三个。交叉表查询可以用向导也可以自行创建，这里举例介绍利用向导的创建方法。

例 8.8 按班级统计各门选修课平均成绩。

建立交叉表查询时，使用的字段必须属于同一个表或查询。因此，首先仿照**不及格学生**查询操作步骤，但不设置条件，创建了一个**选修课成绩**查询。

操作步骤：①选定数据库窗口中**查询**对象，单击工具栏中的**新建**按钮，弹出**新建查询**对话框；②双击**交叉表查询向导**选项，弹出**交叉表查询向导**对话框；③选定**查询**单选按钮，在列表框中选定**选修课成绩**查询；④单击**下一步**按钮，进入行标题字段选择步骤；⑤添加**班级**字段到**选定字段**列表框中；⑥单击**下一步**按钮，进入列标题字段选择步骤；⑦选定**课程名称**字段；⑧单击**下一步**按钮，进入交叉点计算字段选择步骤；⑨选定**成绩**字段后，在函数列表框中选定**平均**选项，选定**是，包括每行小计**复选框，如图 8.24 所示；⑩单击**下一步**按钮，进入下一步骤，在**请指定查询的名称**文本框中输入**选修课各班平均成绩**，选定**查看查询**单选按钮；⑪单击**完成**按钮，这时系统开始建立查询，并将查询结果显示在屏幕上，如图 8.25 所示。

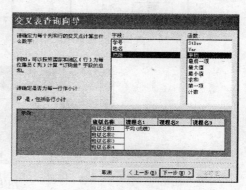

图 8.24 **交叉表查询向导**对话框

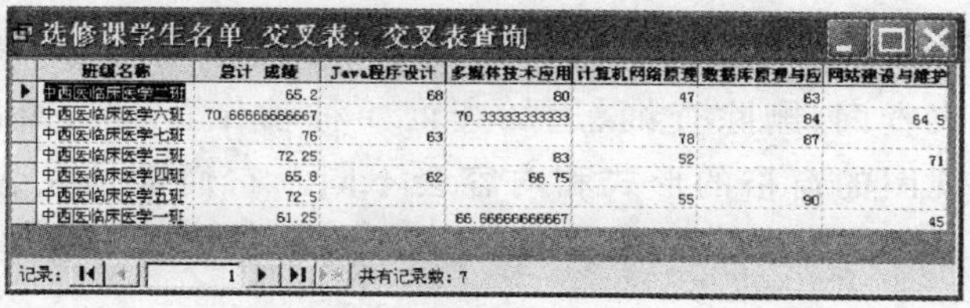

图 8.25 交叉表查询结果

8.4.6 创建参数查询

参数查询实质是选择查询的特例。它的思路是用变量代替出现在条件中的常量，查询运行时请用户输入变量的值从而具体化条件。例如，前面创建**不及格学生**查询时，若及格分数并不是固定一个具体值，就不可能在设计视图的查询设计窗格**成绩**字段的**条件**行单元格中直接输入条件<**60**，60 的位置应是一个变量。

例 8.9 不及格学生参数查询。

操作步骤：①进入查询设计视图；②将**选修课学生、选修课程、中医系班级**三个表添加到**表/查询**输入窗格；③将相应字段拖动到查询设计窗格；④单击**查询**菜单中**参数**命令，弹出**查询参数**对话框；⑤输入参数名称**及格分数**，选定参数类型**整型**，如图 8.26 所示；⑥单击**确定**按钮，在设计窗格成绩字段的**条件**行单元格中输入条件<**[及格分数]**，如图 8.27 所示；⑦单击工具

栏中的**保存按钮**,在弹出的对话框**查询名称**文本框中输入**不及格学生参数查询**后,单击**确定按钮**;⑧运行**不及格学生参数查询**查询。该查询运行时在弹出的参数对话框中输入参数55,运行结果如图8.28所示。

图8.26 **查询参数**对话框

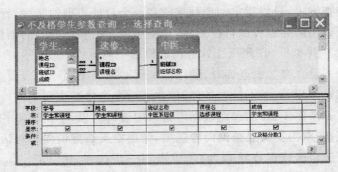

图8.27 参数查询设计

图8.28 参数查询结果

8.4.7 动作查询设计

动作查询又称操作查询。这些操作针对数据表进行,并对数据表的内容有实际的影响。更新查询、生成表查询、删除查询、追加查询4种动作查询的操作步骤大部分相同,只是动作不同,设计视图的窗格的形式和内容会不同。它们都是在选择查询的基础上创建的。

1. 更新查询设计

如果需要对数据表中的某些数据进行有规律的成批更新替换操作,就可以使用更新查询来实现。在数据表视图中采用手工操作,烦琐且很容易出错。

例8.10 将图8.22所示的**学生**表中医学专业学号尾数为0的学生的专业改为中药学。

操作步骤:①创建一个选择查询;②单击**查询**菜单中**更新查询**命令,可以看到在查询设计视图中新增了一个**更新到**行;③在该行中填入更新数据**中药学**,由于只是需要更新某些满足条件的记录中的数据,在查询设计视图的**条件**行中填写记录更新条件,**学号**字段下条件为**right([学号],1)="0"**、**专业**字段下条件为**中医学**,如图8.29所示;④单击工具栏**视图**按钮下拉菜单中**数据表视图**命令,得到查询运行结果,如图8.30所示;注意,系统只列出待更新的数据,但还未作更新;⑤在查询设计视图中,单击工具栏中的**执行按钮**,单击弹出的对话框中是按钮,如图8.31所示,保存这个查询对象,即完成了一个更新查询对象的设计操作。数据源表中的相关数据已按照数据更新规则得到了更新,如图8.32所示。

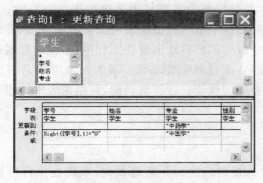

图 8.29　更新查询设计　　　　　　　　　　　　　图 8.30　更新内容

图 8.31　更新提示对话框　　　　　　　　　　图 8.32　更新后的**学生**表

　　注意　运行动作查询有两种方法,单击数据表视图按钮时,是预览执行,不作最终改变;单击**执行**按钮时,将作最终改变,所以会弹出提示对话框,请求确认或取消。

2. 生成表查询设计

　　如果希望查询所形成的动态数据集能够被固定地保存下来,就需要使用生成表查询。例如,将数据库原理与应用课程的成绩从**学生选修课成绩**表中查询出来,而且单独保存为一个表**数据库应用成绩**。设计生成表查询的操作步骤如下:①设计合适的选择查询;②单击**查询**菜单中**生成表查询**命令;③在弹出的对话框中指定生成表的表名即完成了设计一个生成表查询。运行它,并不显示查询数据表视图,而是在数据库中新建了一个数据表对象,其中的数据即为生成表查询运行的结果。

3. 删除查询设计

　　如果需要从数据库的某一个数据表中按某条件成批删除一些记录,可以使用删除查询来满足这个需求。记录删除条件必须能够用一个关系表达式或逻辑表达式表述。

　　例 8.11　从**学生**表中删除已毕业的学生信息。

　　操作步骤如下:①创建一个选择查询,其数据源为需要从中删除记录的表对象**学生**;②将其中需要作为删除条件使用的字段逐一拖动至查询设计视图的**字段**行中,此处为**学号**字段;③单击**查询**菜单中**删除查询**命令,即可以看到在查询设计视图中新增一个**删除**行,该行中填有 **Where** 字样;④在**删除**行下端的**条件**行中输入删除条件,此处设定为 **left（[学号]，4）＝"2006"**。至此,所需要的删除查询设计完毕。运行该查询,数据源表中的满足条件的记录就被删除了。

4. 追加查询设计

　　追加查询的作用是从一个数据表中筛选出一些数据追加到另外一个具有大体相同结构的数据表中。

　　例 8.12　每年从**学生**表中选出刚毕业的学生追加到**毕业生**表中。

操作步骤如下：①创建一个选择查询，其数据源为需要从中筛选数据的表对象；②单击**查询菜单中追加查询**命令；③在弹出的**追加**对话框中输入被追加表对象名称后，可以看到在查询设计视图中新增一个**追加到**行，而且同名字段名称已自动出现在该行中；④在**追加到**行中逐个输入需要追加数据的表对象中的对应字段名，此处并不要求数据源表对象字段名与追加数据表对象字段名相同。如此，即完成了追加查询的设计。运行该查询，数据源表中的相关数据就追加到指定的数据表中的对应字段中去了。

8.4.8　创建 SQL 查询

SQL 查询是用户使用 SQL 语句创建的查询。前面介绍的查询，系统在执行时自动将其转换成 SQL 语句执行。可以单击查询设计窗口工具栏**视图**按钮下拉菜单中 **SQL** 命令切换视图，查看某查询的 SQL 语句形式，如图 8.33 所示。本书对 SQL 查询语句仅要求了解。

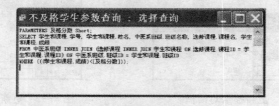

图 8.33　查询对应的 SQL 语句

SQL 查询语句一般格式：

    SELECT [ALL|DISTINCT] <目标列表达式>
    [,<目标列表达式>] ...
    FROM <表名或视图名> [, <表名或视图名>] ...
    [WHERE<条件表达式>]
    [GROUP BY<列名 1> [HAVING<条件表达式>]]
    [ORDER BY<列名 2> [ASC|DESC]];

说明：①[ ]括起的内容可以省略；②SELECT 子句，指定要显示的属性列；③FROM 子句，指定查询对象（基本表或视图）；④WHERE 子句，指定查询条件；⑤GROUP BY 子句，对查询结果按指定列的值分组，该属性列值相等的元组为一个组；⑥HAVING 短语，筛选出只有满足指定条件的组；⑦ORDER BY 子句，对查询结果表按指定列值的升序或降序排序。

完成了某查询的可视化设计后，可有意识地切换到 SQL 视图看看它的 SQL 语句，以增强对查询过程的理解。

8.5 创建窗体

Access 表是原始信息的集合。如果要创建的数据库仅由设计者自己使用，则直接处理表是符合习惯和高效的。但是，如果创建的数据库将由不太了解 Access 的人员使用，由于操作界面较为复杂，直接让使用者操作是不适合的。要解决此问题，可以设计窗体作为界面来指导用户使用数据库，使用户更轻松地输入、检索、显示和打印信息。

8.5.1 认识窗体

从本质上说,窗体是一个窗口,可以在其中放置控件,这些控件为用户提供信息或接受用户输入的信息。Access 提供了一个工具箱,该工具箱包含许多标准 Windows 控件,如标签、文本框、单选按钮和复选框。稍加灵活运用,就可以使用这些控件创建外观和工作方式与所有 Windows 程序中的对话框非常类似的窗体。

Access 提供了快速创建窗体的工具,用户利用自动窗体、窗体向导可以很快创建美观实用的窗体。为了满足灵活布局,用户可使用窗体设计视图自主地设计满足自己需求的窗体。选择自动窗体、窗体向导、设计视图这三种工具的对话框,如图 8.34 所示。

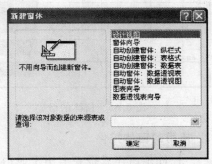

图 8.34　**新建窗体**对话框

与表和查询一样,可以在几种视图中显示窗体。三种最常见的视图是**窗体**视图(窗体运行的效果)、**数据表**视图(查看窗体的数据源)和**设计**视图(进行窗体的元素排版布局以改进其外观和工作方式)。

8.5.2 向导创建窗体

利用窗体向导创建新窗体,向导会询问想要的数据来源(表或查询)、想要的内容(表中的字段)、版面布局(纵栏表、表格、数据表、两端对齐、数据透视表、数据透视图)和样式等详细问题,并且会根据回答创建窗体。

例 8.13　通过窗体向导创建**学生信息**的窗体。

操作步骤:①打开数据库,并双击右窗格中**使用向导创建窗体**;②选择作为窗体数据来源的表/查询,本例中选定**表:学生**;③选择要出现在窗体上的字段,本例中选定所有字段;④单击**下一步**按钮;⑤选择需要的窗体布局方式,本例中选定**纵栏表**,单击**下一步**按钮;⑥任选一个喜欢的样式,可从左边的图中预览,本例选用**蓝图**,单击**下一步**按钮;⑦给窗体命名,本例命名为**学生信息**,并单击**完成**按钮。完成的窗体结果,如图 8.35 所示。

图 8.35　窗体运行结果

8.5.3 使用窗体设计视图创建窗体

1. 窗体的组成

自行设计窗体,完成信息输入输出的布局,需要知道窗体的组成,如图 8.36 所示。

窗体由多个部分组成,每个部分称为一个"节"。大部分窗体只有主体节,如果需要,也可以在窗体中包含窗体页眉、页面页眉、页面页脚及窗体页脚等部分。页面页眉与页脚之间的部

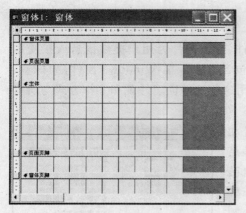

图 8.36 窗体的组成

分称为主体,它是窗体的核心内容,必不可少。页眉、页脚是需要时用**视图**菜单中的命令添加的,窗体页眉和页脚在执行窗体时显示,页面页眉和页脚只在打印时输出。

窗体页眉位于窗体顶部位置,一般用于设置窗体的标题、窗体使用说明或打开相关窗体及执行其他任务的命令按钮等。窗体页脚位于窗体的底部,一般用于显示对所有记录都要显示的内容、使用命令的操作说明等信息。

页面页眉一般用于设置窗体在打印时的页头信息。页面页脚一般用来设置窗体在打印时的页脚信息。

2. 常用的窗体控件

控件是窗体或报表上用于显示数据、执行操作、装饰窗体及报表的小工具。控件的作用是与用户交互。常用控件有标签、文本、命令按钮、列表框、组合框、单选、复选、选项组、子窗体、图像。它们以按钮的形式放在**工具箱**里,如图 8.37 所示。将鼠标指针指向某个控件,稍停留可自动出现控件的名称。这里仅介绍最常用的三个控件。

（1）标签(label)。当需要在窗体上显示一些说明性文字,就可以使用标签控件。

（2）文本框(text)。文本框控件可以是结合、非结合或计算型的。结合型文本框控件与基表或查询中的字段相连,可用于显示、输入及更新数据库中的字段。计算型文本框控件则以表达式作为数据来源。表

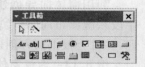

图 8.37 控件工具箱

达式可以使用窗体或报表的基表或基查询字段中的数据,或者窗体或报表上其他控件中的数据。而非结合型文本框控件则没有数据来源。使用非结合型文本框控件可以显示信息、线条、矩形及图像。

（3）命令按钮(command button)。命令按钮的作用是启动特定的动作执行。

3. 自定义窗体

通过例子来说明。

例 8.14 创建**数据库应用课成绩**窗体,运行效果如图 8.38 所示。

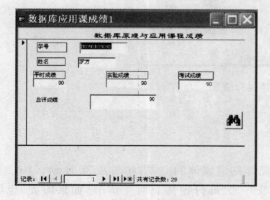

图 8.38 自定义窗体运行结果

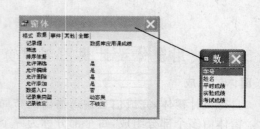

图 8.39 窗体数据源

操作步骤：①打开数据库，选定**窗体**对象，双击右窗格中**在设计视图中创建窗体**，打开**窗体**设计窗口；②单击视图菜单中**属性**命令，弹出**窗体**属性对话框；③在**数据**选项卡**记录源**下拉列表框中选定**数据库应用课成绩表**，出现**数据库应用课成绩表**的字段列表框，如图 8.39 所示，如果字段列表框没有自动打开，可以单击工具栏中的**字段列表**按钮将它打开；④关闭**窗体**属性对话框，将字段列表框中的所需字段逐个拖动到**窗体**设计窗口的主体节中，注意拖动时的位置不要太靠近窗口的左边界，因为对于每一个字段，系统放到窗体上对应的两个控件，左边的一个是标签，说明字段名；右边的一个是文本框，准备显示字段内容（数据）的，此时的文本框被"绑定"到了表中的字段；⑤**数据库应用课成绩表**中没有**总评成绩**字段，需要向窗体中添加相应控件，从控件工具箱中选择文本框控件放到窗体的相应位置，系统会自动在文本框的左边附加一个标签控件，在该标签中输入**总评成绩**，文本框此时显示**未绑定**，将插入点移入文本框，在其中输入＝**0.1** * ［平时成绩］＋**0.2** * ［实验成绩］＋**0.7** * ［考试成绩］；⑥窗体运行时系统会在窗体底部提供记录定位器"$\boxed{课\ \text{I4} \text{I} \mid \boxed{\quad 1 \mid \text{▶ ▶I ▶* 某记录}}}$"，可顺序或按记录号查找，这里再设计一个查找按钮提供按内容查找，从工具箱中选择命令按钮控件放到窗体的右下部，系统弹出**命令按钮向导**对话框；⑦在向导指引下完成按钮的设置，如图 8.40 所示；⑧单击视图菜单中**窗体页眉/页脚**命令；⑨在窗体页眉中添加一个标签控件，在此标签中输入**数据库原理与应用课程成绩**，在标签的属性对话框中设置字体、字号；⑩关闭窗体设计窗口，保存窗体设计。设计好的窗体如图8.41所示。

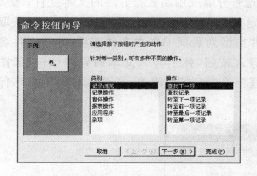

图 8.40 **命令按钮向导**对话框

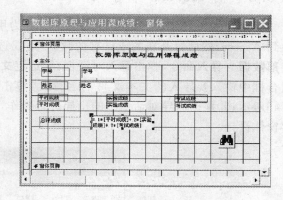

图 8.41 窗体设计窗口

8.6 数据的共享

Access 已与 Office 套件的其他成员集成在一起，因此可以在 Access 与 Word，Excel 或其他组件之间轻松地共享信息，尤其 Access 与 Excel 之间交流非常直接，可以通过拖动的方式导出 Access 表到 Excel 工作表中。

8.6.1 Access 数据输出到 Word 文档

操作方法如下：①在 Access 中，打开所需数据库，然后打开表、查询、窗体或报表对象；②选定所需输出数据的行和列；③单击**文件**菜单中**导出**命令，弹出**将…导出为**对话框；④该对话框实质是文件另存为对话框，输入保存位置，新文档的文件名称；⑤在**保存类型**下拉列表框中，为输出数据选择格式；如果要创建 Word 格式的文档，应选定 **RTF 格式**；如果要创建普通的文本文件，作为邮件合并数据源使用，应选定 **Word 合并文件**；⑥如果以 RTF 格式保存文档，并且希望马上启动 Word 打开此文档，可选定 **自动启动** 复选框；⑦如果要保存指定的数据行列，则要单击 **全部导出** 按钮的下拉菜单中 **保存选中内容** 命令，如图 8.42 所示；⑧系统自动启动 Word 打开导出的数据，可看到其为 Word 表格形式的内容。

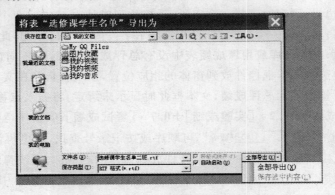

图 8.42　**将…导出为** 对话框

8.6.2　向 Access 中导入 Word 文本文件

操作方法如下：①在 Word 中将文件另存为用逗号分隔或用制表符分隔的文本文件；②切换到 Access，然后打开新的或已有的数据库；③选定数据库窗口的 **表** 选项；④单击 **文件→获取外部数据→导入** 命令，弹出 **导入** 对话框；⑤选定 **文件类型** 列表框中 **文本文件** 选项；⑥在 **文件名** 组合框中输入要导入的文本文件的名称；⑦单击 **导入** 按钮，弹出 **导入文本向导** 对话框，如图 8.43 所示；⑧根据向导对话框中的指导进行操作，直至单击 **完成** 按钮；⑨关闭窗体设计窗口，保存窗体设计。

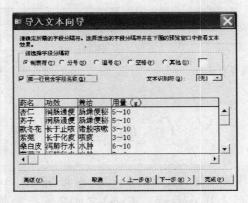

图 8.43　**导入文本向导** 对话框

第 9 章 计算机网络基础

随着计算机应用的深入,特别是家用计算机越来越普及,一方面希望众多用户能共享信息资源;另一方面也希望各计算机之间能互相传递信息进行通信。个人计算机的硬件和软件配置一般都比较低,其功能也有限,因此,要求大型与巨型计算机的硬件和软件资源,以及它们所管理的信息资源应该为众多的微型计算机所共享,以便充分利用这些资源。基于这些原因,促使计算机向网络化发展,将分散的计算机连接成网,组成计算机网络。本章将重点介绍网络基础知识及局域网的使用和 Internet 上最广泛的应用。

9.1 计算机网络的产生与发展

9.1.1 计算机网络概述

计算机网络是利用通信线路,将地理位置分散的、具有独立功能的多台计算机连接起来,按照某种协议进行数据通信,实现资源共享的信息系统。

计算机网络自从 20 世纪 60 年代产生至今,经过短短 40 多年不断的发展和完善已取得了突飞猛进的发展。从最初的单主机与数个终端之间的通信到现在全球千万台计算机的互联;从最开始的每秒几百比特的数据传输速率到今天每秒上千甚至上万比特的数据传输速率;从一些简单的数据传输到今天丰富复杂的各种应用,网络已经对人类的生产、生活等各个方面产生了巨大的影响。特别是近 20 年来,Internet 的飞速发展,使得计算机网络已成为人类社会生活的一个基本组成部分。今天的互联网已成为连接全世界数十亿人的通信系统,它连接着工商企业、科研院所、政府机构,甚至军事机构,它使处于世界各地的人们通过网络获取所需的各种资源与信息服务。可以毫不夸张地说,互联网是人类自印刷术以来通信方面最大的变革。

9.1.2 计算机网络的发展

组成网络的基础是计算机,自从 1946 年世界上第一台计算机问世以来,计算机的发展经历了电子管、晶体管、集成电路、大规模集成电路和超大规模集成电路几个阶段。伴随着计算机的发展,计算机网络也经历了以下 4 个发展阶段。

1. 第一代计算机网络

20 世纪 60 年代中期之前,计算机主机的价格十分昂贵,而通信线路和设备的成本则相对较低,为了共享主机,人们建立了以单个计算机为中心的联机终端网络系统,这就是第一代计算机网络。

第一代计算机网络的典型应用是美国航空公司与 IBM 公司在 20 世纪 60 年代投入使用

的飞机订票系统(SABRE-1),该系统由一台计算机和全美范围内 2 000 多个终端组成。终端是一台计算机的外部设备包括显示器和键盘,无 CPU 和内存。此外还有美国半自动地面防空系统(SAGE),它将雷达信号和其他信息经远程通信线路送至中央计算机进行处理,第一次利用计算机网络实现远程集中控制。美国通用电气公司的信息服务系统(GE Information Service)则是当时世界上最大的商用数据处理网络,处理终端从美国本土延伸至欧洲、澳洲和日本。

2. 第二代计算机网络

20 世纪 60 年代中期至 70 年代,随着计算机技术与通信技术的进步,形成了将多个主机通过通信线路互连起来,为用户提供服务的第二代计算机网络。相比第一代计算机网络而言,第二代计算机网络强调了网络的整体性,用户不仅可以共享与之直接相连的主机资源,还可以通过通信子网共享其他主机或用户的软硬件资源。

第二代计算机网络的典型代表是美国国防部高级研究计划局协助开发的 ARPAnet。主机之间不是直接用线路相连,而是由接口报文处理机(IMP)转接后互联的。IMP 和它们之间互连的通信线路一起负责主机间的通信任务,构成了通信子网。通过通信子网互连的主机负责运行程序,提供资源共享,组成了资源子网。

在谈到第二代计算机网络时,必须提到分组交换的概念。分组交换也称包交换,产生于第二代计算机网络,同样也是现代计算机网络的技术基础。在分组交换出现之前,计算机网络主要使用过电路交换的通信方式。电路交换也称为线路交换,主要应用于电话系统。用户在开始通话之前,先要申请(一般通过拨号)建立一条从发送端到接收端的物理通路,只有在物理通路建立之后才能互相通话。在通话的过程中,双方始终占用这条通路。电路交换线路资源利用率低,建立连接的时间也过长,这都不适合现代计算机之间的通信要求。

分组交换是将要发送的数据分成一个个小的分组,即数据包,然后将这些数据包一个个地发送出去。当数据包发送到通信子网时,数据包可以选择不同的链路进行传输,直至到达目的主机为止。数据包在传输过程中,已建立的通信链路并不被当前通信双方占有,在数据包传输的空闲期间,这条链路还可以被其他主机用来传输数据,从而大大提高链路利用率。分组交换方式非常适合计算机之间通信的突发性和间接性的特点,它一直延续到现在,是现代计算机网络的理论基础。

3. 第三代计算机网络

ARPAnet 兴起后,计算机网络发展迅猛,各大计算机公司相继推出自己的网络体系结构及实现这些结构的软硬件产品;但由于没有统一的标准,不同厂商的产品之间互联很困难,人们迫切需要一种开放性的标准化实用网络环境。这样就出现了第三代计算机网络。

第三代计算机网络的特点就是制定了统一的不同计算机之间互联的标准,从而实现了不同厂家生产的计算机之间互连成网。应运而生的两种国际通用的最重要的体系结构分别是 TCP/IP 体系结构和国际标准化组织的 OSI 体系结构。

4. 第四代计算机网络

第四代计算机网络是在进入 20 世纪 90 年代后,随着数字通信与多媒体技术的发展而产生的,它的特点是综合化和高速化。综合化是指将多种业务综合到一个网络中完成,如现在发展迅速的"三网合一"。网络高速化近年来显得非常突出,如今大家组建各种网络时,100 M 到桌面已是基本,网络互联则多采用 1 000 M,甚至 10 G 带宽。

9.1.3 Internet 的发展

1. Internet 的快速发展

Internet 的前身是 ARPAnet。1969 年 12 月投入运行的 ARPAnet 到 1983 年已连接了 300 多台计算机,供美国各研究机构和政府部门使用。1984 年,ARPAnet 被分解成两个网络: 一个是民用科研网(ARPAnet);另一个是军用计算机网络(MILnet)。由于这两个网络都是由 许多网络互联而成的,因此它们都被称为 Internet。

由于 ARPAnet 的成功,美国国家科学基金会(NSF)认识到计算机网络对科学研究的重 要性,因此决定资助建立计算机科学网。从 1985 年起,NSF 就围绕其 6 个大型计算机中心建 设计算机网络。1986 年,NSF 建立了国家科学基金网(NSFnet),它是一个三级计算机网络, 分为主干网、地区网和校园网,覆盖了全美国主要的大学和研究所,NSFnet 也与 ARPAnet 相 连。最初,NSFnet 主干网的数据传输速率不高,只有 56 Kb/s。1989～1990 年,NSFnet 主干 网的数据传输速率提高到 1.544 Mb/s,并且成为 Internet 的主要部分。

NSFnet 的形成与发展,使它成为 Internet 中最重要的组成部分。与此同时,许多国家相 继建立起本国的骨干网并接入 Internet,例如加拿大的 CAnet,欧洲的 Ebone 和 NORDUnet, 英国的 Pipex 和 Janet,以及日本的 WIDE 等。1994 年 4 月 20 日,中国国家计算机与网络设施 (NCFC)也在经过多方努力和争取下正式接入 Internet。此时 Internet 用户数达到 2 000 多 万,覆盖范围遍及全球主要的经济发达和相对发达的国家和地区。

1995 年之后,NSF 不再向 Internet 提供资金,为了解决网络维持费用问题,Internet 的经 营全面商业化,同时向社会开放商业应用。这样,Internet 正式步入商业应用阶段。商业用户 的介入,也为网络的发展带来了巨大的机遇。

20 世纪 90 年代,由欧洲原子核研究所组织 CERN 开发的万维网(WWW)被广泛应用在 Internet 上,大大方便了广大非网络专业人员对网络的使用,使这一时期成为 Internet 发展最 迅猛的阶段。目前,WWW 应用已成为 Internet 上最大最成功的应用。

2. Internet 在我国的发展与现状

我国最早着手建设专用计算机广域网的是铁道部。铁道部在 1980 年即开始进行计算机 连网实验。1989 年 11 月,我国第一个公用分组交换网 CNPAC 建成运行。CNPAC 分组交换 网由 3 个分组结点交换机、8 个集中器和一个双机组成的网络管理中心所组成。1993 年 9 月 建成新的中国公用分组交换网,并改称为 CHINAPAC,由国家主干网和各省、区、市的省内网 组成。在北京和上海设有国际出口。

在 20 世纪 80 年代后期,公安、银行、军队以及其他一些部门也相继组建了各自的专用计 算机广域网。这对迅速传递重要的数据信息起着重要的作用。

除了上述广域网外,从 20 世纪 80 年代起,国内的许多单位也相继组建了大量的局域网。 局域网的价格便宜。其所有权和使用权都属于本单位,因此便于开发、管理和维护。局域网的 发展很快,对各行各业的管理现代化和办公自动化起到了积极作用。

这里应当特别提到的是 1994 年 4 月 20 日我国用 64 Kb/s 专线正式连入 Internet。从此, 我国被国际上正式承认为接入 Internet 的国家。同年 5 月中国科学院高能物理研究所设立了 我国第一个 WWW 服务器,9 月中国公用计算机互联网(CHINAnet)正式启动。中国互联网 事业也进入快步发展时期。

目前,我国已有数家全国范围的公用计算机网络,包括中国电信 China Telecom,中国联通 China Unicom,中国教育和科研计算机网 Cernet,中国移动 China Mobile,中国科技网 CSTnet。

我国互联网用户也是逐年快速增长。截止 2009 年底,我国网民规模达到 3.84 亿人,在总人口中的比重达到 28.9%,互联网普及率得到稳步上升。从绝对规模上看,我国网民数量已经非常庞大;但与互联网强国相比,我国互联网普及率还有很大的发展空间,网民规模增长依然旺盛。我国互联网事业仍然具有很好的发展前景。

9.2 计算机网络的组成及分类

9.2.1 计算机网络的组成

计算机网络系统是一个集计算机硬件设备、通信设施、软件系统及数据处理能力为一体的能够实现资源共享的现代化综合服务系统。

1. 硬件部分

(1) 终端。终端是网络中数量大、分布广的设备,是用户进行网络操作、实现人-机对话的工具。一台典型的终端看起来很像一台 PC 机,有显示器、键盘和一个串行接口。与 PC 机不同的是终端没有 CPU 和主存储器。在局域网中,PC 机代替了终端,既能作为终端使用又可作为独立的计算机使用,被称为工作站。

(2) 服务器。服务器是指向网络用户提供特定服务的计算机。服务器与客户机由于其处理数据的要求不同,因此档次一般也不同,用较高档次的计算机或专用计算机作为服务器。专用服务器比较耐用,内存和主板采用特殊的技术,有较强的校验功能而防止意外死机,同时为了防止偶然的停电等问题,配备不间断电源系统(UPS)提供后备保护。整个网络的用户均依靠不同的服务器提供不同的网络服务,网络服务器是网络资源管理和共享的核心。网络服务器的性能对整个网络的资源共享起着决定性的影响。

(3) 传输介质。传输介质是网络中信息传输媒体,是网络通信的物质基础。传输介质的性能特点对数据传输速率、通信距离、可连接的网络结点的数目和数据传输的可靠性等均有很大影响,必须根据不同的通信要求,选择不同的传输介质。常用的传输介质有双绞线、光纤,以及无线传输介质等。

(4) 网络互连设备。网络互连设备用来实现网络中各计算机之间的连接、网与网之间的互连、数据信号的变换以及路由选择等功能。网络中使用的连接设备主要包括路由器、交换机、网关、网络适配器(网卡)等。

2. 软件部分

计算机网络系统的软件部分一方面实现用户对网络资源的访问,帮助用户方便、安全的使用网络;另一方面管理和调度网络资源,提供网络通信和用户所需的各种网络服务。网络软件一般包括网络操作系统、网络协议、通信软件以及管理和服务软件等。

(1) 网络操作系统。网络操作系统是网络系统管理和通信控制软件的集合,它负责整个网络的软、硬件资源的管理以及网络通信和任务的调度,并提供用户与网络之间的接口。目前常用的计算机网络操作系统有 Linux,UNIX,Windows 2003 Server 等。

(2) 网络协议软件。网络协议是实现计算机之间、网络之间相互识别并正确进行通信的一组标准和规则,它是计算机网络工作的基础。一个网络协议主要由语法、语义、同步三部分组成。语法即数据与控制信息的结构或格式;语义即需要发出何种控制信息,完成何种动作以及作出何种应答;同步即事件实现顺序的详细说明。

9.2.2　计算机网络的分类

对计算机网络的分类可以从不同的角度进行分类,但目前多根据地域范围的大小将网络分为局域网(LAN)、城域网(MAN)和广域网(WAN)和互联网(internet)。

(1) 局域网。局域网的分布范围一般在几 km 之内,最大距离不超过 10 km,如一栋建筑物内、一个校园内。它是在小型计算机和微型计算机被大量推广使用之后才逐渐发展起来的。通常它的数据传输速率比较高,一般都在 100 Mb/s 以上,甚至达到 10 Gb/s,而且延时小,加上成本低、组网方便、使用灵活等特点,使它成为计算机网络技术中最活跃的一个分支,其作用和地位也越来越突出。

(2) 城域网。城域网是介于局域网和广域网之间的一种大范围的高速网络。随着局域网使用带来的好处,人们逐渐要求扩大局域网的范围,或者要求将已经使用的局域网互相连接起来,使其成为一个规模较大的城市范围内的网络。因此,城域网涉及的目标是要满足几十 km 范围内的大量企业、机关、院校的计算机联网需求,实现大量用户、多种信息传输的综合信息网络。

(3) 广域网。广域网也称远程网络,其作用范围通常为几十到几千 km。简单地说,广域网就是将多个局域网互联后产生的范围更大的网络,各局域网之间即可以通过速率较低的电话线进行连接,也可以通过高速电缆、光缆以及微波天线或卫星等远程通信方式连接。

(4) 互联网。从地理范围来说,互联网可以是全球计算机的互联,它的最大特点就是不定性,整个网络的计算机每时每刻随着人们网络的接入在不断地变化。连在互联网上时,计算机可以算是互联网的一部分;一旦断开与互联网的连接,计算机就不属于互联网了。互联网的优点非常明显,就是信息量大、传播广,无论身处何地,只要联上互联网就可以对任何可以联网用户发出信息或者获取需要的资料。

9.3　网络拓扑与网络体系结构

9.3.1　网络拓扑结构

计算机网络拓扑结构是指对计算机物理网络进行几何抽象后得到的网络结构,它将网上各种设备视为一个个单一结点,将通信线路视为一根连线,以此反映出网络中各实体间的结构关系。常见的网络拓扑结构有总线型、星型、环型、树型和网状 5 种,如图 9.1 所示。

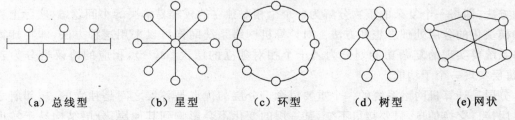

　　(a) 总线型　　　　(b) 星型　　　　(c) 环型　　　　(d) 树型　　　　(e) 网状

图 9.1　网络的 5 种拓扑结构

（1）总线型。总线型所有结点都连接在一条被称为总线（Bus）的主干电缆上，电缆连接简单、易于安装，增加和撤销网络设备灵活方便、成本低。在总线形结构中没有关键性结点，单一的工作站故障并不影响网上其他站点的正常工作；但由于网中各结点共享一条公用线路，就有可能出现在同一个时刻有两个或多个结点通过总线发送数据，因此会产生"冲突"造成传输失败，且采用"广播"方式收发信息，所以通信效率较低；网上的信息延迟时间不确定，故障隔离和检测困难，尤其是总线故障会引起整个网络瘫痪。

（2）星型。星型结构以一台设备作为中央结点，其他外围结点都单独连接在中央结点上。各外围结点之间不能直接通信，必须经过中央结点进行通信。中央结点可以是文件服务器或专门的接线设备，负责接收某个外围结点的信息，再转发给另一个外围结点。这种结构的特点是结构简单、建网容易、网络延迟时间短、故障诊断与隔离比较简单、便于管理；但需要的电缆长、成本高，网络运行依赖于中央结点，因而可靠性低，中央单元负荷重。

（3）环型。环型结构各结点形成闭合的环，信息可在环中作单向或双向流动，实现任意两点间的通信，在实际中以单向环居多。环形拓扑的特点是结构简单，传输延迟确定，通信设备和线路较为节省，传输速率高，抗干扰性较强；但环中任一处故障都可能会造成整个网络的崩溃，因而可靠性低，环的维护复杂，且环路封闭，扩充较难。目前由于采用了多路访问部件，能有效隔离故障，从而大大提高了可靠性。

（4）树型。树型结构是总线型结构的扩展，它是在总线网上加上分支形成的，其传输介质可有多条分支，但不形成闭合回路，树型网是一种分层网，其结构可以对称，联系固定，具有一定容错能力，一般一个分支和结点的故障不影响另一分支结点的工作，任何一个结点送出的信息都可以传遍整个传输介质，也是广播式网络。一般树型网上的链路相对具有一定的专用性，无需对原网做任何改动就可以扩充工作站。

（5）网状。网状拓扑结构指各结点通过传输线相互连接起来，并且任何一个结点都至少与其他两个结点相连。网状结构具有较高的可靠性，但其实现起来费用较高、结构复杂、不易管理和维护，主要应用在广域网中。在广域网中还经常使用部分网状链接的形式，以节省经费。

9.3.2 计算机网络协议与体系结构

计算机联网的目标是实现入网系统的资源共享，因此网上各系统之间要不断进行数据交换；但不同的系统可能使用完全不同的操作系统，或采用不同标准的硬件设备等，总之差异很大。为了使不同的系统之间能够顺利通信，通信双方必须遵守共同一致的规则和约定，如通信过程的同步方式、数据格式、编码方式等；否则，通信是毫无意义的。这些为进行网络中的数据交换而建立的规则、标准或约定称为网络协议（protocol）。

计算机网络是一个复杂的系统，由于不同系统之间可能存在很大的差异，如果用一个协议规定通信的全过程，显然是不可行的。在现实生活中，人们对复杂事物的处理往往采用分而治之的方法，即将一个复杂的事物分解为一个个相对独立的较容易解决的小问题，这实际上就是一种模块化的分层处理思想和方法。对计算机网络系统同样可以采用这种方法，即将计算机网络系统要实现的复杂功能划分为若干个相对独立的层次（layer），相应的协议也分为若干层，每层实现一个子功能。

分层是计算机网络系统的一个重要概念。分层的优点是各层之间是独立的，相邻层之间通过层接口交换信息，只要接口不变，某一层的变化不会影响到其他层；分层结构易于实现和维护;能促进标准化工作;不同系统之间只要采用相同的层次结构和协议就能实现互联、互通、互操作。

　　计算机网络的分层及其协议的集合称为计算机网络的体系结构。网络体系结构对计算机网络应该实现的功能进行了精确的定义,而这些功能是用什么样的硬件与软件去完成的,则是具体的实现问题。体系结构是抽象的,是研究系统各部分组成及相互关系的技术科学,而实现是具体的,它是指能够运行的一些硬件和软件。常见的网络体系结构有 ISO 的 OSI 参考模型和 TCP/IP 模型。

1. OSI 参考模型

　　OSI(open system interconnect,开放系统互连)参考模型是 ISO 组织在 1985 年研究的网络互联模型,其目的是为了更好地普及网络应用,即推荐所有公司使用这个规范来控制网络,这样所有公司都有相同的规范,就能互联了。

　　提供各种网络服务功能的计算机网络系统是非常复杂的。根据分而治之的原则,ISO 将整个通信功能划分为 7 个层次,划分原则是:①网路中各结点都有相同的层次;②不同结点的同等层具有相同的功能;③同一结点内相邻层之间通过接口通信;④每一层使用下层提供的服务,并向其上层提供服务;⑤不同结点的同等层按照协议实现对等层之间的通信。

　　OSI 的 7 层,由底向上依次是物理层、数据链路层、网络层、运输层、会话层、表示层、应用层,其分层模型如图 9.2 所示。

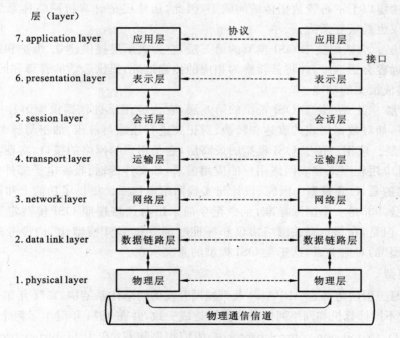

图 9.2　OIS 参考模型

　　在 OSI 参考模型中,不同系统对等层之间按相应协议进行通信,同一系统不同层之间通过接口进行通信。除了最底层的物理层是通过传输介质进行物理数据传输外,其他对等层之间的通信均为逻辑通信。在这个模型中,每一层将上层传递过来的通信数据加上若干控制位后再传递给下一层,最终由物理层传递到对方物理层,再逐级上传,从而实现对等层之间的逻辑通信。

OSI 参考模型中的 1～3 层主要负责通信功能,一般称为通信子网层;5～7 层属于资源子网的功能范畴,称为资源子网层。运输层起着衔接上下三层的作用。

(1) 物理层。物理层负责将二进制的数据流(bits)从一台计算机发送给另一台计算机。物理层不关心数据流的具体含义,而只管将数据流通过传输介质(双绞线、光纤或无线电波)从一个结点传输到另一个结点,是完全面向硬件的。物理层定义的是物理的或电气的特征,包括如何表示数据 0 和 1、网络连接器的接口类型、数据如何同步以及网卡何时发送或接收数据等。

(2) 数据链路层。数据链路层位于 OSI 模型中的第 2 层,位于物理层的上方,网络层的下方。它负责建立一条可靠的数据传输通道。发送端的数据链路层将从网络层传来的数据分割成可被物理层所传输的帧,而接收端的数据链路层将由物理层传来的数据帧转换成数据,上传给网络层。数据帧(frame)是用来传输数据的一种结构包,这个结构包中除了包含需要传输的有效数据以外,还包括发送端和接收端的网络地址以及控制信息和错误校验信息。

(3) 网络层。网络层位于 OSI 模型的第 3 层,其作用是保证信息到达预定目标。负责网络之间的两点间的数据传输,为运输层提供端到端的交换网络数据传送功能,诸如路由选择、交换方式、网络互联、拥挤控制等。网络层的数据传输单位称为分组(packet)。

(4) 运输层。运输层位于 OSI 模型的第 4 层,它为会话层提供透明、可靠的数据传输服务,保证端到端的数据完整性。运输层的数据传送单位称为数据段(segment),当上层的报文较长时,先要把它分割成适于在通信子网传输的分组。运输层向上一层屏蔽了下层数据通信的细节,即运输层以上不再管数据传输问题了,因此,运输层是计算机网络体系结构中最重要的一层,其协议也是最复杂的。

(5) 会话层。会话层位于 OSI 模型的第 5 层,它为表示层提供建立、维护和结束会话连接的功能;提供远程会话地址,并将其转换为相应的传输地址;提供会话的管理和同步;具有把报文分组重新组成报文的功能。

(6) 表示层。表示层位于 OSI 模型的第 6 层,它为应用层进程提供能解释所交换信息含义的一组服务,如对数据格式的表达和转换、对正文进行压缩与解压、加密与解密等功能。

(7) 应用层。应用层位于 OSI 模型的最高层,它是用户与网络的接口,实现具体的应用功能。该层通过应用程序来完成网络用户的应用需求,如文件传输、收发电子邮件等。

应该指出的是,OSI 模型为研究、设计与实现网络通信系统提供了功能上和概念上的框架结构,但它本身并非是一个国际标准,至少至今尚未出台严格按照 OSI 模型定义的网络协议及国际标准。但是,在指定有关网络协议和标准时都要把 OSI 模型作为"参考模型",并说明与该"参考模型"的对应关系,这正是 OSI 模型的意义所在。

2. TCP/IP 模型

TCP/IP 是美国国防部为 ARPAnet 及广域网开发的网络体系结构,1972 年第一届国际计算机通信会议就不同计算机和网络间的通信协议达成一致,并在 1974 年诞生了两个 Internet 基本协议,即 TCP(transmission control protocol,传输控制协议)和 IP(internet protocol,网际协议)。事实上,TCP/IP 是个协议族,它包含了 100 多个协议,是由一系列支持网络通信的协议组成的集合。作为 Internet 的核心协议,它不仅定义了网络通信的过程,而且它还定义了数据单元所采用的格式及它所包含的信息。TCP/IP 及相关协议形成了一套完整的系统,详细地定义了如何在支持 TCP/IP 协议的网络上处理、发送和接收数据。至于网络通信的具体实现,全由 TCP/IP 协议软件完成。TCP/IP 协议最终成为计算机网络互联的核心技术。

TCP/IP 与 OSI 有很大的区别。TCP/IP 将整个网络的功能划分成应用层、运输层、互联网络层、网络接口层 4 个层次。它与 OSI/RM 的大致对应关系如图 9.3 所示。

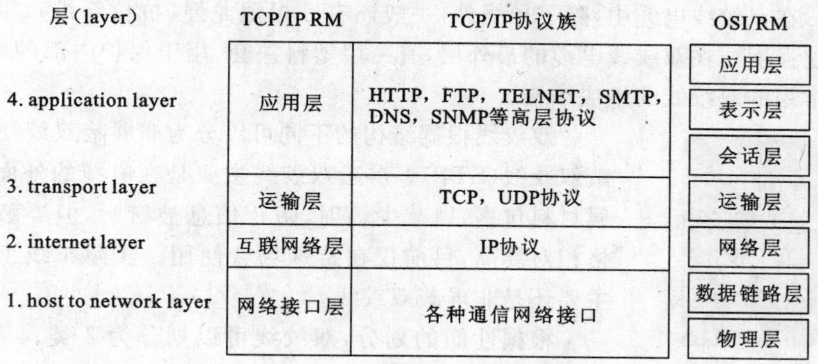

层（layer）	TCP/IP RM	TCP/IP 协议族	OSI/RM
4. application layer	应用层	HTTP, FTP, TELNET, SMTP, DNS, SNMP等高层协议	应用层 / 表示层 / 会话层
3. transport layer	运输层	TCP, UDP协议	运输层
2. internet layer	互联网络层	IP协议	网络层
1. host to network layer	网络接口层	各种通信网络接口	数据链路层 / 物理层

图 9.3　TCP/IP 与 OSI 的对应关系

在 TCP/IP 的网络接口层中，包括各种物理协议，如局域网中的以太网（Ethernet）、令牌环网（Token Ring）、光纤网（FDDI），广域网中的 ATM，X.25 网等。换言之，TCP/IP 协议可以运行在多种物理网络上，这充分体现了 TCP/IP 协议的兼容性与适应性。

在 Internet 上，TCP 和 IP 是配合进行工作的。网络之间的数据传输主要依赖 IP 协议。IP 是一种不可靠的无连接协议，"无连接"是指在正式通信前不必与对方先建立连接，不管对方状态就直接发送。这与现在的手机短信非常相似。IP 只负责确定路由选择并尽力传送每一个 IP 数据报（IP datagram），无论传输正确与否，不做验证，不发确认，也不保证分组的正确顺序，一切可靠近性工作均交由上层协议（TCP 协议）处理。这样带来的效果是网络传输效率的极大提高。当然，这种协议要求低层网络技术要比较可靠。TCP 是一种可靠的面向连接的协议，负责将传输的信息分割并打包成数据报，并传送到网络层，发送到目的主机。同时负责将收到的数据报进行检查，丢弃重复的数据报，并通知对方重发错误的、丢失的数据报，保证精确的按原发送顺序重组数据。此外，TCP 协议还具有流量控制功能。UDP 协议是一种不可靠的无连接协议，不提供可靠的传输服务，但与 TCP 相比，它开销小、效率高。因而适用于对速度要求较高而功能简单的类似请求/响应方式的数据通信。

应用层对应于 OSI 的上三层，为用户提供所需要的各种网络应用服务，协议种类多，常用的协议有 HTTP，FTP，TELNET，DNS，SMTP，POP3 等。

9.4　网络传输方式与介质

9.4.1　双绞线

双绞线是目前综合布线工程中使用最广的一种传输介质。双绞线采用了一对互相绝缘的铜导线互相绞合而成，这样可以减小临近线之间的电磁干扰。双绞线电缆则通过封装着一对或一对以上的双绞线构成，每根铜导线的绝缘层上分别涂有不同的颜色，以示区别。

双绞线既可以传输模拟信号，也可以传输数字信号。双绞线电缆广泛应用于当前的固定电话系统，几乎所有的电话机都是通过双绞线连接到附近的电信局机房。在双绞线中传输的电话信号可以在几千米的范围内不需要放大。由于双绞线的技术和标准都比较成熟，价格比较低廉，安装也相对容易，因此目前计算机局域网中最通用的传输介质是双绞线。

计算机局域网所使用的双绞线为 4 对 8 芯,其导线颜色分别为橙白、橙、绿白、绿、蓝白、蓝、棕白、棕。在双绞线电缆中,除了导线外,一般还有一根尼龙绳(抗拉纤维),用于增加双绞线电缆的抗拉强度。在双绞线电缆的最外层,有一层塑料护套,用于保护内部的导线。图 9.4 所示为一种常用的双绞线的组成结构。

图 9.4　双绞线的组成结构

双绞线根据结构的不同可以分为非屏蔽双绞线(UTP)和屏蔽双绞线(STP)。屏蔽双绞线主要是在电缆的外面加有一层金属材料包裹,以减少辐射,防止信息被窃听,但屏蔽双绞线的价格相对要高,目前仅在特殊场合使用。实际布线工程中采用的主要还是非屏蔽双绞线。

根据性能的划分,双绞线可以划分为 3 类、4 类、5 类、超 5 类、6 类和 7 类等。目前综合布线工程中主要采用超 5 类双绞线和 6 类双绞线。超 5 类双绞线主要应用在 100 M 网络布线环境中,6 类双绞线主要应用于 1 000 M 的网络传输。在双绞线线缆的外皮上都会印有双绞线的种类,便于用户识别。如超 5 类双绞线印有 CAT5e 标志,6 类双绞线则印有 CAT6 的标志。

双绞线用于传输数字信号时一般要求不超过 100 m,实际综合布线工程中不能超过 90 m。

9.4.2　光纤

光纤即光导纤维,是一种细小、柔韧并能够传输光信号的介质。细微的光纤封装在塑料护套中,使得它能够弯曲而不至于断裂,如图 9.5 所示。包含光纤的线缆称为光缆。

由于光在光导纤维中的传输损失比电在电缆中传导的损耗低得多,光缆可用于长距离、大容量的信息传输。同时玻璃纤维的主要生产原料是硅,蕴藏量极大,较易开采,所以价格便宜,促使光缆得以广泛应用,在计算机网络中发挥着十分重要的作用,成为传输介质中的佼佼者。

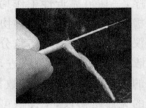

图 9.5　光纤结构示意图

光纤通信主要是利用光在玻璃纤维中的全反射原理来传输的光信号。通常光纤一端的发射设备使用发光二极管或一束激光将光脉冲传送至光纤,光纤另一端的接收设备使用光敏组件检测脉冲。

光纤一般分为单模光纤和多模光纤两种。单模光纤采用激光二极管作为光源,而多模光纤采用发光二极管作为光源。多模光纤的纤芯粗,传输速率低,距离短,整体的传输性能差,一般用于建筑物内或物理位置相邻的环境中;单模光纤的纤芯相应较细,传输频带宽,容量大,距离远,但需要激光作为光源,通常在建筑物之间或地域分散的环境中使用。单模光纤是当前计算机网络中研究和应用的重点。

光纤的传输速率高(可达到 10 Gbit/s 至 100 Gbit/s),传输距离远(无中继情况下可传输几十至上百 km),同时它不受电磁干扰和静电干扰,无串音干扰,保密性强,是远距离网络布线的首选。当前,随着千兆位以及万兆位计算机网络的不断普及和光纤产品及设备价格的不断下降,光纤将很快被大众接受。尤其是随着多媒体网络的日益成熟,光纤到桌面也将成为网络发展的一个趋势。

9.4.3　无线传输

无线局域网的基础还是传统的有线局域网,是有线局域网的扩展和替换。它只是在有线局域网的基础上通过无线交换机、无线访问结点、无线网桥、无线网卡等设备使无线通信得以实现。与有线网络一样，无线局域网同样也需要传送介质。只是无线局域网采用的传输媒体不是双绞线或者光纤，而是红外线或者无线电波，以后者使用居多。

红外线局域网采用小于 1 μm 波长的红外线作为传输媒体，有较强的方向性，由于它采用低于可见光的部分频谱作为传输介质，使用不受无线电管理部门的限制。红外信号要求视距传输，并且窃听困难，对邻近区域的类似系统也不会产生干扰。在实际应用中，由于红外线具有很高的背景噪声，受日光、环境照明等影响较大，一般要求的发射功率较高。红外系统采用光发射二极管（LED）、激光二极管（ILD）来进行站与站之间的数据交换。红外设备发出的光，非常纯净，一般只包含电磁波或小范围电磁频谱中的光子。传输信号可以直接或经过墙面、天花板反射后，被接收装置收到。红外信号没有能力穿透墙壁和一些其他固体，每一次反射都要衰减一半左右，同时红外线也容易被强光源给盖住。红外波的高频特性可以支持高速度的数据传输，它一般可分为点到点与广播式两类。但是，红外线对非透明物体的透过性极差，这导致传输距离受限。

采用无线电波作为无线局域网的传输介质是目前应用最多的，这主要是因为无线电波的覆盖范围较广，应用较广泛。使用扩频方式通信时，特别是直接序列扩频调制方法因发射功率低于自然的背景噪声，具有很强的抗干扰抗噪声能力、抗衰落能力。这一方面使通信非常安全，基本避免了通信信号的偷听和窃取，具有很高的可用性；另一方面无线局域使用的频段主要是 S 频段（2.4 G～2.483 5 GHz），这个频段也叫 ISM（industrial, scientific and Medical equipment or appliance，工业、科学和医疗设备或器具）频段。该频段属于工业自由辐射频段，不会对人体健康造成伤害，所以无线电波成为无线局域网最常用的无线传输媒体。无线介质不使用电或光导体进行电磁信号的传递工作。从理论上讲，地球上的大气层为大部分无线传输提供了物理数据通路。由于各种各样的电磁波都可用来携载信号，所以电磁波就被认为是一种介质。

9.5 IP 地址与域名系统

9.5.1 IP 地址

网络上的设备几十亿台，为了实现它们之间的通信而不出现混乱，每台设备都必须以独立的身份出现，应该有自己特殊的标志，以区别于他人，与自己想要联系的设备进行通信。网络设备的这种标志就是 IP 地址。IP 地址是网络上任一设备用来区别于其他设备的标志，就像公用电话网中的电话号码一样，每个用户所拥有的电话号码都是唯一的，不可与其他用户重复。

一个完整的 IP 地址由 32 位二进制数表示，如 11001010010011001100000101111110。显然 IP 地址的这种表现形式并不利于人的记忆。为了便于应用与记忆，IP 地址在实际使用过程中不是直接使用二进制，而是采用点分十进制表示，即 IP 地址分为 4 段，每段 8 位，用相应的十进制数表示，每段的数值范围在 0～255 之间。这样，上述 IP 地址采用点分十进制可表示为 202.140.193.126。

IP 地址的分配与管理由 ICANN（Internet 名称与数字地址分配机构）负责，它确保网络 IP 的唯一性。IP 地址由网络标识（网络 ID）和主机标识（主机 ID）两部分组成。网络 ID 用于确定某一特定的网络;主机 ID 用于确定该网络中某一特定的主机。网络 ID 类似于长途电话号码中的区号,主机 ID 类似于市话中的电话号码。同一网段上所有的主机拥有相同的网络 ID,但是在同一网段中,绝对不能出现主机 ID 相同的两台计算机。

目前,常用的 IP 地址可以分为 A,B,C 三类,它们的特征见表 9.1。

表 9.1 IP 地址分类表

类别	标 识			
	第 1 个字节	第 2 个字节	第 3 个字节	第 4 个字节
A	0 网络 ID	主机 ID		
B	1 0	网络 ID	主机 ID	
C	1 1 0	网络 ID		主机 ID

1. A 类地址

A 类地址用于超大规模网络,目前主要被 IBM 等为数不多的几家大公司所占用。A 类地址的最高位为 0,紧跟 7 位(即第一个字节的后 7 位)表示网络 ID,即 $0\times\times\times\times\times\times\times$,剩下的 24 位表示主机 ID。A 类 IP 地址的第一个字节范围为 1~126。例如,110.110.129.130 即是一个 A 类地址,其中 110 是网络 ID,而 110.129.130 是主机 ID。A 类网络虽然只有 127 个,但是每个网络却最多可以容纳 $2^{24}-2$(即 16 777 214)台主机。

2. B 类地址

B 类地址用于大、中规模网络。B 类地址的前两个字节为网络 ID,后两个字节为主机 ID 地址。另网络 ID 的第一个字节的前两位固定为 10,所以 B 类地址第一个字节的范围为 128~191。例如,156.128.129.130 即是一个 B 类地址,其中 156.128 是网络 ID,而 129.130 是主机 ID。B 类网络共有 2^{14}(即 16 384)个,每个网络可以容纳 $2^{16}-2$(即 65 534)台主机。

3. C 类地址

C 类地址用于小型网络。它的前三个字节为网络 ID 地址,第 4 个字节为主机 ID。且网络 ID 的第一个字节的前三位固定为 110,所以 C 类地址第一个字节的范围为 192~223。例如,202.103.24.68 即是一个 C 类地址,其中 202.103.24 是网络 ID,而 68 是主机 ID。C 类网络共有 2^{21}(即 2 097 152)个,每个网络可以容纳 $2^{8}-2$(即 254)台主机。

4. 特殊的 IP 地址

为了满足像企业网、校园网、办公室、网吧等内部网络使用 TCP/IP 协议的需要,IANA 将 A,B,C 类地址的一部分保留下来,作为私有 IP 地址使用。私有 IP 地址的范围为 10.0.0.0~10.255.255.255,172.16.0.0.~172.31.255.255,以及 192.168.0.0~192.168.255.255。

私有 IP 地址不需要申请,任何人在任何网络中都可以使用。也正因为这样,私有 IP 地址只能在内部网络中使用,而不能与其他网络互连。因为本网络中的私有 IP 地址同样也可能被其他网络使用,如果进行网络互连,那么寻找路由时就会因为地址的不唯一而出现问题;但这些使用保留地址的网络可以通过将本网络内的私有 IP 地址翻译转换成公共 IP 地址的方式实现与外部网络的互联。就如同不同企业内的分机可能使用相同的号码,但是它们不能直接通信,必须通过总机转接,在公共电话网内以总机的身份进行信号传输。

除了私有 IP 地址,还存在一些特殊的 IP 地址,如 0.0.0.0,127.0.0.1 和 169.254.×.×。

严格意义上讲,0.0.0.0 并不是一个真正意义的 IP 地址,它表示所有不清楚的主机和目标网络。这里的"不清楚"是指在本机的路由表里没有特定条目指明如何到达。

127.0.0.1 是本机地址,就是"我自己"的意思,主要用于测试。在 Windows 系统中,这个地址有一个别名 Localhost。寻址这样一个地址,是不能把它发到网络接口的。除非出错,否则在传输介质上永远不应该出现目的地址为 127.0.0.1 的数据包。

169.254.×.× 是 DHCP 服务器发生故障,或响应时间太长而超出了一个系统规定的时间时,Windows 系统自动为使用了 DHCP 功能获得 IP 地址的主机分配的地址。这类 IP 地址的出现,表明网络已不能正常运行了。

9.5.2 域名与域名系统

由于数字形式的 IP 地址难以记忆,所以人们往往采用有意义的字符形式即域名来表示 IP 地址。域名采用层次型的命名机制,由一串用点分隔的名字组成,名字从左往右构造,表示的范围从小到大。其格式为

主机名. n 级子域名. …. 二级子域名. 顶级域名　　（通常 $2 \leqslant n \leqslant 5$）

例如,moe. edu. cn 为中华人民共和国教育部的域名。

顶级域名(最高层域)分为通用域名和国家域名两大类。通用域名描述的是网络机构(亦称非地理域),主要源于 Internet 的发源地美国,一般用三个字母表示,见表 9.2;国家域名描述的是网络的地理位置(国家或地区),采用 ISO 3166 文档中指定的两个字符作为国家或地区名称,见表 9.3。

表 9.2 部分通用域名	
顶级域名	含　义
COM	商业组织
EDU	教育机构
GOV	政府部门
MIL	军事部门
NET	网络机构
ORG	非营利组织
INT	特定的国际组织

表 9.3 部分国家域名	
顶级域名	含　义
CN	中国
JP	日本
GB	英国
DE	德国
CA	加拿大
FR	法国
AU	澳大利亚

将域名翻译成 IP 地址的软件称为域名系统(domain name system,DNS),它负责对整个 Internet 域名进行管理。所有的 Internet 域名都要在域名系统中进行申请和登记。只有得到批准的域名才可以使用。

装有 DNS 软件系统的主机,称为域名服务器(domain name server),它是一种能够实现名字解析的分层结构数据库。当在网络访问中使用域名地址时,该域名地址被送往本地系统事先指定的某个域名服务器,这个域名服务器内部有一本域名地址和 IP 地址对应的"字典",如果在其中找到相应 IP 地址,则将该目的主机的 IP 地址返回给用户主机连接。如果在指定的域名服务器中未找到相应 IP 地址,则其会将域名地址提交其上一级域名服务器处理,以此类推。如果最终未能找到,会通知用户,找不到对应的 IP 地址。

9.6 互联网的接入方式与常用命令

9.6.1 Internet 服务提供者

ISP(Internet service provider,因特网服务提供者),即向广大用户综合提供 Internet 接入业务、信息业务和增值业务的电信运营商。根据提供服务的不同,还可以进一步分为 IAP(Internet access provider,因特网接入提供者)和 ICP(Internet content provider,因特网内容提供者)。IAP 为用户提供 Internet 接入服务,ICP 则为用户提供 Internet 内容服务,在 Internet 上发布信息,供用户访问。

目前,我国最大的 IAP 是中国电信、中国联通以及 Cernet 等,它们可提供一系列网络接入方案,帮助个人或企业用户联入 Internet。淘宝网(www. taobao. com. cn)、百度(www. baidu. com)、雅虎(cn. yahoo. com)、新浪(www. sina. com. cn)、网易(www. 163. com)等是目前国内比较著名的 ICP。

用户必须使用 IAP 提供的接入服务才能接入 Internet。IAP 提供给用户的接入方式主要分为两大类:一类是以使用固定 IP 地址为主的专线接入方案;另一类是以使用动态 IP 地址为主的拨号接入方案。由于当前全球 IP 地址资源越来越紧缺,IAP 对个人用户接入主要采用拨号接入方案,对提供网络资源的服务器和专线接入的大客户采用固定 IP 地址接入。

9.6.2 电话线路接入技术

通过电话线路接入是家庭用户最常见的上网方式,现在通过电话线路有拨号上网、ISDN和 ADSL 三种接入方式。ISDN 和 ADSL 需要电信部门安装专门的交换机,而拨号上网只需要有畅通的电话线路。

1. 拨号上网

拨号上网是 20 世纪 90 年代使用最为普遍的一种 Internet 接入方式。只要用户拥有一台个人电脑、一个外置或内置的调制解调器(Modem)和一根电话线,再向本地 ISP 申请自己的账号,或购买上网卡,拥有自己的用户名和密码后,通过拨打 ISP 的接入号即可连接到 Internet 上。

拨号上网所使用的 Modem 是一种数字信号与模拟信号之间的转换设备。在通信过程中,其中一端将计算机输出的数字信号转换成模拟信号再送到线路上传输;另一端接收线路上发送过来的模拟信号,并将其还原为发送前的数字信号,然后提交给接收计算机进行处理。通过 Modem 拨号上网速率较低且性能较差,只有几十 Kb/s,且完全占用电话线路,即上网时电话无法通信,现在这种方式已基本淘汰。

2. ISDN 接入

ISDN(integrated service digital network,综合业务数字网)是从电话综合数字网发展演变而成的,是提供端到端的数字连接的通信网络,支持包括语音和非语音的多种业务。

ISDN 又称一线通,即能在一条普通电话线上提供语音、数据、图像等综合性业务,并可连接 8 台终端或电话,有 2 台终端设备(如一部电话、一台计算机或一台数据终端)可以同时使用。在一根普通电话线上,可以提供以 64 Kb/s 速率为基础并可以达到 128 Kb/s 的上网速度。

ISDN 的发送端用户输出的信号与接收端输入的信号都是数字信号，即在 ISDN 网中，中继线和用户线路上传输的都是数字信号。用户使用 ISDN 接入 Internet 时，需要安装一个 ISDN 终端（NT1），NT1 通过电话线路连接到电信局的 ISDN 交换机上。ISDN 接入速率较低，无法满足当今用户需求，现在也已很少使用。

3. ADSL 接入

ADSL（asymmetric digital subscriber line，不对称数字用户线）是 DSL（digital subscriber line，数字用户线）家族的一员。DSL 包括 HDSL，SDSL，VDSL，ADSL 和 RADSL 等，一般统称为 xDSL。它们之间的主要区别体现在信号传输速度和距离的不同以及上行速度和下行速度对称性的不同这两个方面。其中，ADSL 因其技术比较成熟，且已经有确定的标准，所以发展较快，很受用户欢迎。

ADSL 属于非对称式传输，它以普通电话线作为传输介质，可以在一对电话线上支持 640 K～1 Mb/s 的上行速度和 1 M～8 Mb/s 的下行速度，有效传输距离可达 3～5 km。ADSL 用户端的接入非常简单，ADSL 调制解调器和语音分离器都由 ISP 提供，用户只要有一条电话线和一台安装有网卡的计算机既可实现与 Internet 的连接，如图 9.6 所示。

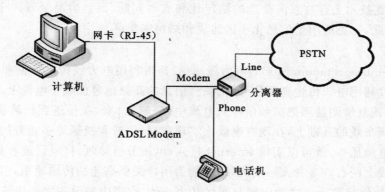

图 9.6 ADSL 用户端接入示意图

ADSL 技术的主要特点是可以充分利用现有电话线网络，语音信号和数字信号可以并行，可以同时上网和通话。ADSL 所支持的业务主要有 Internet 高速接入、视频点播（VOD）、网上音乐厅、网上游戏、网络电视以及远程可视电话、远程医疗、远程教学等服务。ADSL 是目前传递交互多媒体业务最经济和有效的方法之一。

9.6.3 其他线路接入技术

1. Cable Modem 接入

Cable Modem（电缆调制解调器），顾名思义是适用于电缆传输体系的调制解调器，它是利用了有线电视电缆的工作机制，使用了电缆带宽的一部分来传送数据。

CATV（cable television，有线电视）网是由广电部门规划设计的用来传输电视信号的网络，其覆盖范围广、用户多；但是 CATV 网是单向传输的，只有下行通道，因为它的用户只要求接收电视信号，而并不需要上传信息。因此，利用有线电视网传输网络信号，需要对现有 CATV 网进行改造，使其具有双向传输功能。

HFC（Hybrid Filer Coax，混合光纤同轴电缆）网就是对 CATV 网的一种改造，它将 CATV 网中的同轴电缆主干部分改换成光纤。光纤从头端连接到光纤结点，然后在光结点，光信号被转换成电信号并通过同轴电缆连接到用户端,如图9.7所示。

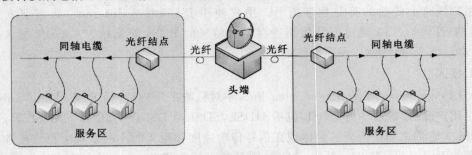

图 9.7　HFC 网络的结构

接入 HFC 网络的每个家庭都要安装一个用户接口盒,并提供三种连接:使用同轴电缆连接到机顶盒再连接用户的计算机;使用双绞线连接到电话机;使用 Cable Modem 连接到用户的计算机。使用 Cable Modem 的用户最大可获得下行 30 Mb/s、上行 10 Mb/s 的共享高速连接速率;但随着上网用户的增加,每个用户实际可以使用的带宽将大打折扣。

HFC 网络在技术上存在双向改造的稳定性和成本问题,而且容易受噪声干扰,存在故有的安全漏洞,因此,它更适用于信息化小区建设和居民密集区。

2. 电力线接入

PLC(power-line communication,电力线通信)是指利用电力线传输数据和语音信号的一种方式。它通过利用电线传送高频信号,把载有信息的高频信号加载于电流上,然后用电线传输,接收信息的调制解调器再把高频信号从电流中"分解"出来,并传送到计算机或电话上,从而在不需要重新布线的基础上,在现有电线上实现数据、语音和视频等多业务的承载。终端用户只需要插上电源插头,就可以实现 Internet 接入、电视节目接收、打电话或者是可视电话。

通过电力线上网有许多令人心动之处,它能为用户提供高速的传输速率,信息传送速度可达到 10 Mb/s;能够将整个家庭的电器与网络联为一体,在室内的设备之间构筑起可自由交换信息的局域网,使人们能够通过网络来控制自己家里的电器设备。电力线在家庭、公司及各种场所处处可达,比电缆甚至是固定电话网络更是广泛。

但是,电力线传输也存在明显的缺点,就是噪声大和安全性低的问题。电力系统的基础设施并不具备提供高质量数据传输服务的功能,而且,使用电力线来进行通信经常会发生一些不可预知的错误。家庭电器产生的电磁波会对通信产生干扰,这种联网方式也会影响短波收音机等。另外,使用电力线上网服务,是一种"共享带宽"的技术,用户上网时的速度,取决于当时会有多少用户上网。如果很多用户同时上网,传输速度相对就较慢。

3. 局域网接入

局域网接入就是将用户的计算机通过双绞线直接接到一个与 Internet 相连的局域网上,并且获得一个永久属于用户计算机的 IP 地址。这种接入方式不仅具有很高的本地数据传输速率(可达 100 Mb/s 或更高),而且不需要 Modem 和电话线,仅需要一块网卡并安装 TCP/IP 协议即可。

局域网接入技术成熟且速率高,但是它需要重新布线,而且交换机和用户网卡之间的距离不能超过 100 m,否则信号衰减很厉害。出于成本和维护的原因,局域网接入方式受到了很大制约,它主要应用于企事业单位、学校等区域,而对普通用户提供局域网接入方式仅限于部分宽带小区。

9.6.4 无线接入技术

随着互联网以及无线通信技术的快速发展,使用手机、笔记本电脑等随时随地地上网已成为用户的迫切需求,随之而来的是使用无线接入技术的出现。无线上网具有其明显的特点:它不需要专门进行管道线路的铺设,为一些光缆或电缆无法铺设的区域提供了业务接入的可能,缩短了工程项目的时间,节约了管道线路的投资;可根据区域的业务量的增减灵活调整带宽;可十分方便地进行业务迁移、扩容,在临时搭建业务点的应用中优势更加明显。

1. GSM 接入技术

GSM 是一种起源于欧洲的移动通信技术标准,是第二代移动通信技术。它用的是窄带 TDMA,允许在一个射频,即"蜂窝",同时进行 8 组通话。GSM 是 1991 年开始投入使用的。到 1997 年底,已经在 100 多个国家运营,成为欧洲和亚洲实际上的标准。

GSM 数字网具有较强的保密性和抗干扰性,音质清晰、通话稳定,并具备容量大、频率资源利用率高、接口开放、功能强大等优点。我国于 20 世纪 90 年代初引进采用此项技术标准,此前一直是采用蜂窝模拟移动技术,即第一代 GSM 技术(2001 年 12 月 31 日我国关闭了模拟移动网络)。目前,中国移动、中国联通各拥有一个 GSM 网,为世界最大的移动通信网络。

GSM 网络手机用户可以通过 WAP(wireless application protocol,无线应用协议)上网。

2. CDMA 接入技术

CDMA(code-division multiple access,码分多址)被称为第 2.5 代移动通信技术。CDMA 手机具有话音清晰、不易掉话、发射功率低和保密性强等特点,发射功率只有 GSM 手机发射功率的 1/60,被称为"绿色手机"。

更为重要的是,基于宽带技术的 CDMA 使得移动通信中视频应用成为可能。CDMA 与 GSM 一样,也是属于一种比较成熟的无线通信技术。与 GSM 不同的是,CDMA 并不给每一个通话者分配一个确定的频率,而是让每一个频道使用所能提供的全部频谱。

因此,CDMA 数字网具有以下几个优势:高效的频带利用率和更大的网络容量、简化的网络规划、通话质量高、保密性及信号覆盖好、不易掉话等。另外,CDMA 系统采用编码技术,其编码有 4.4 亿种数字排列,每部手机的编码还随时变化,这使得盗码只能成为理论上的可能。

3. GPRS 接入技术

相对原来 GSM 的拨号方式的电路交换数据传送方式,GPRS(general packet radio service,通用分组无线业务)是分组交换技术。由于使用了"分组"的技术,用户上网可以免受断线之苦。此外,使用无线局域网接入技术 GPRS 上网的方法与 WAP 并不同,用 WAP 上网需先"拨号连接",而上网后便不能同时使用该电话线;但 GPRS 就较为优越,下载资料和通话是可以同时进行的。从技术上来说,如果单纯进行语音通话,不妨继续使用 GSM,但如果有数据传送需求时,最好使用 GPRS。

它把移动电话的应用提升到一个更高的层次。同时,发展 GPRS 技术也十分"经济",因为它只需对现有的 GSM 网络进行升级即可。GPRS 的用途十分广泛,包括通过手机发送及接收电子邮件,在 Internet 上浏览等。

GPRS 的最大优势在于它的数据传输速度非 WAP 所能比拟。目前的 GSM 移动通信网的数据传输速度为 9.6 Kb/s,而 GPRS 达到了 115 Kb/s,此速度是常用 56K Modem 理想速率的两倍。除了速度上的优势,GPRS 还有"永远在线"的特点,即用户随时与网络保持联系。

4. 蓝牙技术

蓝牙(bluetooth)实际上是一种实现多种设备之间无线连接的协议。通过这种协议能使包括蜂窝电话、掌上电脑、笔记本电脑、相关外设等众多设备之间进行信息交换。蓝牙应用于手机与计算机的相连,可节省手机费用,实现数据共享、Internet 接入、无线免提、同步资料、影像传递等。

虽然蓝牙在多向性传输方面上具有较大的优势,但若是设备众多,识别方法和速度也会出现问题。蓝牙具有一对多点的数据交换能力,故它需要安全系统来防止未经授权的访问,蓝牙的基本通信速度为 750 Kb/s,不过现在带 4 Mb/s 端口的产品已经非常普遍,而且最近 16 Mb/s 的扩展也已经被批准。

5. 3G 通信技术

目前,无线通信技术正快步进入 3G 时代,该技术又称为国际移动电话 2000。该技术规定,移动终端以车速移动时,其传输数据速率为 144 Kb/s,室外静止或步行时速率为 384 Kb/s,而室内为 2 Mb/s;但这些要求并不意味着用户可用速率就可以达到 2 Mb/s,因为室内速率还将依赖于建筑物内详细的频率规划以及组织与运营商协作的紧密程度。然而,由于 WLAN 一类的高速业务的速率已可达 118 Mb/s,在 3G 网络全面铺开时,人们很难预测 2 Mb/s 业务的市场需求将会如何。

6. WLAN

WLAN(wireless LAN,无线局域网)是计算机网络与无线通信技术相结合的产物。它使用无线电波作为数据传送的媒介,传送距离一般为几十米。无线局域网的主干网路通常使用电缆(CABLE),而用户则通过一个或更多 WAP(wireless access points,无线接入点)接入无线局域网,如图 9.8 所示。无线局域网现在已经广泛应用于商务区、大学、机场及其他公共区域。

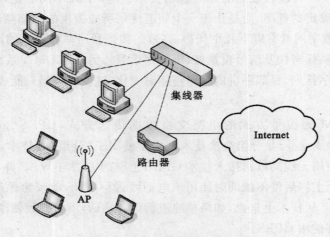

图 9.8　WLAN 接入结构图

WLAN 不受电缆束缚,可移动,能解决因有线网布线困难等带来的问题,并且有组网灵活,扩容方便,与多种网络标准兼容,应用广泛等优点。WLAN 虽传输距离有限,但其速率是其他无线接入技术无法比拟的,它既可满足各类便携机的入网要求,也可实现计算机局域网远端接入、图文传真、电子邮件等多种功能。

9.6.5 常用网络操作命令

1. ping

ping 是个使用频率极高的实用程序,用于确定本地主机是否能与另一台主机交换(发送与接收)数据报。根据返回的信息,可以推断 TCP/IP 参数是否设置得正确以及运行是否正常。简单地说,ping 就是一个测试程序,如果 Ping 运行正确,大体上就可以排除网络访问层、网卡、电缆和路由器等存在的故障,从而减小了问题的范围;但由于可以自定义所发数据报的大小及无休止地高速发送,ping 也被某些别有用心的人作为 DDOS(拒绝服务攻击)的工具。

按照缺省设置,Windows 上运行的 ping 命令发送 4 个 ICMP(Internet control message protocol,因特网控制消息协议)回送请求,每个 32 字节数据。如果一切正常,应能得到 4 个回送应答。ping 某个地址,并得到回复的过程,如图 9.9 所示。

图 9.9 ping 命令使用截图

正常情况下,当使用 ping 命令来查找问题所在或检验网络运行情况时,需要使用多个 ping 命令。如果所有都运行正确,就可以相信基本的连通性和配置参数没有问题;如果某些 ping 命令出现运行故障,它也可以指明到何处去查找问题。下面给出一个典型的检测次序及对应的可能故障。

(1) ping 127.0.0.1。这个命令被送到本地计算机的 IP 软件,如果没有做到这一点,就表示 TCP/IP 的安装或运行存在某些最基本的问题。

(2) ping 本机 IP。这个命令被送到计算机所配置的 IP 地址,计算机始终都应该对该 ping 命令作出应答,如果没有,则表示本地配置或安装存在问题。出现此问题时,局域网用户应断开网络电缆,然后重新发送该命令。如果网线断开后本命令正确,则表示另一台计算机可能配置了相同的 IP 地址。

(3) ping 局域网内其他 IP。这个命令应该离开本机,经过网卡及网络电缆到达其他计算机,再返回。收到回送应答表明本地网络中的网卡和载体运行正确;但如果收到 0 个回送应答,则表示子网掩码不正确或网卡配置错误或电缆系统有问题。

(4) ping 网关 IP。这个命令如果应答正确,表示局域网中的网关路由器正在运行并能够作出应答。

(5) ping 远程 IP。如果收到 4 个应答,表示成功地使用了缺省网关。对于拨号上网用户则表示能够成功地访问 Internet,但不排除 ISP 的 DNS 会有问题。

(6) ping cn.yahoo.com。对域名执行 ping 操作,通常会通过 DNS 服务器将域名转换成对应的 IP 地址。如果未转换成功,则表示 DNS 服务器的 IP 地址配置不正确或 DNS 服务器有故障。当然对 DNS 的检测也可通过后面介绍的 nslookup 命令实现。

如果上面所列出的所有 ping 命令都能正常运行,则表明计算机进行本地和远程通信的功能基本正常。但是,这些命令的成功并不表示所有的网络配置都没有问题,如某些子网掩码错误就可能无法用这些方法检测到。

2. ipconfig

ipconfig 命令用于显示当前的 TCP/IP 配置的设置值。这些信息一般用来检验人工配置的 TCP/IP 设置是否正确或者查看主机通过 DHCP 服务所获取的 IP 地址等信息。通过 ipconfig 命令查看本机详细的 TCP/IP 配置信息,如图 9.10 所示。

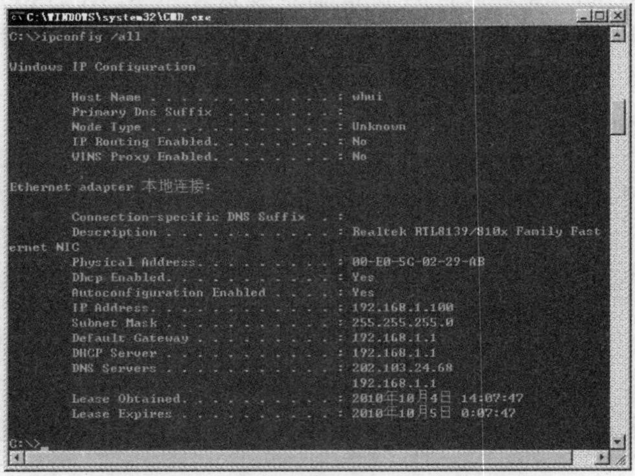

图 9.10　ipconfig 命令使用截图

3. tracert

当数据包从本机经过多个网关传送到目的地时,tracert 命令可以用来跟踪数据报使用的路由(路径)。该实用程序跟踪的路径是源计算机到目的地的一条路径,不能保证或认为数据报总遵循这个路径。如果配置使用了 DNS,那么常常会从所产生的应答中得到城市、地址和常见通信公司的名字。

tracert 的使用很简单,只需要在 tracert 后面跟一个 IP 地址或域名地址,如图 9.11 所示。tracert 一般用来检测故障的位置,可以用 tracert IP 检测在哪个环节上出了问题,虽然还是没有确定是什么问题,但它报告了问题所在的地方。

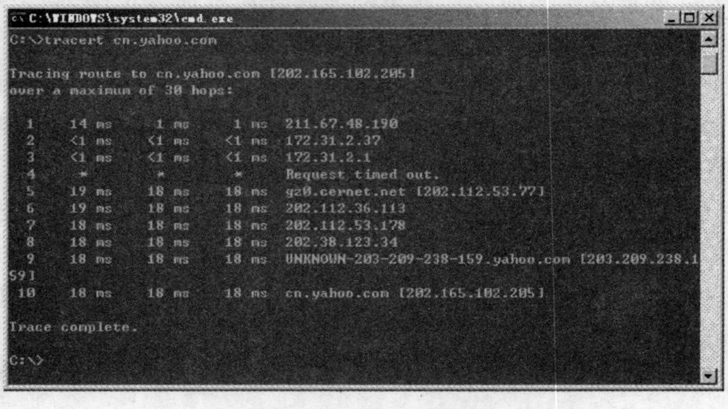

图 9.11　tracert 命令使用截图

4. nslookup

nslookup 命令的功能是查询一台机器的 IP 地址和其对应的域名。它通常需要一台域名服务器来提供域名服务。如果用户已经设置好域名服务器,就可以用这个命令查看不同主机的 IP 地址对应的域名。该命令的一般格式为

```
nslookup [IP 地址/域名]
```

通过 nslookup 命令向 DNS 服务器查询域名 cn.yahoo.com 对应的 IP 地址的过程,如图 9.12 所示。

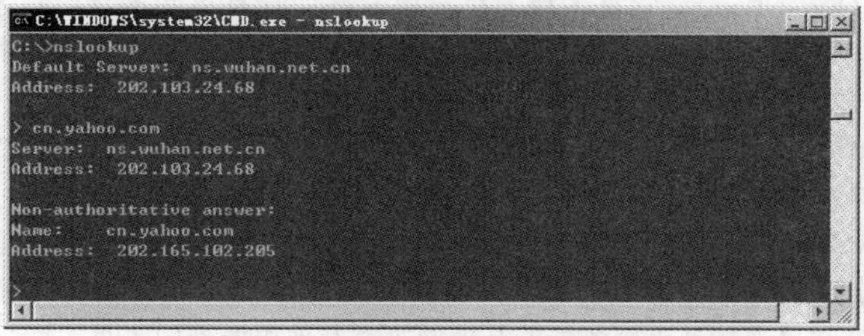

图 9.12　nslookup 命令使用截图

$\mathcal{9}.\mathcal{7}$　Internet 主要应用

共享资源、交流信息、发布和获取信息是 Internet 的三大基本功能。Internet 上具有极其丰富的信息资源,能为用户提供各种各样的服务和应用。Internet 提供的信息服务大多采用的是客户机/服务器(client/server)交互模式。客户机(安装有客户端程序)和服务器(安装有服务程序)是指在网络中进行通信时所涉及的两个软件。如电子邮件服务器一般要求其客户端安装有特定的电子邮件客户端软件;WWW 服务器的客户端必须安装有 Web 浏览器。一台计算机可以同时成为许多服务的客户端。这种模式的通信特点是,服务器应用程序被动地等待通信,而客户应用程序主动地启动通信。即客户机向服务器发出服务请求,服务器则等待、接收、处理客户请求,并将处理结果回送客户机。下面介绍几种最常用的信息服务及功能。

9.7.1　万维网

万维网(world wide web,WWW),简称 3W 或 Web。WWW 不是传统意义上的物理网络,它是一种用于组织和管理信息浏览或交互式信息检索的全球分布式信息系统,是 Internet、超文本和超媒体技术结合的产物。

WWW 在 1990 年由欧洲粒子物理研究中心开发,它通过超文本的结构极大地加强了其信息搜集能力和组织能力,从而成为 Internet 上增长速度最快的服务之一。到 1994 年,WWW 便成为访问 Internet 的最流行手段。

WWW 采用网形搜索,WWW 的信息结构像蜘蛛一样纵横交错。其信息搜索能从一个地方到达网络的任何地方,而不必返回根处。以前的信息查询采用的都是树形查询,若到达目的查不到所需要的信息,就必须一步步再返回树根,然后再重新开始搜索。所以网形结构能提供比树形结构更密、更复杂的链接,搜索信息的效率会更高。

WWW 采用客户机/服务器交互模式。WWW 服务器是指在 Internet 上保存并管理运行 WWW 信息的计算机。在它磁盘上装有大量供用户浏览和下载的信息。客户机是指在 Internet 上请求 WWW 文档的本地计算机。客户机与服务器之间遵循超文本传输协议(hyper text transfer protocol,HTTP)。客户机通过运行客户端程序访问 WWW 服务器,客户端程序又称为 Web 浏览器(browser),目前在 Windows 平台上用得最多是 IE(Internet Explore)浏览器。

以下是 WWW 涉及的一些重要概念。

(1) 超文本(hypertext)。它是一种人机界面友好的计算机文本显示技术或称为超链接(hyperlink)技术,它将菜单嵌入文本中,即每份文档都包括文本信息和用以指向其他文档的嵌入式菜单项。这样用户就可实现非线性式的跳跃式阅读。

(2) 超媒体(hypermedia)。它是将图像、音频和视频等多媒体信息嵌入文本的技术。可以说,超媒体是多媒体的超文本。

(3) 网页(web page)。指 WWW 上的超文本文件。在诸多的网页中为首的那个称为主页(home page)。主页是服务器上的默认网页,即当浏览到该服务器而没有指定文件时首先看到的网页,通过它再连接到该服务器的其他网页或其他服务器的主页。

(4) 超文本标记语言(hypertext markup language,HTML)。它是一种专门用于 WWW 超文本文件的语言,用于描述超文本或超媒体各个部分的构造,告诉浏览器如何显示文本,怎样生成与别的文本或多媒体对象的链接点等。它将文本、图形、音频和视频有机地结合在一起,组成图文并茂的用户界面。超文本文件经常用 htm 或 html 来作扩展名。

(5) 统一资源定位符(uniform resource locator,URL)。它是 WWW 上的一种编址机制,用于对 WWW 的众多资源进行标识,以便于检索和浏览。每一个文件不论它以何种方式存储在哪一个服务器上,都有一个 URL 地址。只要用户正确给出了某个文件的 URL,WWW 服务器就能正确无误地找到它,并传给用户。所以 URL 是一个文件在 Internet 上的标准通用地址。URL 的一般格式为

<通信协议>://<主机域名或 IP 地址>/<路径>/<文件名>

其中,通信协议指提供该文件的服务器所使用的通信协议,可以是 HTTP,FTP,Gopher,Telnet 等。例如:

http://www.microsoft.com/china/learning/HotspotFocus/20080331.aspx

另一种 Internet 信息检索工具是 Gopher 服务,它是一种基于菜单驱动的查询工具,现今已很少使用。

除上述之外,Internet 还提供文档查询索引服务,如 Archie,是 Internet 上用来查找其标题满足特定条件的所有文档的自动搜索服务的工具;WAIS(wide area information service),称为广域信息服务,是一种数据库索引查询服务。两者的区别是,Archie 所处理的是文件名,不涉及文件的内容;而 WAIS 则是通过文件内容而不是文件名进行查询的。目前,这两种服务用得也很少了。

9.7.2 文件传送协议

文件传送协议(file transfer protocol,FTP)是为进行文件共享而设计的 Internet 标准协议,它负责将文件从一台计算机传输到另一台计算机,并保证其传输的可靠性。

文件传送服务由 FTP 应用程序提供,人们把将远程主机中的文件传回到本地机的过程称

为下载(download)，而把将本地机中的文件传送并装载到远程主机中的过程称为上传(upload)。FTP 是一种客户机/服务器结构，FTP 服务器上装有服务器程序，它为所有装有客户端软件的客户机提供 FTP 服务。用户登录成功后，远程 FTP 服务器中的文件目录就会按原有的格式显示在客房机屏幕上。FTP 服务器向客户提供非匿名访问和匿名访问(anonymous FTP)两种访问方式。

非匿名访问是指在访问该类服务器(非匿名服务器)前，客户必须先向该服务器的系统管理员申请用户名及密码，非匿名 FTP 服务器通常供内部使用或提供收费咨询服务。

匿名访问是指这类站点(称为匿名服务器)允许任何一个用户免费登录并浏览和下载其中存放的文件，但不允许用户修改、上载或删除站点中的文件。这类服务器不要求用户事先在该服务器进行注册。在与这类匿名服务器建立连接时，一般要在 **login** 栏内填上 **anonymous**，而在 **Password** 栏内填上客户的邮件地址。Internet 上的大部分免费或共享软件均是通过这类匿名服务器向公众免费提供的。FTP 与 Telnet 一样，是一种实时联机服务，其区别是 FTP 客户机可以在 FTP 服务器上进行的操作仅限于文件的搜索和传送，而 Telnet 登录后可以进行远程主机允许的所有操作。

常用的 FTP 客户端程序有传统的 FTP 命令、浏览器与 FTP 下载工具三种类型。传统的 FTP 命令行，在 Windows 中仍然可以使用，但是需要进入 DOS 窗口；目前使用的浏览器软件支持用 FTP 方式访问 FTP 服务器，如 ftp://csftp.wuse.edu.cn；FTP 下载工具支持断点续传功能，能更加快速和灵活地上传和下载文件，常用的 FTP 下载工具有 CuteFTP，LeapFTP，FlashFTP，AceFTP 和 BulletFTP 等。

9.7.3 电子邮件

1. 电子邮件概述

电子邮件(E-mail)是一种利用计算机和通信网络传递信息的现代化通信手段，是最受人们欢迎的网络服务之一。电子邮件具有下列特点：①信息传递快捷、迅速；②接收发送方便，操作简单易学；③所需费用低廉，甚至完全免费；④具有自动定时邮寄、自动答复和群发功能；⑤可发送多种格式的邮件，在电子邮件中不但可以发送文本文件，还可以发送图形、声音等各种文件，并且在电子邮件附件中可以发送任何文件。

一个电子邮件系统由用户代理、邮件服务器，以及邮件发送和读取协议三个主要组成构件。电子邮件系统的组成及收发过程，如图 9.13 所示。

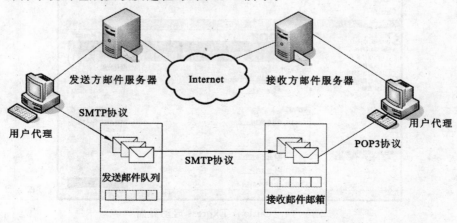

图 9.13 电子邮件系统的组成及收发过程

用户代理就是用户与电子邮件系统的接口,是电子邮件客户端软件,其作用是撰写、显示、处理和通信。邮件服务器的功能是发送和接收邮件,同时还要向发信人报告邮件传送的情况(已交付、被拒绝、丢失等)。

邮件服务器按照客户/服务器方式工作。邮件服务器需要使用发送和读取两个不同的协议。一个协议是简单邮件传送协议(simple mail transfer protocol,SMTP),用于用户代理向邮件服务器发送邮件或在邮件服务器之间发送邮件;另一个协议是邮局协议(post office protocol 3,POP3),用于用户代理从邮件服务器读取邮件。如果电子邮件服务系统不支持POP3,用户则必须登录到邮件服务器上查阅邮件。值得注意的是,目前许多电子邮件服务系统为了商业利益和安全原因都取消了对POP3的支持,取而代之的是HTTP协议。所以在使用时一定要了解清楚。换言之,用户要使用POP3方式接收邮件,必须满足两个条件:①邮件服务系统必须支持POP协议;②用户必须在自己的计算机上安装电子邮件客户端软件,如Outlook Express,Foxmail或Hotmail等。

一般,在网络中发送邮件的服务器称为SMTP服务器,而接收邮件的服务器称为POP3服务器。电子邮件首先发送给发送方的SMTP服务器,SMTP服务器负责与收件方的POP3服务器联系并进行转发。如果一切正常,接收方的POP3服务器会根据收件人的地址将其邮件分发到对应的电子邮箱中。

在Internet发送电子邮件,需要写上发信人和收信人的E-mail地址,即电子邮件地址。Internet上的用户其信箱地址是唯一的,即每一个信箱对应于一个用户。一个完整的E-mail地址形式是

> 收件人邮箱名@ 邮箱所在主机的域名

其中,@代表英文单词at,表示"在"的意思。例如,rebaca@163.com代表一个位于163.com主机上的称为rebaca的用户。

目前,许多ISP都向用户提供免费电子邮件服务,只要用户登录注册就可获得一个邮箱账号。

2. Outlook Express 简介

假设已申请到一个免费的电子邮箱账号 demo@foxmial.com,下面简要介绍如何设置客户端软件 Outlook Express。

(1)启动 Outlook Express。单击**开始→程序→Outlook Express** 命令,或单击任务栏**快速启动**栏中的 **Outlook Express** 图标,打开 **Outlook Express** 窗口,如图9.14所示。

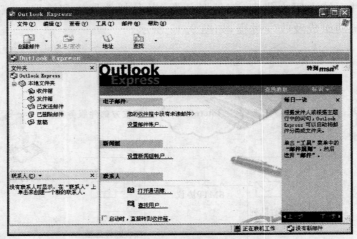

图9.14 Outlook Express 启动界面

（2）添加 Internet 账户。单击**工具**菜单中**帐户**命令，弹出 **Internet 帐户**对话框，再单击**添加**按钮下拉菜单中**邮件**命令，弹出 **Internet 连接向导**对话框，如图 9.15 所示。Internet 连接向导分为四步：①输入一个发件人的名称；②输入自己的 E-mail 地址；③输入接收邮件服务器（POP3）和发送邮件服务器的域名，如果不清楚可与提供电子邮箱地址的 ISP 联系；④输入自己的账号（即 @ 之前的部分）和密码，为了安全，在这里也可以不输入密码。完成上述工作后，在 **Internet 帐户**对话框中就可以看到新加入的账号，如图 9.16 所示。若新添加的账户出现错误，可通过**属性**按钮查看和修改。单击**关闭**按钮后，就可接收邮件了，但要发送邮件还需进一步配置。

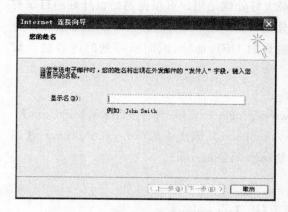

图 9.15　**Internet 连接向导**对话框　　　　　图 9.16　**Internet 帐户**对话框

（3）设置身份验证。为防止用户恶意发送垃圾邮件和非注册用户使用，ISP 都要求验证用户身份后，才能实现发送邮件的功能。具体设置如下：在 **Internet 帐户**对话框中选定用户后，单击**属性**按钮，弹出账户**属性**对话框，选择**服务器**选项卡，选定**我的服务器要求身份验证**复选框，如图 9.17 所示，单击**确定**按钮，即可成功发送邮件了。

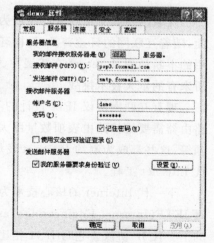

图 9.17　账户**属性**对话框

9.7.4　搜索引擎

万维网是一个大规模的、联机式的信息仓库。若不知道要找的信息在何网点，那么就要使用万维网的搜索工具。在万维网中用来进行信息搜索的程序称为搜索引擎（search engine）。搜索引擎其实也是 Internet 上的一个 WWW 服务器，它的主要任务是在 Internet 中主动搜索其他 WWW 服务器中的信息并对其自动索引，或者说是为用户提供信息检索服务的一类网站。搜索引擎的种类很多，大体可以划分为全文检索搜索引擎和分类目录搜索引擎两大类。

1. 全文检索搜索引擎

全文检索搜索引擎是一种纯技术型的检索工具。它的工作原理是通过搜索软件，如一种叫做"蜘蛛"或"网络机器人"的 Spider 程序，到 Internet 上的各网站收集信息，找到一个网站后可以从这个网站再链接到另一个网站，像蜘蛛爬行一样。然后按照一定的规则建立一个很大的在线数据库供用户查询。

用户在查询时只要输入关键词,就从已经建立的索引数据库上进行查询。由于不是实时地在 Internet 上检索到的信息,有可能查到的信息是过时的。

2. 分类目录搜索引擎

分类目录搜索引擎并不采集网站的任何信息,而是利用各网站向搜索引擎提交的网站信息时填写的关键词和网站描述等信息,经过人工审核编辑后,如果认为符合网站登录的条件,则输入到分类目录的数据库中,供网上用户查询。

分类目录搜索也叫做分类网站搜索。它的最大好处就是用户可根据网站设计好的目录有针对性地逐级查询,无需使用关键词,只需按照分类,因而查询的准确性较好。但分类目录查询的结果并不是具体的页面,而是被收录网站主页的 URL 地址,因而所得到的内容就比较有限。

3. 著名搜索引擎的网址

最著名的全文检索搜索引擎有 Google(谷歌,www. google. com. hk)和百度(www. baidu. com)。

最著名的分类目录搜索引擎有雅虎(www. yahoo. com)、雅虎中国(cn. yahoo. com)、新浪(www. sina. com)、搜狐(www. sohu. com)和网易(www. 163. com)。

9.8 下一代 Internet

互联网及其应用水平已经成为衡量一个国家基本国力和经济竞争力的重要标志之一。然而,随着互联网的日益普及,异构环境、普适计算、泛在联网、移动接入和海量流媒体的等新应用的不断涌现,Internet 在扩展性、安全性、实时性、高性能、移动性和易管理等方面面临着前所未有的重大技术挑战。

现有互联网协议 IPv4 设计的不足也逐渐暴露出来,如 IPv4 地址空间不足、Internet 骨干路由器需要维护路由表项数量巨大、服务质量难以满足现实需求、不能解决日益突出的安全问题等,这些都成为制约 Internet 发展的因素。因此,当前在全球范围都在积极研究与实施下一代 Internet 工程。

下一代 Internet 的核心技术为 IPv6 协议。IPv6 是 Internet protocol version 6 的缩写,它是 IETF(Internet Engineering Task Force,因特网工程任务组)设计用于替代现行 IPv4 协议的下一代 IP 协议。它与 IPv4 相比具有明显的优势,如巨大的地址空间、层次化的地址结构,提高了路由效率、全新的报文结构,简单而灵活、支持自动配置,即插即用、支持端到端的安全、良好的移动性和更好的 QoS 支持等。

美国在 1996 年即推出下一代 Internet 发展计划(NGI),力图确保自己在 Internet 带来的新经济中的霸主地位。在 2008 年就将其军方网络全部转移到 IPv6 网络。美国现在是全球最大 IPv6 地址拥有国,美国 IPv6 地址申请的块已经接近 1 000 块,大大超越亚洲和欧洲地区,而中国大概只有 20 几块。现在美国政府已经把 IPv6 项目作为一个发展基础,已经有美国政府 IPv6 项目专项,要求美国所有设备制造商 2010 年 7 月份必须使用 IPv6 标准。

日本向 IPv6 迁移的脚步也十分快速。2009 年夏季,日本政府确立了 IPv6 的转型框架。

日本最大的运营商 NTT(Nippon Telegraph and Telephone Public Corporation,日本电报电话公共公司)已经启动了 IPv6 的配置工作,计划到 2010 年,将 80％的网络转为 IPv6 就绪状态。

欧洲也通过制订欧洲行动计划来积极推动 IPv6 的部署。欧盟建议其成员国在 2010 年取得 IPv6 部署的决定性进展。届时欧洲 25％的 Internet 用户将会能够连接 IPv6 Internet 和内容应用与服务。包括产业界、电信运营商、Internet 服务和内容提供商在内的全球互联网人士携手合作是成功部署 IPv6 的最大保障。从目前进展情况来看,预计将能实现这一计划的平滑过渡。电信运营商、内容供应商具备相关的条件,为欧洲 25％的 Internet 用户提供 IPv6 硬件设施的接入服务。

1998 年 Cernet 在中国建立了第一个 IPv6 试验床,并在 1999 年与国际上下一代 Internet 实现互联。2001 年,Cernet 为主承担建设了中国第一个下一代 Internet 北京地区试验网 NSFCnet(中国高速互连研究试验网),并取得了丰硕的科研成果,为我国下一代 Internet 研究与世界接轨奠定了基础。

2003 年 8 月,由国家 8 部委参加的中国下一代 Internet 示范网工程(CNGI)正式启动。Cernet、中国电信等参与承担了下一代 Internet 核心网络的建设任务。

2004 年 CNGI-Cernet2 建成开通。截至目前,CNGI-Cernet2 已经覆盖了超过 300 所的高校,覆盖用户超过 200 万人。CNGI-Cernet2 成为世界上规模最大的纯 IPv6 互联网,并支持开发大规模科学计算、高清晰度电视、点到点视频语音综合通信、组播视频会议、大规模虚拟现实环境、智能交通、环境地震监测、远程医疗、远程教育等重大应用。研究群体的成员已先后提交了几十项 IETF 标准草案,其中 4 项已成为 RFC 标准,使我国在互联网核心技术标准制定方面取得重大突破,已跻身于互联网核心技术国际标准制定行列。

中国电信近年来承担了 IPv6 城域试验床试点工作,先后在网络基础设施和 IT 支撑系统两个层面开展了积极的探索,试验了多种 IPv6 接入方式,着重研究宽带 IP 城域网络引入 IPv6 过程中对支撑平台和 IT 系统升级改造的需求,从双栈客户的角度实施了网元设备、后端支撑平台和 IT 系统的全流程穿越测试。整个试点已取得阶段性成果,并经过国际 IPv6 论坛专家的严格测试和评估,成为国际 IPv6 论坛认可的全球第一家 IPv6 enabled ISP,为中国电信的后继过渡准备工作积累了宝贵经验。目前,全球通过 IPv6 enabled ISP 认证的 Internet 服务提供商已经达到 54 家,我国有 4 家。

下一代 Internet 技术近来在国际重大盛会等诸多领域中也得到广泛应用,并带来显著效果。在 2008 年北京奥运会期间,IPv6 在奥林匹克公园多个运营系统中得以大规模部署,58 个场馆中全面部署了基于 IPv6 的大规模远程视频管理系统。奥运组委会通过利用 IPv6 传感器、视频摄像等系统全方位监测奥运设施情况。同时还开通了历史上第一个官方 IPv6 奥运网站。在上海世界博览会上,以 IPv6 为核心的下一代 Internet 为世博网络应用提供更高的技术支撑,并将在基础服务运营中发挥更大的作用,推动世博的通信网络服务更加高效、便捷。

在其他领域,下一代 Internet 也逐步凸显出它的优势。卫生部已与清华大学签署卫生信息化合作协议,表明下一代 Internet 将成为推动我国医疗信息化,推动新医改的重要平台。国内本科自主招生远程视频面试也在下一代 Internet 上成功进行,实现了视频无编码传输情况下的无延时、零差错。

刚刚兴起的物联网,必须依托拥有大规模 IP 地址的下一代 Internet。专家预测未来 10 年内物联网将大规模普及，市场将达到上万亿元的规模，遍及智能交通、环境保护、公共安全、工业监测、物流、医疗等各个领域。中国电信在湖南长沙实施了《基于 IPv6 物联网技术的农业信息化监控平台》项目，首次在国内开发部署了基于 IPv6 的物联网应用——农作物温室综合监控系统，并成功应用于湖南农科院良种果茶培育繁殖中心。

　　抓住机遇发展下一代 Internet 将促进我国互联网技术的创新和跨越式发展，改变网络发展的格局，优化产业结构，带来新的服务模式和商业模式，并有利于国家对互联网的安全管理。因此，专家指出，我国应该抓住机会大力发展下一代互联网技术，在国际互联网技术的新一轮竞争中取得优势。

第10章 网页制作的基础知识

计算机的普及,以及 Internet 的迅速发展,使计算机相关技术逐渐渗透到人们的生活中。文档的制作、图片的处理、网页的设计与制作,被越来越多的人所关注。在学习制作一个网页之前,本章将首先介绍一些网页与网站的基本知识,了解常用的网页制作工具,熟悉网站开发的工作流程,最后带领读者完成简单的网页制作。

10.1 网页与网页制作工具

10.1.1 相关概念

上网已经成为许多人的一项生活习惯,打开电脑,启动 IE,输入网址,查看新闻或是搜索信息等。这一系列简单的动作,就是在通过 Web 浏览器使用 Internet 的 WWW 服务。

1. WWW 和 Web 浏览器

WWW 服务又称万维网或 Web,是 Internet 上使用最广泛的、基于客户/服务器体系结构的分布式多平台的超文本超媒体信息服务系统。WWW 上的信息是按页面进行组织的,万维网实际上就是由千千万万个页面组成的信息网,用户需要使用特定的程序来查看页面信息,这类程序称为 Web 浏览器。

Web 浏览器是安装在用户的计算机(客户机)端的软件,它负责定位页面和显示页面。可以认为浏览器是一个翻译器,负责将服务器端传输过来的信息进行解释并显示在屏幕上。

浏览器种类很多,目前常用的有 Internet Explorer(简称 IE)和 Netscape 两种,同一网页在不同浏览器中可能会出现不同的显示效果。

2. URL

在 WWW 上,每一个信息资源都有统一的且唯一的网上地址,这个地址称为统一资源定位地址,英文全称是 uniform resource locater,通常简写为 URL。通俗地说,URL 就是 Web 地址,指明了特定的计算机和路径名,用户通过它对信息资源进行访问。URL 的表示可以是绝对的,也可以是相对的。URL 的基本结构为

通信协议://服务器名称[:通信端口号]/文件夹 1[/文件夹 2……]/文件名

其中:①通信协议,是指 URL 所指向的网络服务性质,譬如 HTTP 代表超文本传输协议;②服务器名称,是指提供服务的主机的名称;③冒号后面的数字是通信端口编号,可有可无,因为同一台主机可以同时提供多种服务,所以用端口来区分各种服务;④文件夹与文件名是所需查看资源的名称及所在位置。例如:

http://www.hbtcm.edu.cn/shouyexinwen/xuexiaoyaowen/2010-09-06/129.html

其中,http 表示该资源需要使用 HTTP 协议;www.hbtcm.edu.cn 是湖北中医药大学的主机域名;shouyexinwen/xuexiaoyaowen/2010-09-06 是文件存放的各级目录;129.html 是文

件名。

3. 网页、网站与主页

网页(web page)是按照网页文档规范编写的文本文件,存放在 Web 服务器上供客户端用户浏览。网页里可以包含文字、表格、图像、链接、声音和视频等。每个网页都是磁盘上的一个文件,可以单独浏览。按照网页文件在 Web 内容交互方式的不同,可以将网页分为静态网页和动态网页。静态网页的文件扩展名通常为 htm,html,shtml 和 xml 等;动态网页的文件扩展名通常为 asp,jsp,php,perl 和 cgi 等。

网站(web site)是一系列网页的组合。一个网站通常由多个网页组成,这些网页之间使用超链接相关联。

主页(homepage)通常是用户进入网站后所看到的第一个页面,所以也称为首页。由于主页是访问网站时的默认网页,在访问主页时,通常 URL 中只需要给出协议部分和服务器名称即可,而省略了文件夹和文件名的部分。

10.1.2 网页的基本元素

构建网页的基本元素有文本、图像、超链接、导航栏、表格、表单、多媒体及特殊效果等,如图 10.1 所示。

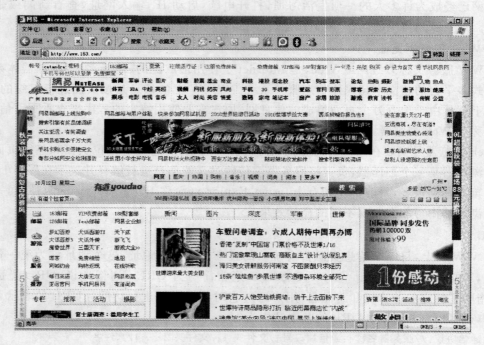

图 10.1 网页示例

(1)文本。网页的主体一般以文本为主。在制作网页时,可以根据需要设置文本的字体、字号、颜色以及所需要的其他格式。

(2)图像。图像可以用于标题、网站标志(Logo)、网页背景、链接按钮、导航栏、网页主图等。图像使用最多的文件格式是 JPEG 和 GIF 格式。

(3)超链接。超链接是从一个网页指向另一个目的端的链接,该链接既可以指向本地网站的另一个网页,也可以指向其他网站的网页。

（4）导航栏。导航栏能使浏览者方便地返回主页或继续下一层页面的访问。导航栏可以是按钮、文本或图像。

（5）表格。表格在网页中常常用于控制网页页面的布局。

（6）表单。表单通常用于收集信息或实现一些交互式的效果。表单的主要功能是接收浏览者在浏览器端的输入信息，然后将这些信息发送到浏览者设置的目的端。

（7）多媒体及特殊效果。网页还包含有声音、动画、视频等多媒体元素，以及悬停按钮、Java 控件、ActiveX 控件等特殊效果。

10.1.3　常用网页编辑工具

网页编辑工具基本上可以分为"所见即所得"和"非所见即所得"两类，两者各有各的特点。"所见即所得"类网页编辑工具的优点就是直观、使用方便、容易上手；但用它所编辑的网页，放到浏览器中预览查看时，难以精确达到真正想要的效果。"非所见即所得"类的网页编辑工具不存在这个问题，因为它使用的都是 HTML 代码，但是工作效率相比较起来，显得非常低下。

对于网页制作的初学者而言，常用的"所见即所得"网页编辑软件有 FrontPage 和 Dreamweaver 两种，这些工具生成的代码，仍然是以 HTML 语言为基础的，掌握一些 HTML 的语法，可以更精确地控制页面的排版，实现更多功能。通过阅读优秀网页的 HTML 代码，可以学习别人设计网页的方法和技巧。

需要注意的是，使用"所见即所得"网页编辑工具生成的网页都会产生大量的冗余代码，虽然这些冗余代码对网页的显示效果没有任何的影响，但却使访问速度下降，在存储空间上也有一定的浪费。

10.2　超文本标记语言 HTML

HTML 是 hypertext markup language（超文本置标语言）的缩写，它是一种运用标记（tag）对网页内容进行精确控制的排版语言。用 HTML 语法规则建立的文档，是纯文本文件，可以运行在不同操作系统的平台上。编写 HTML 文件，无需专门的编辑工具，只要是能进行文字编辑的软件，都可以编写 HTML 制作网页，如记事本、Word 等。只是 HTML 文档的文件扩展名必须是 htm 或 html，才可以用 Web 浏览器作为网页来查看。

10.2.1　标记及其属性

HTML 文件由标记（tag）和被标记的内容组成。不同标记产生不同的效果，但它们的名称大都为相应的英文单词首字母或者缩写，如标记 Img 为英文单词 image 的缩写，容易记忆。这些标记大多成对出现，如<font>…</font>，前者<font>表示标记的开始，后者</font>表示标记的结束，省略号代表的部分为被标记的内容，这一类称为双边标记。也有少数标记单独出现，如
标记，直接出现在被标记内容的后面，表示换行，这一类称为单边标记。无论是哪一种标记，在使用中，标记字母不区分大小写，并且"<"和">"与标记名之间不能留有空格或其他字符。若要对同一个内容进行不同的效果设置，可以使用多个标记来共同达到效果，标记间没有特定的先后顺序。例如，要在页面上显示内容**文字效果**，需要有加粗和斜体两种效果，使用代码

　　　　　　　`<b><i>文字效果</i></b>` 　　　　和　　　`<i><b>文字效果</b></i>`
在显示结果上没有任何区别。

　　大多数的标记需要通过属性来更精确地控制各种效果。例如，`<font>`标记，有常用属性
size 和 color，分别用于控制被标记内容的文字大小和颜色，如

　　　　　　　`<font size="3" color="red">文字颜色和大小设置</font>`

将被标记的内容按照 3 号字的大小和红色在网页上显示。

　　一个标记，可能没有属性，也可能有多个属性，在使用时，属性之间没有出现顺序的约定，
也不区分大小写，但属性值常用一对双引号包含起来。属性名与标记之间，以及不同属性之间
用空格作为分隔。

10.2.2　HTML 文档的基本结构与主体标记

1. 文档的基本结构

　　HTML 文档的基本结构为

```
<html>
  <head>
    <title>......</title>
  </head>
  <body>
    ......
  </body>
</html>
```

　　HTML 文件以`<html>`开头，表示文档的开始，对其中的代码进行解释，以`</html>`结
束，停止解释工作。其中包含头部(head)和主体(body)两部分。

　　`<head>`……`</head>`标记中多给出标题名、文本文件地址、创作信息等网页信息说明。
但它在 HTML 文件中不是必须的，如果没有，浏览器也会照常解读文件。

　　`<title>`……`</title>`中的省略号代表的是网页的标题，此部分的内容将会显示在网页
浏览器的标题栏中。如果网页浏览者喜欢该网页，将其添加到收藏夹，则此部分内容将会作为
收藏夹中的默认名称出现。

　　`<body>`……`</body>`中的省略号代表的是网页的主体内容，它定义了网页上显示的
主要内容和显示格式，是整个网页的核心，网页中真正要显示的内容都包含在此标记中。

　　HTML 文档本身并不要求书写时缩进，但是为了代码的易读性，建议网页制作者在使用
标记时首尾对齐，内容向右缩进。

2. HTML 文档主体标记

　　HTML 文档主体标记`<body>`有很多属性，可以定义页面的背景颜色、背景图片、文字颜
色、超文本的链接颜色、页边距等，通过它们来设定网页的总体风格。该标记的使用格式为

　　　　　`<body bgcolor="颜色值" background="文件名" text="颜色值" link="颜色值" vlink=`
`"颜色值" alink="颜色值" leftmargin="像素值" topmargin="像素值">`

　　　　　网页内容

　　　　　`</body>`

　　格式中属性的说明见表 10.1。

表 10.1　主体标记属性

属性名称	属性说明
bgcolor	设置网页的背景颜色
background	设置网页的背景图片
text	设置非可链接文字的颜色
link	设置尚未被访问过的超文本链接的颜色,默认为蓝色
vlink	设置已被访问过的超文本链接的颜色,默认为蓝色
alink	设置超文本链接被访问瞬间的颜色,默认为蓝色
leftmargin	设置页面左边的空白,单位是像素
topmargin	设置页面上方的空白,单位是像素

例 10.1　关于 body 标记的简单应用。

打开**记事本**窗口,编写如下代码:

```
<html>
  <head>
  <title> 关于 body 标记</title>
  </head>
  <body bgcolor="black" text="yellow">
      网页背景设置为黑色。
      网页上的文字为黄色。
  </body>
</html>
```

书写完毕后,单击**文件**菜单中**保存**命令,在**文件名**组合框中输入 **ex1. htm**,在**保存在**组合框中选定 **d:\网页示例**,单击保存按钮。在资源管理器中打开**网页示例**文件夹,将会看到 ex1. htm 文件。直接双击该文件,系统会启动默认的浏览器,如图 10.2 所示。

图中网页背景为黑色,文字色彩为黄色,均是通过 body 标记的相关属性来设置完成。

注意　在代码中,多个空格,tab 键或者回车换行,浏览器都会将它们解释为一个空格。如果确

图 10.2　例 10.1 效果图

实需要多个空格,可以使用 HTML 中的特殊替换字符" "来表示。若要表示回车换行,可使用强制换行标记
来完成。

10.2.3　文字与段落排版标记

(1)注释标记。为了方便对代码的阅读和修改,通常在 HTML 文档中也可适当地给出注释。注释标记的格式为

```
<!--注释内容-->
```

注释内容采用的字符集不限,长度不限。对于注释中的任何内容,浏览器将不会做出解释,对浏览器中其他内容的显示不会有任何影响。

（2）强制换行标记。
标记表示强制换行，通常出现在一行的末尾，可以使标记后面的内容显示于下一行，而不会在行与行之间留下空行。

（3）段落标记。段落标记<p>……</p>放在段落的头部和尾部，用于定义一个段落。段落标记不仅能使后面的文字换到下一行，还会在两段之间留出一个空行。段落标记的格式为

```
<p align="对齐方式">  文字  </p>
```

该标记有一个常用的属性 align，用于设置段落文字在网页上的对齐方式，属性取值可以为 left，center 和 right 分别表示左对齐、居中对齐和右对齐，默认值为左对齐。

（4）标题文字标记。网页中的文字信息因其重要性不同，会采用不同的字体大小来加以体现。使用标题文字标记，将会按照预设的字体格式来显示内容。标题文字标记的格式为

```
<hn align="对齐方式">   标题文字内容  </hn>
```

其中，n 是数值，只能取 1～6 之间的整数，用于表示不同的标题文字大小，取 1 时文字最大，取 6 时文字最小。Align 属性的使用，与<p>标记类似。

例 10.2 关于标题文字标记的简单应用。

打开**记事本**窗口，编写如下代码：

```
<html>
    <head>   <title>关于标题文字标记</title>   </head>
    <body>
        <h1>网页背景设置为黑色。</h1>
        <h6>网页上的文字为黄色。</h6>
    </body>
</html>
```

书写完毕后，保存到 **d:\网页示例**文件夹中，命名为 **ex2. htm**。双击 ex2. htm 文件图标，系统会启动默认的浏览器，如图 10.3 所示。

<hn>标记默认显示为宋体，会将文字加粗显示，并且该标记会自动在文字后插入一个空行。

（5）字体标记。文字的变化除了使用标题文字标记设置字体大小外，还可以使用<font>设置色彩、字型等效果。<font>标记的格式为

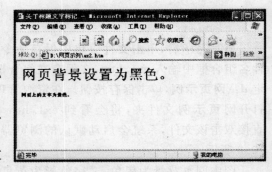

图 10.3 例 10.2 效果图

```
<font size="字体大小的数值" face="字体名称" color="颜色">被设置的文字</font>
```

其中，size 属性用来设置文字的大小，可取值为 1～7 之间的整数，取 1 时文字最小，取 7 时文字最大；face 属性用来设置字体，如黑体、楷体_GB2312 等；color 属性用来设置文字颜色。

例 10.3 关于文字相关标记的简单比较。

打开**记事本**窗口，编写如下代码：

```
<html>
<head>
<title>关于文字相关标记的简单比较</title>
</head>
<body>
    <font size="7" face="楷体_GB2312" color="blue"> 被 font 标记设置的文字</font>
```

```
    <h3> 被标题文字标记设置的文字</h3>
    没有任何设置的文字
   </body>
  </html>
```

书写完毕后,保存到 **d:\网页示例**文件夹中,
命名为 **ex3. htm**。双击 ex3. htm 文件图标,系统
会启动默认的浏览器,如图 10.4 所示。

图 10.4　例 10.3 效果图

10.2.4　图像标记

图片是网页中常见的美化元素之一。虽然目
前的图像格式众多,但常用的仅有 gif,jpeg 和
png 三种。

使用图像标记,可以将一幅图像插入网页中,
同时,还可以通过属性设置,指定该图像在网页中
显示的高和宽,以及与其他元素之间的位置关系。图像标记的格式为

```
<img src="图片文件名" alt="简单说明" width="图像宽度" height="图像高度" border=
"边框宽度" hspace="水平方向空白" vspace="垂直方向空白" align="对齐方式">
```

格式中属性的说明,见表 10.2。

表 10.2　图像标记属性

属性名称	属性说明
src	要加入图像的文件名(包括路径)
alt	在浏览器未完全加载显示图片时,在图像位置上显示的文字
width	图像显示的宽度,单位是像素数或百分比(相对于浏览器窗口的百分比)
height	图像显示的高度,单位是像素数或百分比(相对于浏览器窗口的百分比)
border	默认值为 0,无边框;当取值为其他正数时,图片将会加上指定宽度的边框
hspace	图像左右的空间水平方向上的空白像素数,避免同网页中的其他文字或图片间隔太近
vspace	图像上下的空间垂直方向上的空白像素数
align	图像与文字混排时的对齐方式,取值有 left(图像居左,文本在图像的右侧)、right(图像居右,文本在图像的左边)、top(文本与图像在顶部对齐)、middle(文本与图像在中央对齐)或 bottom(文本与图像在底部对齐)

上述属性,若不做设置,图像将按照其本身大小显示。

例 10.4　关于图像标记的应用。

事先在 d:\ webpage \image 文件夹中存放一个图像文件 sunset. jpg,然后打开**记事本**窗
口,编写如下代码:

```
  <html>
     <head> <title>关于图像标记</title> </head>
     <body>
     图像前的文字
     <img src="sunset.jpg" alt="太阳图片" width="50% " height="200" border="3"
```

```
          hspace="10" align="middle">
               图像后的文字
               </body>
        </html>
```

　　书写完毕后,保存到 **d:\webpage** 文件夹中,命名为 **ex4. htm**。双击 ex4. htm 文件图标,系统会启动默认的浏览器,如图 10.5 所示。

　　网页中图片并未显示,原因在于 src 属性值所给出的图像路径不对,若将此部分改为

```
          src="..\webpage\image\sunset.jpg"
```

就可以正常显示图像。读者可以自己调整浏览器窗口大小,观察图像高度和宽度的变化。

图 10.5　例 10.4 效果图

10.2.5　表格标记

　　表格是网页中应用得较多的元素,通常用来将文本和图片按照行和列的方式排列,使内容表达更清晰。与表格相关的最常用标记有＜table＞……＜/table＞,＜tr＞……＜/tr＞和＜td＞……＜/td＞。其中,＜table＞……＜/table＞表示表格的开始和结束,＜tr＞……＜/tr＞表示一行的开始和结束,＜td＞……＜/td＞表示一个单元格的开始和结束。

　　表格标记的格式为

```
<table>
    <tr><td>第 1 行单元格 1</td><td>第 1 行单元格 2</td>...<td>第 1 行单元格 n</td></tr>
    <tr><td>第 2 行单元格 1</td><td>第 2 行单元格 2</td>...<td>第 2 行单元格 n</td></tr>
    ......
    <tr><td>第 m 行单元格 1</td><td>第 m 行单元格 2</td>...<td>第 m 行单元格 n</td></tr>
</table>
```

　　对于表格中所有内容的格式设置,可以在＜table＞中进行相关设置,对于表格中某一行的格式设置,可以在＜tr＞中进行相关设置,若只是对某一个单元格进行格式设置,则直接在该单元格的＜td＞标记中进行设置即可。可以使用的相关属性见表 10.3。

表 10.3　表格标记属性

属性名称	属性说明
width	表格或单元格的宽度,单位是像素数或百分比(相对于浏览器窗口的百分比)
height	表格或单元格的高度,单位是像素数或百分比(相对于浏览器窗口的百分比)
border	默认值为 0,表格不显示边框线,当取值为其他正数时,将会显示指定宽度的边框
bgcolor	表格或行或单元格的背景颜色
background	表格或行或单元格的背景图片
align	若使用在 table 标记中,表示表格在页面中的水平对齐方式,取值有 left,right 和 center;若使用在 tr 或 td 标记中,设置单元格中内容的对齐方式,其取值可以是 center,left,right,justify(两端对齐),char (按特定字体对齐),默认为左对齐
valign	使用在 tr 或 td 标记中,设置单元格中内容的垂直对齐方式,其取值为 top(单元格顶部)、bottom(单元格底部)、middle(垂直方向的中部)、baseline(同行单元格一致),默认值为居中(middle)对齐

例 10.5　关于表格标记的应用。

事先在 d:\webpage\image 文件夹中存放两个图像文件 sunset. jpg 和 winter. jpg,然后打开记事本窗口,编写如下代码:

```html
<html>
    <head>
        <title> 关于图像标记</title>
    </head>
    <body>
        <table>
            <tr>
                <td><img src="..\webpage\image\Sunset.jpg" alt="太阳图片" width="100"
        height="100"></td>
                <td bgcolor="gray" width="200">一副日落的图片</td>
            </tr>
            <tr>
                <td><img src="..\webpage\image\winter.jpg" alt="太阳图片" width="100"
        height="100"></td>
                <td bgcolor="gray"> 一副冬天的图片</td>
            </tr>
        </table>
    </body>
</html>
```

书写完毕后,保存到 **d:\webpage** 文件夹中,命名为 **ex5. htm**。双击 ex5. htm 文件图标,系统会启动默认的浏览器,如图 10.6 所示。

10.2.6　超链接标记

超链接是网页中必不可少的元素,页面之间的跳转就是通过它来完成。当网页中包含超链接时,其文字外观一般为彩色(常见为蓝色),当鼠标移至该文字或图像上方时,鼠标指针变为小手的形状。单击该链接,页面将跳转到另一个网页,或者当前网页的某个位置,或者是某个文件等。

图 10.6　例 10.5 效果图

超链接标记的格式为

```html
<a href="URL" target="打开窗口方式"> 文字或图片 </a>
```

其中,href 属性为超文本引用,指向目标位置;target 属性用于设置被链接到的内容,在哪一个窗口打开,譬如要在新窗口打开,取值为_blank;<a>……</a>标记之间的文字或图片称为"热点"或"热区"。

1. 指向其他页面的链接

创建指向其他页面的链接,需要注意目标页面与当前页面的位置关系,在给出 URL 时,尽量采用相对路径。

(1)链接到同一目录内的网页文件,直接给出文件名即可,格式如下:

```html
<a href="目标网页的文件名"> 热点文字或图片 </a>
```

（2）链接到下一级目录中的网页文件，格式如下：

```
<a href="子目录名/目标网页的文件名">    热点文字或图片   </a>
```

（3）链接到上一级目录中的网页文件，格式如下：

```
<a href="../目标网页的文件名">    热点文字或图片   </a>
```

其中，"../"表示退到上一级目录中。

（4）链接到同级目录中的网页文件，格式如下：

```
<a href="../子目录名/目标网页的文件名">    热点文字或图片   </a>
```

表示先退到上一级目录中，然后再进入目标文件所在的目录。

（5）指向 Internet 上的某一个网页，格式如下：

```
<a href="Internet 上的某一个网页的位置及文件名">    热点文字或图片   </a>
```

例 10.6   关于超链接标记的应用。

打开**记事本**窗口，事先建立几个简单的网页文件。

Ex6_1.htm，文件保存在 d:\webpage\link1 文件夹中，代码如下：

```
<html><body><p> 本页面是 d:\webpage\link1 下的网页文件 ex6_1.htm</p></body></html>
```

Ex6_2.htm，文件保存在 d:\webpage\link1 文件夹中，代码如下：

```
<html><body>本页面是 d:\webpage\link1 下的网页文件 ex6_2.htm</body></html>
```

Ex6_3.htm，文件保存在 D:\webpage\link1\link1_1 文件夹中，代码如下：

```
<html><body> 本页面是 d:\webpage\link1\link1_1 下的网页文件 ex6_3.htm</body></html>
```

Ex6_4.htm，文件保存在 D:\webpage 文件夹中，代码如下：

```
<html><body> 本页面是 d:\webpage 下的网页文件 ex6_4.htm</body></html>
```

Ex6_5.htm，文件保存在 D:\webpage\link2 文件夹中，代码如下：

```
<html><body> 本页面是 d:\webpage\link2 下的网页文件 ex6_5.htm</body></html>
```

编辑 Ex6_1.htm，在网页中建立到其他 4 个页面的超链接，代码修改为

```
<html>
  <body>
      <p>本页面是 d:\webpage\link1 下的网页文件 ex6_1.htm</p>
      <p><a href= "ex6_2.htm">1、指向 d:\webpage\link1 下的网页文件 ex6_2.htm</a></p>
      <p><a href="link1_1/ex6_3.htm">2、指向 d:\webpage\link1\link1_1 下的网页文
件 ex6_3.htm</a></p>
      <p><a href="../ex6_4.htm">3、指向 d:\webpage 下的网页文件 ex6_4.htm</a></p>
      <p><a href="../link2/ex6_5.htm">4、指向 d:\webpage\link2 下的网页文件 ex6_5.
htm</a></p>
      <p><a href="http://www.hbtcm.edu.cn">5、指向湖北中医药大学网站的首页</a></p>
  </body>
</html>
```

保存后双击 ex6_1.htm 文件图标，系统会启动默认的浏览器，如图 10.7 所示。

页面中已经给出了到其他 4 个页面的超链接，可以通过鼠标单击进行相关访问。

2. 指向本页中的链接

要在当前页面内实现超链接，需要先在页面的目标位置设置一个书签，然后再建立到此书签位置的超链接。

（1）建立书签。书签就是对某个文本或图片，进行标记。一个页面中可以有多个书签，为每个书签命名，以方便使用。建立书签的格式为

<a name="#书签名">　热点文字或图片　</a>

（2）建立到书签的超链接。建立到书签的超链接，与建立到其他页面的超链接类似，只是需要在链接到的目标网页位置后给出书签名即可。建立到书签的超链接格式为

<a href="目标网页的路径及文件名#书签名">
热点文字或图片　</a>

图 10.7　例 10.6 效果图

例 10.7　关于书签与超链接标记的应用。

打开**记事本**窗口，事先建立两个网页文件。

Ex7_2.htm，文件保存在 d:\webpage 文件夹中，代码如下：

```
<html><body>
<br><br><br><br><br>
<p><a name="jc1">HTML 教程</a></p>
<br><br><br><br>
<p><a name="jc2">flash 教程</a></p>
</html></body>
```

Ex7_1.htm，文件保存在 d:\webpage 文件夹中，代码如下：

```
<html><body>
<table>
<tr><td width="100"><a href="#sc">诗词欣赏</a></td><td width="100"><a href=
"ex7_2.htm#jc1">HTML 教程</a></td><td width="100"><a href="ex7_2.htm#jc2">
flash 教程</a></td></tr>
</table>
<br><br><br><br><br>
<p>
<a name="sc">静夜思</a><br>
床前明月光,<br>
疑似地上霜,<br>
举头望明月,<br>
低头思故乡。<br>
</p>
</body></html>
```

保存后双击 ex7_1.htm 文件图标，系统会启动默认的浏览器，如图 10.8 所示。单击**诗词欣赏**链接，对应的书签部分将会出现在浏览器窗口中，如图 10.9 所示。若单击 **flash 教程**链接，将会跳转到对应页面中的相应书签部分，如图 10.10 所示。

图 10.8　运行 ex7_1.htm 文件效果图

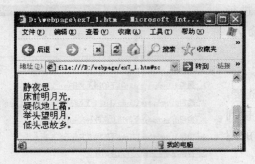

图 10.9 单击**诗词欣赏**链接后的页面

图 10.10 单击 **flash 教程**链接后的页面

3. 指向下载文件的链接

如果链接到的文件不是网页文件,则该文件将作为下载文件,格式如下:

<a href="下载文件的路径及文件名"> 热点文字或图片 </a>

同样,路径尽可能使用相对路径。例如,建立一个链接到当前目录下 123.txt 文件的超链接,可以通过以下代码完成:

<a href="123.txt"> 热点文字或图片 </a>

4. 指向电子邮件的链接

当单击指向电子邮件的链接时,会自动打开默认的邮件收发程序,如 Outlook Express 等,并自动填写收件人地址。链接格式如下:

<a href="mailto:E-mail 地址"> 热点文字或图片 </a>

例如,建立一个链接到 E-mail 地址为 123@163.com 的超链接,可以通过以下代码完成:

<a href="mailto:123@ 163.com"> 热点文字或图片 </a>

10.3 网站开发流程

网站设计是一个系统工程,它具有特定的工作流程。网站设计主要分为网站规划、网站制作和后期维护三个阶段,如图 10.11 所示。

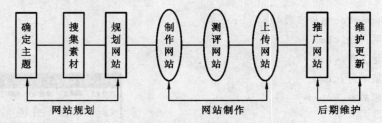

图 10.11 网站设计的流程

10.3.1 网站的规划

1. 确定网站的主题与名称

网站主题是指建立的网站所要包含的主要内容,如旅游、娱乐休闲、体育、新闻、教育、医疗和时尚等,其中每一大类又可进一步细化为若干小类。一般来说,确定网站主题应遵循以下原则:①主题鲜明,一个网站必须要有一个明确的主题,在主题范围内做到内容全而精;②明确设立网站的目的;③体现自己的个性,设计者应该把自己的兴趣、爱好尽情地发挥出来,突出自己的个性,展示出网站的特色。

2. 搜集素材

确定网站主题后就要围绕主题搜集素材。制作网页的素材既可以从图书、报纸、光盘和多媒体上获得,也可以从网上搜集。对搜集到的材料应去粗取精,去伪存真。尤为重要的是,不可以侵害他人的名誉权、肖像权、著作权等合法权益。

3. 规划网站

规划网站时,首先应把网站的内容列举出来,根据内容列出一个结构化的蓝图,根据实际情况设计各个页面之间的链接。规划网站的内容应包括栏目的设置、目录结构、网站的风格(即颜色搭配、网站标志 Logo、版面布局、图像的运用)等。

(1) 主题栏目的设置。在设计网站的主题栏目时应注意以下问题:①要突出主题,将主题栏放在最明显的地方,让浏览者更快、更明确地知道网站所表现的内容;②要设计一个**最近更新**栏目,让浏览者一目了然地了解更新内容;③栏目不要设置过多。

(2) 目录结构设计。目录结构设计一般应注意以下问题:①要按栏目内容建立子目录;②每个目录下分别为图像文件创建一个子目录 images(图像较少时可不创建);③目录的层次不要太深,主要栏目最好能直接从首页到达;④尽量使用意义明确的非中文目录。例如,假定希望创建一个个人站点,其中大致包括个人兴趣(xingqu)、爱好(aihao)和自我简介(jianjie)等内容,那么网站的目录结构安排,如图 10.12 所示。

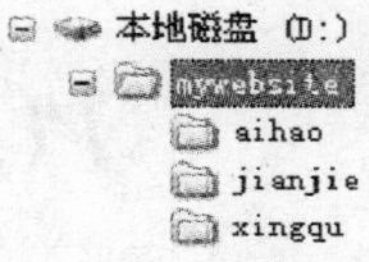

图 10.12　网站的目录结构

(3) 版面布局。版面布局一般应遵循的原则是突出重点、平衡和谐。首先将网站标志(Logo)、主菜单等最重要的模块放在突出的位置,然后再排放次要模块,如友情链接、计数器、版权信息和 E-mail 地址等。此外,其他页面的设计应和首页保持相同的风格,并有返回首页的链接。

(4) 网站标志。Logo 最重要的作用就是表达网站的理念、便于人们识别,可以广泛地用于站点的链接和宣传。如同商标一样,Logo 是站点特色和内涵的集中体现。如果设计的是企业网站,最好在企业商标的基础上设计,保持企业形象的整体统一。设计 Logo 的原则是,以简洁的、符号化的视觉艺术把网站的形象和理念展示出来。

(5) 颜色搭配。网页选用的背景应和页面的色调相协调,色彩搭配要遵循和谐、均衡、重点突出的原则。

(6) 图像的运用。网页上适当地添加图像会为页面增色。使用图像时一般应注意以下问题:①图像是为主页内容服务的,不能让图像喧宾夺主;②图像要兼顾大小和美观,图片不仅要好看,还应在保证图片质量的前提下尽量缩小图片的大小(即字节数),图像过大将影响网页的传输速度;③应合理地采用 JPEG 和 GIF 图像格式,颜色较少的(256 色以内)图像可处理为 GIF 格式,色彩比较丰富的图像最好处理为 JPEG 格式。

10.3.2　网站的制作与维护

1. 制作网站

制作网站主要包括以下步骤:①建立本地站点,首先建立站点根文件夹,用于存放首页、相关网页和网站中用到的其他文件;②在站点根文件夹下创建子文件夹,将页面文件和图像文件分开存放;③在站点文件夹中新建所需要的空网页;④设置网页尺寸,页面大小一般选择800×600规格;⑤设置网页属性,包括页面标题、背景图像、背景颜色、链接颜色和文字颜色等;⑥向网页中插入文本、图形图像和动画等对象;⑦建立所需要的超链接;⑧预览和保存网页。

2. 上传与测评网站

测试评估与上传网站是不可分割的两部分。制作完毕的网页必须进行测试。测试评估主要包括上传前的兼容性测试、链接测试和上传后的实地测试。完成上传前所需要的测试后,利用 FTP 工具将网站发布到所申请的主页服务器上。网站上传后,继续通过浏览器进行实地测试,发现问题后及时修改,然后再上传测试。

3. 后期维护

(1) 推广网站。网页上传之后,需要不断地进行宣传,以便让更多的人了解它,从而提高网站的访问率与知名度。推广网站的方法很多,如利用 E-mail、新闻组、友情链接、到搜索引擎上注册、加入交换广告等。

(2) 维护更新。网站必须定期维护、定期更新,只有不断地补充新内容,才能吸引浏览者。

10.4 使用 Dreamweaver 制作网页

Dreamweaver 最初是由 Macromedia 公司开发的集网页制作和网站管理于一身的"所见即所得"的网页编辑工具,它强大的功能和清晰的操作界面备受广大网页设计者的欢迎。Dreamweaver CS3 作为 Dreamweaver 系列中的最新版本,在增强了面向专业人士的基本工具和可视技术外,同时提供了功能强大、开放式且基于标准的开发模式,可以轻而易举地制作出跨平台和浏览器的动感效果网页。

10.4.1 Dreamweaver CS3 的界面

Dreamweaver CS3 的工作界面秉承了 Dreamweaver 系列产品一贯的简洁、高效和易用性,大多数功能都能在工作界面中很方便地找到。它的工作界面主要由文档窗口、文档工具栏、菜单栏、插入栏、面板组和属性检查器等组成,如图 10.13 所示。

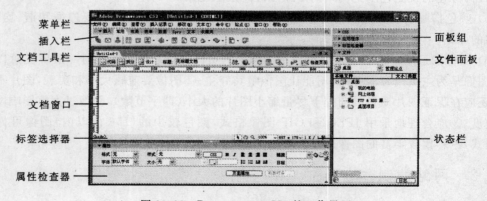

图 10.13　Dreamweaver CS3 的工作界面

（1）菜单栏。使用菜单栏基本上能够实现 Dreamweaver 的所有功能。共有 10 个菜单：①**文件**菜单，用来管理文件；②**编辑**菜单，用来编辑文本；③**查看**菜单，用来查看对象；④**插入记录**菜单，用来插入元素；⑤**修改**菜单，用来对页面元素进行修改；⑥**文本**菜单，用来对文本进行操作；⑦**命令**菜单，收集了所有的附加命令项；⑧**站点**菜单，用来管理站点；⑨**窗口**菜单，用来切换所有的控制面板和窗口；⑩**帮助**菜单，可实现联机帮助。

（2）插入栏。插入栏包含用于将图像、表格和 AP（绝对定位）元素等各种类型的对象插入文档中的按钮。每个对象都是一段 HTML 代码，允许设计者在插入它时设置不同的属性。

（3）文档工具栏。由一些按钮组成，提供了各种文档窗口视图的选项、各种查看选项和一些常用操作。

（4）文档窗口。显示当前创建和编辑的文档。

（5）标签选择器。它显示围绕当前选定内容的标记层次结构。单击该层次结构中的任何标记，可以选择该标记及其全部内容。

（6）属性检查器。用于查看和更改所选对象或文本的各种属性。

（7）面板组。面板组是组合在一个标题下面的相关面板的集合。要展开或折叠某一个面板，只需单击面板左侧的三角箭头即可。

（8）**文件**面板。用于管理文件和文件夹，类似于 Windows 的资源管理器。

（9）状态栏。状态栏用来显示当前编辑的文档状态，如窗口尺寸大小、页面下载速度等。

10.4.2　规划与创建站点

规划站点的目的在于明确网站的主题，确定本地站点所要实现的功能。规划站点主要是规划站点的结构。

启动 Dreamweaver，配置站点。由于将来必须将上面创建的文件夹结构及以后制作网页时产生的 HTML 文件及各种图片文件全部发送到某个 ISP 处，并且要不断更新文件，用户必须让 Dreamweaver 了解自己的网站配置情况，以便让它自动完成这些工作。

创建站点既可以创建一个网站，又可以创建一个本地网页文件的存储地址，规划好站点后就可以开始创建站点。

创建本地站点，能更好地利用站点对文件进行管理，尽可能地减少错误，如链接和路径出错等。创建本地站点，可以使用站点定义向导快速创建。

（1）单击**站点**菜单中**新建站点**命令，弹出站点定义向导对话框第一步界面；输入站点名称 **myhome**，如图 10.14 所示。

（2）单击**下一步**按钮，进入向导第二步界面，询问是否要使用服务器技术。若选择否，表示该站点目前是一个静态站点没有动态网页；若选择**是**，表明要使用服务器技术搭建动态站点，需进一步选择动态网页采用的脚本语言，如图 10.15 所示。这里，我们选定**否，我不想使用服务器技术**单选按钮，只完成静态页面的制作。

（3）单击**下一步**按钮，进入向导第三步界面，询问文件的存放与管理方式。遵循默认设置，并单击文本框右侧的文件夹图标，设置 d:\myhome 文件夹为文件存放位置，也可以直接在文本框中输入文件存放位置，如图 10.16 所示。

（4）单击**下一步**按钮，进入向导第四步界面，单击下拉列表框，选择**无**，如图 10.17 所示。

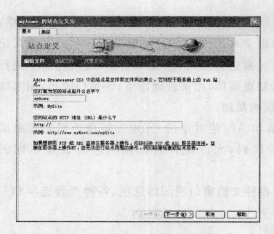

图 10.14　站点定义向导步骤一

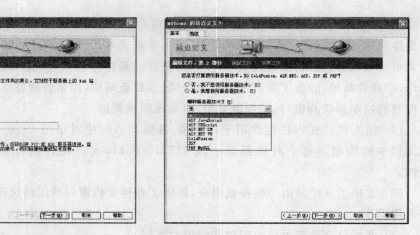

图 10.15　站点定义向导步骤二

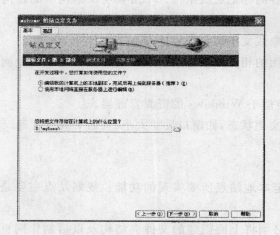

图 10.16　站点定义向导步骤三

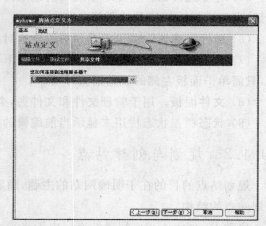

图 10.17　站点定义向导步骤四

（5）单击**下一步**按钮，将显示设置概要，如图 10.18 所示。

（6）单击**完成**按钮，右侧**文件**面板中显示刚才所设置的站点信息，如图 10.19 所示。

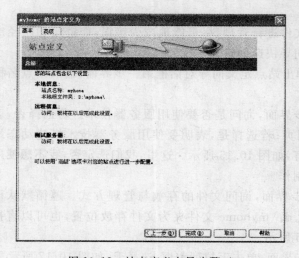

图 10.18　站点定义向导步骤五

图 10.19　**文件**面板中的站点信息

10.4.3 创建简单网页

下面以制作个人网站的首页为例,介绍初级网页的制作过程,以及网页的布局方法等。

个人网站针对个人爱好、专长等,按照个人的想法收集资料,制作的网站展示自我。大多数的个人网站,会将自己的爱好、作品展示在网站中,有些也会给出一些行业文章,或者提供留言板,用于同其他人进行网上的交流。

此示例网站首页的效果如图 10.20 所示。站点首页共设置 4 个栏目,分别为**心情札记、朋友网络、作品展示和与我联系**。

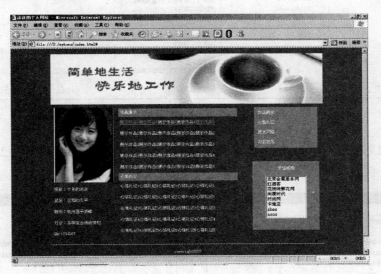

图 10.20 个人站点首页

页面最上方是个人网站的标题图片,下方是主体部分,分为左中右三个部分,左侧上面是个人相片,下面是个人基本资料;中间上面是作品展示,下面是心情札记;右侧上面是栏目导航,下面放置友情链接。将 d:\myhome 文件夹作为站点目录,将制作站点所需的图片放置到 d:\myhome\images 文件夹下。

1. 创建网页

启动 Dreamweaver 程序,单击**文件**菜单中**新建**命令,弹出**新建文档**对话框。选择**页面类型**为 **HTML**,如图 10.21 所示。

单击**创建**按钮,在 Dreamweaver 中创建了一个名为 Untitles-1 的文档窗口。开始页面内容的制作之前,应先将页面保存到站点目录下。单击**文件**菜单中**保存**命令,弹出**另存为**对话框,在**保存在**组合框中选定 **d:\myhome** 文件夹,并填写文件名 **index**,其他设置采用默认项。单击**保存**按钮,完成首页的保存。

注意 尽管在 Dreamweaver 中用户可将任何一个网页设置成主页,但很多 ISP 要求将主页名称命名为 index. html,因此用户最好养成此习惯。

2. 设置页面属性

(1) 单击**属性**面板中**页面属性**按钮,弹出**页面属性**对话框。在**分类**列表框中选定**外观**选项,将字体的大小设置为 **9pt**,背景颜色设置为 **#006699**,如图 10.22 所示。

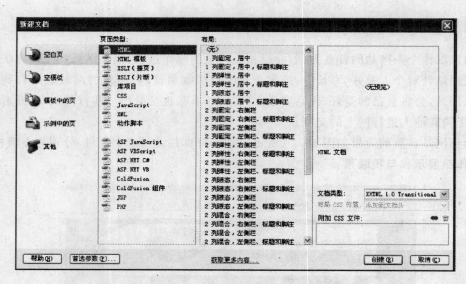

图 10.21　新建文档对话框

（2）在**分类**列表框中选定**链接**选项，将链接颜色设置为白色＃FFFFFF，已访问链接设置为＃75B2FF，变换图像链接设置为灰色＃999999，如图 10.23 所示。

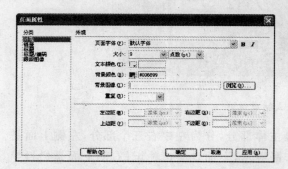

图 10.22　**页面属性**对话框**外观**界面

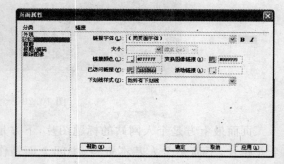

图 10.23　**页面属性**对话框**链接**界面

（3）在**分类**列表框中选定**标题/编码**选项，将标题设置为**沫沫的个人网站**，编码设置为**简体中文（GB2312）**，单击**确定**按钮完成属性设置。

3. 制作标题栏

（1）单击**插入栏常用**项中**表格**按钮"囲"，弹出**表格**对话框。设置 2 行 1 列宽度为 780 像素，边框粗细、单元格边距和单元格间距均为 0，如图 10.24 所示。单击**确定**按钮完成表格创建，即可在页面中插入一个 2 行 1 列的表格。在**表格属性**面板**对齐**列表中选择**居中对齐**选项，设置表格居中对齐，将**表格 Id** 设置为 **1**。

（2）将光标定位到第 1 行单元格中，单击**插入栏常用**项的**表格**按钮"囲"，在**表格**对话框中设置 1 行 1 列宽度为 780 像素，边框粗细、单元格边距和单元格间距均为 0，单击**确定**按钮完成嵌套表格的创建。

（3）在 Dreamweaver 网页编辑窗口中选定嵌套表格，在**表格属性**面板**对齐**列表中选择**居中对齐**选项，如图 10.25 所示，设置表格居中对齐，将**表格 Id** 设置为 **2**。

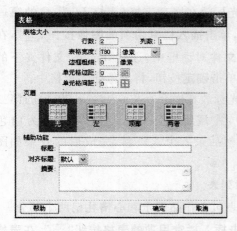

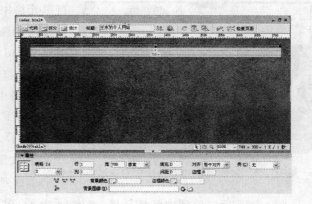

图 10.24　**表格**对话框　　　　　　　　　　　图 10.25　嵌套表格效果图

（4）将光标放在嵌套表格（表格 Id 为 2）中，单击**插入**栏**常用**项的**图像**按钮""，弹出**选择图像源文件**对话框。选定 images 文件夹中的图像 **title**，如图 10.26 所示。

（5）单击**确定**按钮，将图像插图到表格中，在**属性**面板中，设置图片的宽为 778，高为 150，完成后的效果如图 10.27 所示。

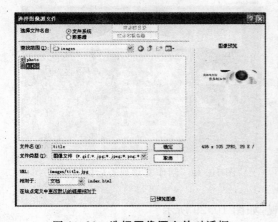

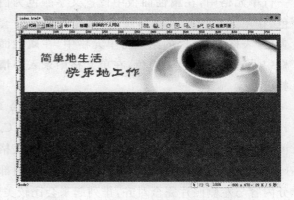

图 10.26　**选择图像源文件**对话框　　　　　图 10.27　表格中插入图像的效果图

4. 制作照片和个人简介

（1）将光标定位到最外层表格（表格 Id 为 1）的第 2 行单元格中，单击**插入**栏**常用**项的**表格**按钮"▦"，弹出**表格**对话框。设置 1 行 3 列宽度为 780 像素，边框粗细、单元格边距和单元格间距均为 0，单击**确定**按钮完成嵌套表格的创建。

（2）在 Dreamweaver 文档窗口中选定嵌套表格，在**表格属性**面板**对齐**列表中选择**居中对齐**选项，设置表格居中对齐，**表格 Id** 设置为 **3**。

（3）将光标放在嵌套表格（表格 Id 为 3）的第一个单元格中，在**属性**面板中设置宽为 170。单击**插入**栏**常用**项的**表格**按钮"▦"，在**表格**对话框中设置 2 行 1 列宽度为 170 像素，边框粗细为 0，单元格边距和单元格间距均为 5，单击**确定**按钮完成嵌套表格创建。

（4）在 Dreamweaver 文档窗口中选定嵌套表格，在**表格属性**面板**对齐**列表中选择**居中对齐**选项，设置表格居中对齐，**表格 Id** 设置为 **4**。

图 10.28　制作照片和个人简介的效果图

（5）将光标放在嵌套表格（表格 Id 为 4）的第一行单元格中，单击插入栏常用项的**图像按钮"⬚"**，在**选择图像源文件**对话框中，选定 images 文件夹下的图像 **photo**，单击**确定**按钮，将图像插入表格中。

（6）将光标放在嵌套表格（表格 Id 为 4）的第二行单元格中，在**属性**面板中设置文字颜色为白色♯FFFFFF，然后录入个人资料，完成后的效果如图 10.28 所示。

5．制作文章列表

文章列表包含**作品展示**和**心情札记**两个部分。

（1）将光标定位到中间单元格（表格 Id 为 3），单击插入栏常用项的**表格按钮"⊞"**，在**表格**对话框中设置 4 行 1 列宽度为 350 像素，边框粗细为 0，单元格边距和单元格间距均为 5，单击**确定**按钮完成嵌套表格的创建。

（2）在 Dreamweaver 文档窗口中选定嵌套表格，在**表格属性**面板**对齐**列表中选择**居中对齐**选项，设置表格居中对齐，**表格 Id** 设置为 **5**。

（3）将光标放在嵌套表格（表格 Id 为 5）的第一行单元格中，在**属性**面板中设置文字颜色为白色，在单元格中录入**作品展示**；将光标放在嵌套表格（表格 Id 为 5）的第三行单元格中，在**属性**面板中设置文字颜色为白色，在单元格中录入**心情札记**。

（4）为了将标题与内容区分开来，选定第 1 行和第 3 行，将单元格背景颜色设置为♯6699CC。读者可以根据实际情况调整中间单元格内嵌表格（表格 Id 为 5）第 1 行和第 3 行的高度，使中间部分内容与左侧照片完全对齐，排列起来会比较美观，如图 10.29 所示。

图 10.29　制作文章列表后的效果图

6．制作栏目导航

（1）将光标定位到最右侧单元格（表格 Id 为 3），单击插入栏常用项的**表格按钮**，在**表格**对话框中，输入 3 行 1 列，宽度为 200 像素，边框粗细为 0，单元格边距和单元格间距均为 5，单击**确定**按钮后插入嵌套表格。

（2）选定嵌套表格，在**属性**面板中设置表格居中对齐，将**表格 Id** 设置为 **6**。

（3）将光标置于第一行单元格内，在**属性**面板中，设置垂直对齐方式为顶端对齐。单击插入栏**常用**项的**表格按钮**，在**表格**对话框中，输入 4 行 1 列，宽度为 180 像素，边框粗细为 0，单元格边距和单元格间距均为 5，单击**确定**按钮后插入嵌套表格。

（4）在 Dreamweaver 文档窗口中选定嵌套表格，在**表格属性**面板**对齐**列表中选定**居中对齐**选项，设置表格居中对齐，将**表格 Id** 设置为 **7**。

（5）单击表格边框，选定嵌套表格（表格 Id 为 7），在**属性**面板中设置背景颜色为蓝色♯6699CC。

（6）在第 1～第 4 行单元格中，分别录入栏目名称**作品展示**、**心情札记**、**朋友网络**、**与我联系**，并将文字颜色设置为白色。

（7）将光标定位在外侧表格（表格 Id 为 6）第 3 行中，在**属性**面板中设置单元格背景颜色为蓝色＃6699CC，并将水平对齐方式设置为居中对齐。

（8）单击**插入**栏**常用**项的**表格**按钮，在**表格**对话框中输入 2 行 1 列，宽度为 180 像素，边框粗细为 0，单元格边距和单元格间距均为 5，单击**确定**按钮后插入嵌套表格。

（9）选定嵌套表格，在**属性**面板中设置表格居中对齐，设置**表格 Id** 为 8。

（10）将光标定位在表格（表格 Id 为 8）第 1 行单元格中，录入文字**友情链接**，并将文字颜色设置为白色，单元格水平对齐方式为居中对齐。

7. 制作友情链接

本例中友情链接以列表形式出现。

（1）将光标定位在表格（表格 Id 为 8）第 2 行单元格中，单击**表单**面板的**列表/菜单**按钮"▤"，弹出**输入标签辅助功能属性**对话框，如图 10.30 所示。单击**取消**按钮，弹出提示对话框，如图 10.31 所示。通常需要加入表单标签，才能实现列表/菜单的跳转功能，因此单击**是**按钮。如果选定**不再显示此信息**复选框，下次再插入表单项时将按本次操作进行。

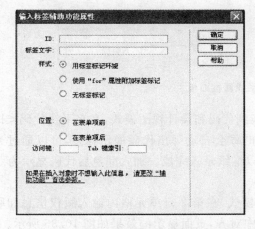

图 10.30　**输入标签辅助功能属性**对话框　　　　图 10.31　提示对话框

（2）此时，在单元格内插入一个空"菜单"。在**列表/菜单**属性面板中选定**列表**单选钮，在**高度**文本框中输入 **8**，修改后效果如图 10.32 所示。

（3）选定列表框，单击**属性**面板中**列表值**按钮，弹出**列表值**对话框。在**项目标签**项输入项目名称，**值**项输入项目的网址。按"＋"和"－"可以增加或删除项目，按上、下箭头可以调整项目顺序，如图 10.33 所示。

（4）增加完所有项目后，单击**确定**按钮，可以看到所有项目已经显示在列表中。

（5）单击**窗口**菜单中**行为**命令，打开**行为**面板。单击**行为**面板上的"＋"按钮，在弹出的下拉菜单中选择**跳转菜单**命令，如图 10.34 示，弹出**跳转菜单**对话框。不必做任何设置上的修改，单击**确定**按钮既可。保存网页，按 F12 键可以在浏览器中查看列表链接效果，单击列表内某一项即可跳转到相应网站。

| 图 10.32　修改后的效果图 | 图 10.33　**列表值**对话框 | 图 10.34　添加行为 |

8. 制作版权信息

通常在网页最下方都要制作版权信息及联系方式。

（1）将光标定位在表格（表格 Id 为 1）外最下方，插入 2 行 1 列，宽度为 780 像素的表格，设置表格为居中对齐。

（2）在第 1 行内单击鼠标，在**属性**面板中设置高度为 30。单击**插入记录→HTML→水平线**命令，在单元格内插入水平线。选定水平线，在**属性**面板中设置水平线宽度为 100%，高度为 1，如图 10.35 所示。

图 10.35　水平线**属性**面板

（3）单击**文档**面板的**拆分**按钮"拆分"，切换到代码和设计视图模式，在水平线代码＜hr＞内设置水平线的颜色，当在代码中输入 color 的时候会自动弹出**代码提示标签**，可以通过光标上下键选择需要的属性，然后按 Enter 键；也可以继续录入完成。加入颜色后代码显示为

```
<hr width=100%  size=1 color=#FFFFFF>。
```

（4）单击**设计**按钮"设计"，返回设计视图模式，在第 2 行单元格内输入版权信息和联系方式，设置文字颜色为白色，水平对齐方式为居中对齐，页面显示的效果如图 10.36 所示。

图 10.36　完成后的效果图

9. 制作弹出窗口页面

上述步骤完成后,首页基本制作完成。下面制作**作品展示**列表中的下级网页。

(1) 在 index. html 文档窗口中,单击**文件**菜单中**另存为**命令,将网页另存为 **window. html**。

(2) 按 Ctrl+A 组合键,选定网页中的所有内容后,按 Del 键删除。此时网页只保留页面属性设置,其他页面内容都被删除,按 F2 键再次保存。

(3) 在**文件**面板中,修改标题文本框为**作品展示**。单击**表格**按钮,创建 1 行 1 列,宽度为 90%,其他项为 0 的表格,在属性面板中设置表格居中对齐。

(4) 在表格内插入文章内容,在属性面板中设置标题大小为**大**,4 个问题题目颜色为黄色 #FFFF00,其他文字颜色为白色 #FFFFFF,效果如图 10.37 所示。

(5) 由于文章内容比较多,所以给 5 个作品展示的标题分别制作标签链接。拖动选定作品 1 的标题,单击**常用**面板上的**命名锚记**按钮" ",在弹出的**命名锚记**对话框**命名锚记**文本框中输入 **1**,如图 10.38 所示。按**确定**按钮后,作品 1 标题后面出现一个锚记标志,如图 10.39 所示。

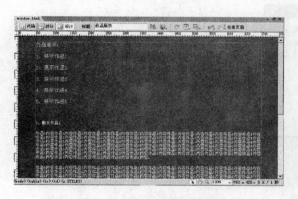

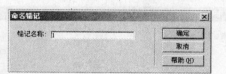

图 10.38　**命名锚记**对话框

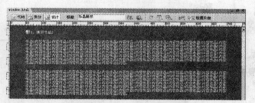

图 10.37　弹出页面效果图

图 10.39　设置锚记后页面上的锚记标记

(6) 同样方法,分别为其他 4 个作品标题设置锚记标志,名称分别为 **2,3,4,5**。

(7) 完成锚记设置后,返回首页,分别为表格上部的 5 个作品标题制作锚记链接。选定第 1 个作品标题,在**属性**面板**链接**文本框内输入 **#1**(这里的 1 就是前面设置的锚记 1),如图 10.40 所示。同样方法,分别为其他 4 个作品标题制作锚记链接,链接地址分别为 **#2,#3,#4,#5**。

(8) 制作完成锚记链接,保存网页。按 F12 键进行预览,当选择作品 2 标题时,网页会自动跳转到相关的标题处,如图 10.41 所示。

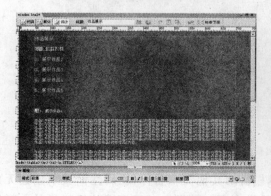

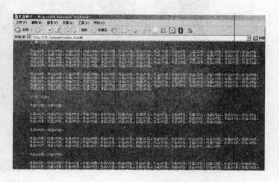

图 10.40　完成链接到锚记 1 的超链接后的页面

图 10.41　单击某个超链接后页面的效果图

10. 制作弹出窗口效果

（1）通过**文件**菜单中**打开**命令，在 Dreamweaver 中打开 index. html 网页，选定**作品展示**栏目的第 1 篇文章名称，在**属性**面板中创建无此链接，即在**链接**文本框中输入＃。

（2）单击**窗口**菜单中**行为**命令，打开**行为**面板。单击"＋"按钮，单击弹出的下拉菜单中**打开浏览器窗口**命令，弹出**打开浏览器窗口**对话框。

（3）单击**浏览**按钮选择需要链接的网页 **window. html**，在**窗口宽度**和**窗口高度**文本框中分别输入 **500** 和 **400**，选定**需要时使用滚动条**复选框，如图 10.42 所示。单击**确定**按钮，**行为**面板将显示出设置的行为项。

（4）在**行为**面板**事件**下拉列表中，当前默认出现的是 **onclick**。单击该处，右侧将会出现下拉按钮，如图 10.43 所示。单击下拉按钮，在下拉列表中选择 **onMouseDown** 选项。保存网页，按 F12 键通过浏览器查看页面效果，如图 10.44 所示。此步操作也可以不完成，同样会得到上面的效果，这里仅用于说明行为中的事件修改方法。

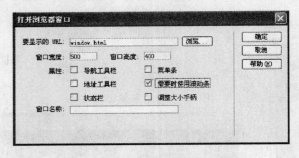

图 10.42　**打开浏览器窗口对话框**

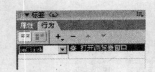

图 10.43　行为具体设置情况

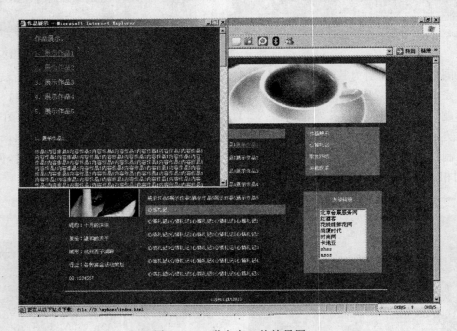

图 10.44　弹出窗口的效果图

（5）分别选定 index. html 网页中**作品展示**栏目的其他文章名称，在属性面板中创建无此链接，并重复步骤（2）～（4），即可设置成同样的弹出窗口效果。对于**心情札记**栏目的文章链接设置,与上面的方法相同。

　　至此,实例网站的首页基本完成,在版面的色彩搭配和设计上,读者可以根据自己的喜好进行设置,其他相关页面的完成留给读者自行制作,此处不做详细讲解。制作好站点页面后,可以在某个 ISP 处申请一块空间,此时网站就有了自己的域名。应该保存好 ISP 授予的 FTP 服务器名称、用户名、口令,页面的上传需要用到这些信息。利用 Dreamweaver 将本计算机上的站点内容上传到所申请的空间中后,以后的工作就是网站维护了,主要包括改进创建的网页、制作新网页、同步更新网站内容等。

　　本实例涉及表格的应用、导航栏的创建、超链接的建立、信息窗口的弹出等技术,对于刚开始接触网页制作的新手而言,熟练掌握了这些功能,就可以开始制作自己的网站,并为以后制作复杂网站打下基础。

第11章 信息安全技术

信息安全技术是指保障信息安全的技术,研究的内容有基础理论研究、应用技术研究、安全管理研究等。

11.1 信息安全技术的相关概念及评价标准

11.1.1 信息安全技术概述

1. 信息安全的概念

信息安全是指信息网络的硬件、软件及其系统中的数据受到保护,不受偶然的或者恶意的原因而遭到破坏、更改、泄露,系统连续可靠正常地运行,信息服务不中断。

信息安全是一门涉及计算机科学、网络技术、通信技术、密码技术、信息安全技术、应用数学、数论、信息论等多种学科的综合性学科。

2. 信息安全的重要性

信息作为一种资源,它的普遍性、共享性、增值性、可处理性和多效用性,使其对于人类具有特别重要的意义。信息安全的实质就是要保护信息系统或信息网络中的信息资源免受各种类型的威胁、干扰和破坏,即保证信息的安全性。信息安全是任何国家、政府、部门、行业都必须十分重视的问题。

3. 信息安全的目的

信息安全的目的是保障信息的真实性、保密性、完整性、可用性、不可抵赖性、可控制性和可审查性等。

(1)真实性。确保人、进程或系统等身份或信息、信息来源的真实。

(2)保密性。确保数据的传输和存储不受未授权的浏览。

(3)完整性。确保数据的一致性,防止数据被非法用户篡改。

(4)可用性。保证合法用户对信息和资源的使用不会被不正当地拒绝。

(5)不可抵赖性。建立有效的责任机制,防止用户否认其行为。

(6)可控性。对信息的传播及内容具有控制能力。

(7)可审查性。对出现的网络安全问题提供调查的依据和手段。

4. 信息安全技术研究内容

信息安全技术的应用领域非常广泛,信息安全研究大致可分为基础理论研究、应用技术研究、安全管理研究。基础理论研究包括密码研究、安全理论研究;应用技术研究包括安全实现技术、安全平台技术研究;安全管理研究包括安全标准、安全策略、安全测评等。具体内容在11.3节中加以阐述。

11.1.2　信息安全评价标准

20 世纪 80 年代，美国制定了第一个有关信息技术安全评价的标准《可信计算机系统评价准则》(TCSEC，又称橘皮书)，该准则对计算机操作系统的安全性规定了不同的等级。从 90 年代开始，一些国家和国际组织相继提出了新的安全评价准则。1991 年，欧共体发布了《信息技术安全评价准则》(ITSEC)；1993 年，加拿大发布了《加拿大可信计算机产品评价准则》(CTCPEC)，CTCPEC 综合了 TCSEC 和 ITSEC 两个准则的优点；同年，美国在对 TCSEC 进行修改补充并吸收 ITSEC 优点的基础上，发布了《信息技术安全评价联邦准则》(FC)。

1993 年 6 月，以上几个制定准则国家共同起草了一份通用准则(CC)，并将 CC 推广为国际标准。国际安全测评标准的发展及其联系，如图 11.1 所示。

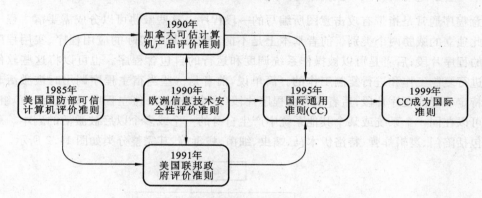

图 11.1　国际安全测评标准的发展及其联系

(1) TCSEC。TCSEC 标准是计算机系统安全评估的第一个正式标准，具有划时代的意义。该准则于 1970 年由美国国防科学委员会提出，并于 1985 年 12 月由美国国防部公布。TCSEC 最初只是军用标准，后来延至民用领域。TCSEC 将计算机系统的安全划分为 4 个等级 7 个级别。根据等级从低到高的顺序可以分为 D,C,B,A 共 4 个等级，其中，D 类安全等级只包括 D1 一个安全级别；C 类安全等级可划分为 C1 和 C2 两个安全级别；B 类安全等级可分为 B1,B2 和 B3 三个安全级别；A 类安全等级只包含 A1 一个安全级别。

(2) ITSEC。ITSEC 是欧洲多国安全评价方法的综合产物，应用领域为军队、政府和商业。该标准将安全概念分为功能与评估两部分。功能准则从 f1～f10 共分 10 级。1～5 级对应于 TCSEC 的 D 到 A。6～10 级分别对应数据和程序的完整性、系统的可用性、数据通信的完整性、数据通信的保密性以及机密性和完整性的网络安全。评估准则分为 6 级，分别是测试、配置控制和可控的分配、能访问详细设计和源码、详细的脆弱性分析、设计与源码明显对应以及设计与源码在形式上一致。

(3) CTCPEC。CTCPEC 专门针对政府需求而设计。与 ITSEC 类似，该标准将安全分为功能性需求和保证性需求两部分。功能性需求共划分为机密性、完整性、可用性和可控性 4 大类。每种安全需求又可以分成很多小类，来表示安全性上的差别，分级条数为 0～5 级。

(4) FC。FC 是对 TCSEC 的升级，并引入了"保护轮廓"(PP)的概念。每个轮廓都包括功能、开发保证和评价三部分。FC 充分吸取了 ITSEC 和 CTCPEC 的优点，在美国的政府、民间和商业领域得到广泛应用。

(5) CC。CC 是国际标准化组织统一现有多种准则的结果，是目前最全面的评价准则。

1996 年 6 月，CC 第一版发布；1998 年 5 月，CC 第二版发布；1999 年 10 月 CC v2.1 版发布，并且成为 ISO 标准。CC 的主要思想和框架都取自 ITSEC 和 FC，并充分突出了"保护轮廓"概念。CC 将评估过程划分为功能和保证两部分，评估等级分为 EAL1，EAL2，EAL3，EAL4，EAL5，EAL6 和 EAL7 共 7 个等级。每一级均需评估 7 个功能类，分别是配置管理、分发和操作、开发过程、指导文献、生命期的技术支持、测试和脆弱性评估。

11.2 恶意程序

11.2.1 恶意程序的定义和分类

恶意程序通常是指带有攻击意图所编写的一段程序。这些威胁可以分成需要宿主程序的威胁和彼此独立的威胁两个类别。前者基本上是不能独立于某个实际的应用程序、实用程序或系统程序的程序片段；后者是可以被操作系统调度和运行的自包含程序。也可以将这些软件威胁分成不进行复制工作和进行复制工作的。简单说，前者是一些当宿主程序调用时被激活起来完成一个特定功能的程序片段；后者或者由程序片段（病毒）或者由独立程序（蠕虫、细菌）组成，在执行时可以在同一个系统或某个其他系统中产生自身的一个或多个以后被激活的副本。恶意程序主要包括陷门、逻辑炸弹、特洛伊木马、蠕虫、细菌、病毒等，其完整分类如图 11.2 所示。

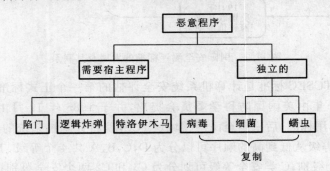

图 11.2　恶意程序的分类

（1）陷门。计算机操作的陷门设置是指进入程序的秘密入口，了解陷门的人可以不经过通常的安全检查访问过程而获得访问。程序员可以合法地使用陷门技术进行调试和测试程序；但是，当陷门被无所顾忌的程序员用来获得非授权访问时，陷门就变成了威胁。利用操作系统对陷门进行控制是困难的，必须将安全测量集中在程序开发和软件更新的行为上才能更好地避免这类攻击。

（2）逻辑炸弹。在病毒和蠕虫之前最古老的程序威胁之一是逻辑炸弹。逻辑炸弹是嵌入在某个合法程序里面的一段代码，被设置成当满足特定条件时就会发作，也可理解为"爆炸"，它具有计算机病毒明显的潜伏性。一旦触发，逻辑炸弹的危害性可能改变或删除数据或文件，引起机器关机或完成某种特定的破坏工作。

（3）特洛伊木马。特洛伊木马是一个有用的程序或命令过程，包含了一段隐藏的、激活时产生的多余功能或有危害功能的代码。它的危害性是可以用来非直接地完成一些非授权用户不能直接完成的功能。特洛伊木马的另一动机是数据破坏，程序看起来是在完成有用的功能，如计算器程序，但它也可能悄悄地在删除用户文件，直至破坏数据文件，这是一种非常常见的病毒攻击。

（4）蠕虫。网络蠕虫程序是一种使用网络连接从一个系统传播到另一个系统的感染病毒程序。一旦这种程序在系统中被激活，可以表现得像计算机病毒或细菌，或者可以注入特洛伊木马程序，或者进行任何次数的破坏或毁灭行动。为了演化复制功能，网络蠕虫传播主要靠网络载体实现。例如：①电子邮件机制，蠕虫将自己的复制品邮发到另一系统；②远程执行的能力，蠕虫执行自身在另一系统中的副本；③远程注册的能力，蠕虫作为一个用户注册到另一个远程系统中去，然后使用命令将自己从一个系统复制到另一系统。网络蠕虫表现出与计算机病毒同样的特征，即潜伏、繁殖、触发和执行期。

（5）细菌。计算机中的细菌是一些并不明显破坏文件的程序，它们的唯一目的就是繁殖自己。一个典型的细菌程序可能什么也不做，除了在多道程序系统中同时执行自己的两个副本，或者可能创建两个新的文件外，每一个细菌都在重复地复制自己，并以指数级地复制，最终耗尽了所有的系统资源，如 CPU，RAM，硬盘等，从而拒绝用户访问这些可用的系统资源。

（6）病毒。病毒是一种攻击性程序，采用把自己的副本嵌入其他文件中的方式来感染计算机系统。当被感染文件加载进内存时，这些副本就会执行去感染其他文件，如此不断进行下去。计算机病毒带着执行代码进入，典型的病毒获得计算机磁盘操作系统的临时控制，然后每当受感染的计算机接触一个没被感染的软件时，病毒就将新的副本传到该程序中。因此，通过正常用户间的交换磁盘以及向网络上的另一用户发送程序的行为，感染就有可能从一台计算机传到另一台计算机。在网络环境中，访问其他计算机上的应用程序和系统服务的能力为病毒的传播提供了滋生的基础。

11.2.2　计算机病毒

1. 计算机病毒的定义

计算机病毒（computer virus）又称电脑病毒，在《中华人民共和国计算机信息系统安全保护条例》中被明确定义，病毒"指编制或者在计算机程序中插入的破坏计算机功能或者破坏数据，影响计算机使用并且能够自我复制的一组计算机指令或者程序代码"。

病毒往往会利用计算机操作系统的弱点进行传播，提高系统的安全性是防病毒的一个重要方面；但完美的系统是不存在的，过于强调提高系统的安全性将使系统多数时间用于病毒检查，系统失去了可用性、实用性和易用性。另一方面，信息保密的要求让人们在泄密和抓住病毒之间无法选择。病毒与反病毒将作为一种技术对抗长期存在，两种技术都将随计算机技术的发展而得到长期的发展。

2. 计算机病毒的出现

计算机病毒的产生是计算机技术和以计算机为核心的社会信息化进程发展到一定阶段的必然产物。它产生的背景如下。

（1）计算机病毒是计算机犯罪的一种新的衍化形式。计算机病毒是高技术犯罪，具有瞬时性、动态性和随机性。不易取证，风险小破坏大，从而刺激了犯罪意识和犯罪活动。

（2）计算机软硬件产品的脆弱性是根本的技术原因。计算机是电子产品，数据从输入、存储、处理、输出等环节，易误入、篡改、丢失、作假和破坏；程序易被删除、改写；无法全面了解系统中的错误和缺陷。

（3）微机的普及应用是计算机病毒产生的必要环境。1983 年 11 月 3 日美国计算机专家首次提出了计算机病毒的概念并进行了验证。微机的广泛普及，操作系统简单明了，软、硬件透明度高，基本上没有什么安全措施，能够透彻了解它内部结构的用户日益增多，对其存在的缺点和易攻击处也了解得越来越清楚,不同的目的可以做出截然不同的选择。

3. 计算机病毒的发展

在病毒的发展史上,病毒的出现是有规律的,一般情况下一种新的病毒技术出现后,病毒迅速发展,接着反病毒技术的发展会抑制其流传。操作系统升级后,病毒也会调整为新的方式,产生新的病毒技术。

(1) DOS 引导阶段。1987 年,计算机病毒主要是引导型病毒,具有代表性的是"小球"和"石头"病毒。当时的计算机硬件较少,功能简单,一般需要通过软盘启动后使用。引导型病毒利用软盘的启动原理工作,它们修改系统启动扇区,在计算机启动时首先取得控制权,减少系统内存,修改磁盘读写中断,影响系统工作效率,在系统存取磁盘时进行传播。

(2) DOS 可执行阶段。1989 年,可执行文件型病毒出现,它们利用 DOS 系统加载执行文件的机制工作,代表为"耶路撒冷","星期天"病毒,病毒代码在系统执行文件时取得控制权,修改 DOS 中断,在系统调用时进行传染,并将自己附加在可执行文件中,使文件长度增加。1990 年,发展为复合型病毒,可感染 COM 和 EXE 文件。

(3) 伴随、批次型阶段。1992 年,伴随型病毒出现,它们利用 DOS 加载文件的优先顺序进行工作,具有代表性的是"金蝉"病毒,它感染 EXE 文件时生成一个和 EXE 同名但扩展名为 COM 的伴随体;它感染文件时,改原来的 COM 文件为同名的 EXE 文件,再产生一个原名的伴随体,文件扩展名为 COM,这样,在 DOS 加载文件时,病毒就取得控制权。这类病毒的特点是不改变原来的文件内容,日期及属性,解除病毒时只要将其伴随体删除即可。在非 DOS 操作系统中,一些伴随型病毒利用操作系统的描述语言进行工作,具有典型代表的是"海盗旗"病毒,它在得到执行时,询问用户名称和口令,然后返回一个出错信息,将自身删除。批次型病毒是工作在 DOS 下的和"海盗旗"病毒类似的一类病毒。

(4) 幽灵、多形阶段。1994 年,随着汇编语言的发展,实现同一功能可以用不同的方式进行完成,这些方式的组合使一段看似随机的代码产生相同的运算结果。幽灵病毒就是利用这个特点,每感染一次就产生不同的代码。例如,"一半"病毒就是产生一段有上亿种可能的解码运算程序,病毒体被隐藏在解码前的数据中,查解这类病毒就必须能对这段数据进行解码,加大了查毒的难度。多形型病毒是一种综合性病毒,它既能感染引导区又能感染程序区,多数具有解码算法,一种病毒往往要两段以上的子程序方能解除。

(5) 生成器、变体机阶段。1995 年,在汇编语言中,一些数据的运算放在不同的通用寄存器中,可运算出同样的结果,随机地插入一些空操作和无关指令,也不影响运算的结果,这样,一段解码算法就可以由生成器生成,当生成器的生成结果为病毒时,就产生了这种复杂的"病毒生成器",而变体机就是增加解码复杂程度的指令生成机制。这一阶段的典型代表是"病毒制造机" VCL,它可以在瞬间制造出成千上万种不同的病毒,查解时就不能使用传统的特征识别法,需要在宏观上分析指令,解码后查解病毒。

(6) 网络蠕虫阶段。1995 年,随着网络的普及,病毒开始利用网络进行传播,它们只是以上几代病毒的改进。在非 DOS 操作系统中,"蠕虫"是典型的代表,它不占用除内存以外的任何资源,不修改磁盘文件,利用网络功能搜索网络地址,将自身向下一地址进行传播,有时也在网络服务器和启动文件中存在。

(7) 视窗阶段。1996 年,随着 Windows 95 的日益普及,利用 Windows 进行工作的病毒开始发展,它们修改(NE,PE)文件,典型的代表是 DS.873,这类病毒的机制更为复杂,它们利用保护模式和 API 调用接口工作,解除方法也比较复杂。1996 年,随着 Word 功能的增强,使用 Word 宏语言也可以编制病毒,这种病毒使用类 Basic 语言、编写容易、感染 Word 文档等文件,在 Excel 和 AmiPro 出现的相同工作机制的病毒也归为此类,由于 Word 文档格式没有公开,这类病毒查解比较困难。

(8) 互联网阶段。1997 年,随着因特网的发展,各种病毒也开始利用因特网进行传播,一些携带病毒的数据包和邮件越来越多,如果不小心打开了这些邮件,机器就有可能中毒。

(9) 爪哇(Java),邮件炸弹阶段。1997 年,随着万维网上 Java 的普及,利用 Java 语言进行传播和资料获取的病毒开始出现,典型的代表是 JavaSnake 病毒,还有一些利用邮件服务器进行传播和破坏的病毒,例如 Mail-Bomb 病毒,它会严重影响因特网的效率。

4. 计算机病毒的特点

(1) 寄生性。计算机病毒寄生在其他程序之中,当执行这个程序时,病毒就起破坏作用,而在未启动这个程序之前,它是不易被人发觉的。

(2) 传染性。计算机病毒不但本身具有破坏性,更有害的是具有传染性,一旦病毒被复制或产生变种,其速度之快令人难以预防。

(3) 潜伏性。有些计算机病毒像定时炸弹一样,让它什么时间发作是预先设计好的。比如黑色星期五病毒,不到预定时间一点都觉察不出来,等到条件具备的时候一下子就爆炸开来,对系统进行破坏。一个编制精巧的计算机病毒程序,进入系统之后一般不会马上发作,可以在几周或者几个月内甚至几年内隐藏在合法文件中,对其他系统进行传染,而不被人发现,潜伏性愈好,其在系统中的存在时间就会愈长,病毒的传染范围就会愈大。

(4) 隐蔽性。计算机病毒具有很强的隐蔽性,有的可以通过病毒软件检查出来,有的根本就查不出来,有的时隐时现、变化无常,这类病毒处理起来通常很困难。

(5) 破坏性。计算机中毒后,可能会导致正常的程序无法运行,把计算机内的文件删除或受到不同程度的损坏。

(6) 可触发性。病毒因某个事件或数值的出现,诱使病毒实施感染或进行攻击的特性称为可触发性。为了隐蔽自己,病毒必须潜伏,少做动作。如果完全不动,一直潜伏的话,病毒既不能感染也不能进行破坏,便失去了杀伤力。病毒既要隐蔽又要维持杀伤力,它必须具有可触发性。病毒的触发机制就是用来控制感染和破坏动作的频率的。病毒具有预定的触发条件,这些条件可能是时间、日期、文件类型或某些特定数据等。病毒运行时,触发机制检查预定条件是否满足,如果满足,启动感染或破坏动作,使病毒进行感染或攻击;如果不满足,病毒继续潜伏。

5. 计算机病毒的分类

按照科学的、系统的、严密的方法,计算机病毒可分类如下。

(1) 按照计算机病毒存在的媒体进行分类。根据病毒存在的媒体,病毒可以划分为网络病毒、文件病毒、引导型病毒,以及这三种情况的混合型。网络病毒,通过计算机网络传播感染网络中的可执行文件;文件病毒,感染计算机中的 COM,EXE,DOC 等文件;引导型病毒,感染启动扇区(Boot)和硬盘的系统引导扇区(MBR)。

(2) 根据病毒破坏的能力可划分为无害型、无危险型、危险型、非常危险型。无害型病毒,除了传染时减少磁盘的可用空间外,对系统没有其他影响;无危险型病毒,仅仅是减少内存、显示图像、发出声音及同类音响;危险型病毒,在计算机系统操作中造成严重的错误;非常危险型病毒,删除程序、破坏数据、清除系统内存区和操作系统中重要的信息。

(3) 根据病毒特有的算法,病毒可以划分为伴随型病毒、"蠕虫"型病毒、寄生型病毒、诡秘型病毒、变型病毒。伴随型病毒,并不改变文件本身,它们根据算法产生 EXE 文件的伴随体,具有同样的名字和不同的扩展名（COM），如 XCOPY.EXE 的伴随体是 XCOPY.COM，病毒把自身写入 COM 文件并不改变 EXE 文件，当 DOS 加载文件时，伴随体优先被执行到，再由伴随体加载执行原来的 EXE 文件。"蠕虫"型病毒，通过计算机网络传播，不改变文件和资料信息，利用网络从一台机器的内存传播到其他机器的内存，计算网络地址，将自身的病毒通过网络发送，有时它们在系统存在，一般除了内存不占用其他资源。除了伴随型和"蠕虫"型，其他病毒均可称为寄生型病毒，它们依附在系统的引导扇区或文件中，通过系统的功能进行传播。诡秘型病毒，一般不直接修改 DOS 中断和扇区数据，而是通过设备技术和文件缓冲区等 DOS 内部修改，不易看到资源，使用比较高级的技术，利用 DOS 空闲的数据区进行工作。变型病毒又称幽灵病毒，使用一个复杂的算法，使自己每传播一份都具有不同的内容和长度，它们一般的作法是一段混有无关指令的解码算法和被变化过的病毒体组成。

6. 计算机病毒的破坏行为

计算机病毒的破坏行为体现了病毒的杀伤能力。病毒破坏行为的激烈程度取决于病毒作者的主观愿望和他所具有的技术能量。数以万计不断发展扩张的病毒，其破坏行为千奇百怪，不可能穷举其破坏行为，而且难以做全面的描述。

根据现有的病毒资料可以把病毒的破坏目标和攻击部位归纳如下：①攻击系统数据区，攻击部位包括硬盘主引导扇区、Boot 扇区、FAT 表、文件目录等；②攻击文件；③攻击内存；④干扰系统运行；⑤使计算机速度明显下降；⑥攻击磁盘；⑦扰乱屏幕显示；⑧干扰键盘操作；⑨攻击 CMOS；⑩干扰打印机等。

计算机感染病毒可能有以下症状：系统运行速度减慢；经常无故发生死机；文件长度发生变化；存储的容量异常减少；系统引导速度减慢；丢失文件或文件损坏；屏幕上出现异常显示；蜂鸣器出现异常声响；磁盘卷标发生变化；系统不识别硬盘；对存储系统异常访问；键盘输入异常；文件的日期、时间、属性等发生变化；文件无法正确读取、复制或打开；命令执行出现错误；虚假报警；切换当前盘，有些病毒会将当前盘切换到 C 盘；时钟倒转，逆向计时；Windows 操作系统无故频繁出现错误；系统异常重新启动；一些外部设备工作异常；异常要求用户输入密码；Word 或 Excel 提示执行宏；不应驻留内存的程序驻留内存。

7. 计算机病毒的传染途径及防治方法

传统的计算机病毒传染途径主要是通过光盘和移动存储介质，如软盘、U 盘、移动硬盘等。目前，最主要的计算机病毒传染途径是通过网络。这种传染扩散极快，能在很短时间内传遍网络上的机器。

防治计算机病毒，主要有以下方法：①安装杀毒软件，并经常更新，以快速检测到可能入侵计算机的新病毒或者变种；②使用安全监视软件，防止浏览器被异常修改，安装不安全恶意的插件；③使用防火墙；④关闭电脑自动播放，并对电脑和移动储存工具进行常见病毒免疫；⑤定时全盘病毒木马扫描。

11.2.3 计算机病毒举例

（1）Elk Cloner（1982 年）。Elk Cloner 被视为攻击个人计算机的第一款全球病毒，也是所有令人头痛的安全问题先驱者。它通过苹果 Apple II 软盘进行传播。这个病毒被放在一个游戏磁盘上，可以被使用 49 次。在第 50 次使用的时候，它并不运行游戏，取而代之的是打开一个空白屏幕，并显示一首短诗。

（2）Brain（1986 年）。Brain 是第一款攻击运行微软的受欢迎的操作系统 DOS 的病毒，是可以感染 360 K 软盘的病毒,该病毒会填充满软盘上未用的空间,而导致它不能再被使用。

(3) Morris(1988 年)。Morris 病毒程序利用了系统存在的弱点进行入侵,Morris 设计的最初目的并不是搞破坏,而是用来测量网络的大小。但是,由于程序的循环没有处理好,计算机会不停地执行、复制 Morris,最终导致死机。

(4) CIH(1998 年)。CIH 病毒是世界上首例破坏硬件的病毒,它发作时不仅破坏硬盘的引导区和分区表,而且破坏计算机系统 BIOS,导致主板损坏。此病毒是由台湾大学生陈盈豪研制的,据说他研制此病毒的目的是纪念 1986 年的灾难或是让反病毒软件难堪。

(5) Melissa(1999 年)。Melissa 是最早通过电子邮件传播的病毒之一,当用户打开一封电子邮件的附件,病毒会自动发送到用户通讯簿中的前 50 个地址,因此这个病毒在数小时之内传遍全球。

(6) Love bug(2000 年)。Love bug 也通过电子邮件附件传播,它利用了人类的本性,把自己伪装成一封求爱信来欺骗收件人打开。这个病毒以其传播速度和范围让安全专家吃惊。在数小时之内,这个小小的计算机程序征服了全世界范围之内的计算机系统。

(7) 红色代码(2001 年)。红色代码被认为是史上最昂贵的计算机病毒之一,这个自我复制的恶意代码利用了微软 IIS 服务器中的一个漏洞。该蠕虫病毒具有一个更恶毒的版本,被称为红色代码 II。这两个病毒都除了可以对网站进行修改外,被感染的系统性能还会严重下降。

(8) 冲击波(2003 年)。冲击波病毒的英文名称是 Blaster,还被叫做 Lovsan 或 Lovesan,它利用了微软软件中的一个缺陷,对系统端口进行疯狂攻击,可以导致系统崩溃。

(9) 震荡波(2004 年)。震荡波是又一个利用 Windows 缺陷的蠕虫病毒,震荡波可以导致计算机崩溃并不断重启。

(10) 熊猫烧香(2007 年)。熊猫烧香是一种蠕虫病毒的变种,而且是经过多次变种而来的,由于中毒电脑的可执行文件会出现"熊猫烧香"图案,所以也被称为"熊猫烧香"病毒。原病毒只会对 EXE 图标进行替换,并不会对系统本身进行破坏;而大多数计算机中的是病毒变种,中毒后可能会出现蓝屏、频繁重启,以及系统硬盘中数据文件被破坏等现象。

(11) 扫荡波(2008 年)。同冲击波和震荡波一样,扫荡波也是个利用漏洞从网络入侵的程序。而且正好在黑屏事件,大批用户关闭自动更新以后,这更加剧了这个病毒的蔓延。这个病毒可以导致被攻击者的机器被完全控制。

(12) 木马下载器(2009 年)。中毒后会产生 1 000～2 000 不等的木马病毒,导致系统崩溃。它出现仅短短三天,就变成安全软件首杀榜前三名。

11.3 信息安全主要研究内容

11.3.1 密码技术

数据加密源远流长,在古代的战争中,数据加密与解密主要用来保证书信的安全。在近代的历次战争中,随着对数据信息量需求的急剧扩大,数据加密应用越来越宽广,加密的手段也越来越先进。现在,数据加密在军事上的应用仍然十分广泛;而且,在全球信息化的浪潮中,数据加密在网上银行、电子商务、电子政务等领域正发挥着越来越重要的作用。当人们在 ATM(自动取款机)取款时,当人们拨号上网时,当人们使用 IP 电话卡时,当人们使用电话银行时,当人们使用证券通时,数据加密和解密都默默地发挥作用。

1. 密码学

密码学是研究加密(encryption)和解密(decryption)变换的一门科学。通常情况下,人们将可懂的文本称为明文;将明文变换成的不可懂的文本称为密文。将明文变换成密文的过程叫加密;其逆过程,即把密文变换成明文的过程叫解密。明文与密文的相互变换是可逆的变换,并且只存在唯一的、无误差的可逆变换。完成加密和解密的算法称为密码体制。在计算机上实现的数据加密算法,其加密或解密变换是由一个密钥来控制的。密钥是由使用密码体制的用户随机选取的,密钥成为唯一能控制明文与密文之间变换的关键,它通常是一随机字符串。

2. 密码技术

密码技术涉及信息论、计算机科学和密码学等多方面知识,它的主要任务是研究计算机系统和通信网络内信息的保护方法以实现系统内信息的安全、保密、真实和完整。其中,信息安全的核心是密码技术。

3. 加密-解密原理

任何加密系统,不论形式如何复杂,实现的算法如何不同,其基本组成部分是相同的,通常都包括如下 4 个部分:①需要加密的报文,也称为明文;②加密以后形成的报文,也称为密文;③加密、解密的装置或算法;④用于加密和解密的密钥,密钥可以是数字、词汇或者语句。

报文加密后,发送方就要将密文通过通信渠道传输给接收方。传输过程中,即密文在通信渠道传输过程中是不安全的,可能被非法用户即第三方截取和窃听;但由于是密文,只要第三方没有密钥,只能得到一些无法理解其真实意义的密文信息,从而达到保密的目的。

4. 常见加密算法

常见加密技术可以分为对称加密、非对称加密和 Hash 算法三类。

(1) 对称加密。对称加密指加密和解密使用相同密钥的加密算法,其优点在于加解密的高速度和使用长密钥时的难破解性。假设两个用户需要使用对称加密方法加密然后交换数据,则用户最少需要两个密钥并交换使用。如果企业内有 n 个用户,则整个企业共需要 $n×(n-1)$ 个密钥,密钥的生成和分发将成为企业信息部门的噩梦。对称加密算法的安全性取决于加密密钥的保存情况,但要求每一个持有密钥的人都保守秘密是不可能的,他们通常会有意无意地把密钥泄漏出去——如果一个用户使用的密钥被入侵者所获得,入侵者便可以读取该用户密钥加密的所有文档,如果整个企业共用一个加密密钥,那整个企业文档的保密性便无从谈起。常见的对称加密算法有 DES,3DES,Blowfish,IDEA,RC4,RC5,RC6 和 AES。

(2) 非对称加密。非对称加密指加密和解密使用不同密钥的加密算法,也称为公私钥加密。假设两个用户要加密交换数据,双方交换公钥,使用时一方用对方的公钥加密,另一方即可用自己的私钥解密。如果企业中有 n 个用户,企业需要生成 n 对密钥,并分发 n 个公钥。由于公钥是可以公开的,用户只要保管好自己的私钥即可,因此加密密钥的分发将变得十分简单。同时,由于每个用户的私钥是唯一的,其他用户除了可以通过信息发送者的公钥来验证信息的来源是否真实,还可以确保发送者无法否认曾发送过该信息。非对称加密的缺点是加解密速度要远远慢于对称加密,在某些极端情况下,甚至能比对称加密慢上 1 000 倍。常见的非对称加密算法有 RSA,ECC(移动设备用),Diffie-Hellman,El Gamal,DSA(数字签名用)。

(3) Hash 算法。Hash 算法特别的地方在于它是一种单向算法,用户可以通过 Hash 算法对目标信息生成一段特定长度的唯一的 Hash 值,却不能通过这个 Hash 值重新获得目标信息。因此，Hash算法常用在不可还原的密码存储、信息完整性校验等。常见的Hash算法有MD2，MD4，MD5，HAVAL，SHA。

加密算法的效能通常可以按照算法本身的复杂程度、密钥长度（密钥越长越安全）、加解密速度等来衡量。上述的算法中，除了DES密钥长度不够、MD2速度较慢已逐渐被淘汰外，其他算法仍在目前的加密系统产品中使用。

11.3.2　数字签名、身份鉴别与数据完整性

1. 数字签名

数字签名（digital signature），又称公钥数字签名、电子签章，是一种类似写在纸上的普通的物理签名；但是使用了公钥加密领域的技术实现，用于鉴别数字信息的方法。可用于辨别数据签署人的身份，并表明签署人对数据信息中包含的信息的认可。一套数字签名通常定义两种互补的运算，一个用于签名，另一个用于验证。使用数字签名的文件的完整性很容易验证，而且数字签名具有法律效应。

简单地说，所谓数字签名就是附加在数据单元上的一些数据，或是对数据单元所作的密码变换。这种数据或变换允许数据单元的接收者用以确认数据单元的来源和数据单元的完整性并保护数据，防止被人（如接收者）进行伪造。它是对电子形式的消息进行签名的一种方法，一个签名消息能在一个通信网络中传输。基于公钥密码体制和私钥密码体制都可以获得数字签名，目前主要是基于公钥密码体制的数字签名。包括普通数字签名和特殊数字签名。

数字签名技术是不对称加密算法的典型应用。数字签名的应用过程是，数据源发送方使用自己的私钥对数据校验和或其他与数据内容有关的变量进行加密处理，完成对数据的合法"签名"，数据接收方则利用对方的公钥来解读收到的"数字签名"，并将解读结果用于对数据完整性的检验，以确认签名的合法性。数字签名技术是在网络系统虚拟环境中确认身份的重要技术，完全可以代替现实过程中的"亲笔签字"，在技术和法律上有保证。在数字签名应用中，发送者的公钥可以很方便地得到，但他的私钥则需要严格保密。

2. 身份鉴别

鉴别是信息安全的基本机制，通信的双方之间应互相认证对方的身份，以保证赋予正确的操作权力和数据的存取控制。网络也必须认证用户的身份，以保证合法的用户进行正确的操作并进行正确的审计。通常有三种方法验证主体身份：①利用只有该主体才了解的秘密，如口令、密钥；②主体携带的物品，如智能卡和令牌卡；③只有该主体具有的独一无二的特征或能力，如指纹、声音、视网膜或签字等。

3. 数据完整性

数据完整性保护用于防止非法篡改，利用密码理论的完整性保护能够很好地对付非法篡改。完整性的另一用途是提供不可抵赖服务，当信息源的完整性可以被验证却无法模仿时，收到信息的一方可以认定信息的发送者。

11.3.3　访问控制与安全数据库

1. 访问控制

访问控制的目的是防止对信息资源的非授权访问和非授权使用信息资源。允许用户对其常用的信息库进行适当权力的访问，限制他随意删除、修改或拷贝信息文件。访问控制技术还可以使系统管理员跟踪用户在网络中的活动，及时发现并拒绝"黑客"的入侵。访问控制采用

最小特权原则,即在给用户分配权限时,根据每个用户的任务特点使其获得完成自身任务的最低权限,不给用户赋予其工作范围之外的任何权力。

2. 安全数据库

数据库系统由数据库和数据库管理系统两部分组成。保证数据库的安全主要在数据库管理系统上下工夫,其安全措施在很多方面多类似于安全操作系统中所采取的措施。安全数据库的基本要求可归纳为数据库的完整性(物理上的完整性、逻辑上的完整性和库中元素的完整性)、数据的保密性(用户身份识别、访问控制和可审计性)、数据库的可用性(用户界面友好,在授权范围内用户可以简便地访问数据)。

11.3.4 网络控制技术与反病毒技术

1. 网络控制技术

(1)防火墙技术。防火墙技术是一种允许接入外部网络,但同时又能够识别和抵抗非授权访问的安全技术。防火墙扮演的是网络中"交通警察"的角色,指挥网上信息合理有序地安全流动,同时也处理网上的各类"交通事故"。防火墙可分为外部防火墙和内部防火墙。前者在内部网络和外部网络之间建立起一个保护层,从而防止"黑客"的侵袭,其方法是监听和限制所有进出通信,挡住外来非法信息并控制敏感信息被泄露;后者将内部网络分隔成多个局域网,从而限制外部攻击造成的损失。

(2)入侵检测技术。入侵检测技术主要目标是扫描当前网络的活动,监视和记录网络的流量,根据定义好的规则来过滤从主机网卡到网线上的流量,提供实时报警。大多数的入侵监测系统可以提供关于网络流量非常详尽的分析。

(3)安全协议。安全协议决定网络系统的安全强度。安全协议的设计和改进有两种方式:①对现有网络协议(如 TCP/IP)进行修改和补充;②在网络应用层和运输层之间增加安全子层,如安全协议套接字层、安全超文本传输协议(目前国内的网上银行都采用这种安全机制)和专用通信协议。安全协议可以实现身份鉴别、密钥分配、数据加密、防止信息重传和不可否认等安全机制。

2. 反病毒技术

在 20 世纪 80 年代的 Morris 病毒事件爆发之后,防病毒技术逐渐得到了广泛的重视并发展起来。

第一代防病毒技术是采取单纯的病毒特征代码分析,将病毒从带毒文件中清除掉。这种方式可以准确地清除病毒,可靠性很高;但随着加密和变形技术的运用,使得这种简单的静态扫描方式逐渐失去了作用。

第二代防病毒技术采用静态广谱特征扫描方法检测病毒,这种方式可以更多地检测出变形病毒;但误报率也提高,尤其是用这种不严格的特征判定方式去清除病毒带来的风险性很大,容易造成文件和数据的破坏。所以说静态防病毒技术也有难以克服的缺陷。

第三代防病毒技术的主要特点是将静态扫描技术和动态仿真跟踪技术结合起来,将查找病毒和清除病毒合二为一,形成一个整体解决方案,能够全面实现防、查、杀等防病毒所必备的各种手段,以驻留内存方式防止病毒的入侵,凡是检测到的病毒都能清除,不会破坏文件和数据。随着病毒数量的增加和新型病毒技术的发展,静态扫描技术将会使反毒软件速度降低,驻留内存防毒模块容易产生误报。

第四代防病毒技术则是针对计算机病毒的发展而基于病毒家族体系的命名规则、基于多位 CRC 校验和扫描机理,启发式智能代码分析模块、动态数据还原模块(能查出隐蔽性极强的压缩加密文件中的病毒)、内存解毒模块、自身免疫模块等先进的解毒技术,较好地解决了以前防毒技术顾此失彼、此消彼长的状态。

11.3.5　网络安全新技术

1. 网络隔离

网络隔离(network isolation)主要是指将两个或两个以上可路由的网络(如 TCP/IP)通过不可路由的协议(如 IPX/SPX,NetBEUI 等)进行数据交换而达到隔离目的。由于其原理主要是采用了不同的协议,所以通常也叫协议隔离(protocol isolation)。1997 年,信息安全专家 Mark Joseph Edwards 在他编写的"Understanding Network Security"中,对协议隔离进行了归类,书中明确地指出了协议隔离和防火墙不属于同类产品。

隔离概念是在为了保护高安全度网络环境的情况下产生的;隔离产品的大量出现,也是经历了五代隔离技术不断的实践和理论相结合后得来的。

第一代隔离技术——完全的隔离。此方法使得网络处于信息孤岛状态,做到了完全的物理隔离,需要至少两套网络和系统,更重要的是信息交流的不便和成本的提高,这样给维护和使用带来了极大的不便。

第二代隔离技术——硬件卡隔离。在客户端增加一块硬件卡,客户端硬盘或其他存储设备首先连接到该卡,然后再转接到主板上,通过该卡能控制客户端硬盘或其他存储设备。而在选择不同的硬盘时,同时选择了该卡上不同的网络接口,连接到不同的网络。但是,这种隔离产品有的仍然需要网络布线为双网线结构,产品存在着较大的安全隐患。

第三代隔离技术——数据转播隔离。利用转播系统分时复制文件的途径来实现隔离,切换时间非常之久,甚至需要手工完成,不仅明显地减缓了访问速度,更不支持常见的网络应用,失去了网络存在的意义。

第四代隔离技术——空气开关隔离。它是通过使用单刀双掷开关,使得内外部网络分时访问临时缓存器来完成数据交换的,但在安全和性能上存在有许多问题。

第五代隔离技术——安全通道隔离。此技术通过专用通信硬件和专有安全协议等安全机制,来实现内外部网络的隔离和数据交换,不仅解决了以前隔离技术存在的问题,并有效地把内外部网络隔离开来,而且高效地实现了内外网数据的安全交换,透明支持多种网络应用,成为当前隔离技术的发展方向。

网络隔离的关键是在于系统对通信数据的控制,即通过不可路由的协议来完成网间的数据交换。因为通信硬件设备工作在网络 7 层的最下层,并不能感知到交换数据的机密性、完整性、可用性、可控性、抗抵赖等安全要素,所以这要通过访问控制、身份认证、加密签名等安全机制来实现,而这些机制的实现都是通过软件来实现的。

因此,隔离的关键点就成了要尽量提高网间数据交换的速度,并且对应用能够透明支持,以适应复杂和高带宽需求的网间数据交换。而由于设计原理问题使得第三代和第四代隔离产品在这方面很难突破,即便有所改进也必须付出巨大的成本,和"适度安全"理念相悖。

2. 云安全

云安全(cloud security)是网络时代信息安全的最新体现,它融合了并行处理、网格计算、未知病毒行为判断等新兴技术和概念,通过网状的大量客户端对网络中软件行为的异常监测,获取互联网中木马、恶意程序的最新信息,推送到 Server 端进行自动分析和处理,再把病毒和木马的解决方案分发到每一个客户端。

第12章 信息处理工具的应用

本章主要介绍信息处理常用的一些工具及基本使用方法,有压缩和解压缩软件、下载工具软件、翻译软件、多媒体播放软件、网络电视、聊天软件、系统处理工具等常用软件。

12.1 压 缩 软 件

12.1.1 文件压缩

用计算机所做的多都是对文件进行处理。每个文件都会占用一定的磁盘空间,而且有很多种信息数据文件很大。通常希望这些文件能尽可能少地占用磁盘空间,以达到减少或节约宝贵的计算机存储资源。这可以借助压缩工具解决,通过对原来的文件进行压缩处理,使之能使用更少的磁盘空间来保存文件,当需要使用时再进行解压缩操作,从而大大节省了磁盘存储空间。

当要拷贝许多小文件时,通过压缩处理可以提高执行效率。如果小文件很多,操作系统要执行频繁的文件定位操作,需要花费很多的时间。如果先把这些小文件压缩,变成一个压缩文件后,再拷贝时就很方便了。

由于计算机处理的信息是以二进制数的形式表示的,压缩软件就将二进制信息中相同的字符串以特殊字符标记来达到压缩的目的。例如,一幅蓝天白云的图片。对于成千上万单调重复的蓝色像点而言,与其一个一个定义"蓝、蓝、蓝……"长长的一串颜色,还不如告诉电脑"从这个位置开始存储 1 000 个蓝色像点"来得简洁,而且还能大大节约存储空间。这是一个非常简单的图像压缩的例子。所有的计算机文件归根结底都是以"1"和"0"的形式存储的,和蓝色像点一样,只要通过合理的数学计算公式,文件的体积都能够被大大压缩以达到"数据无损稠密"的效果。

压缩可以分为有损和无损压缩两种。如果丢失个别的数据不会造成太大的影响,就采用有损压缩。有损压缩广泛应用于动画、声音和图像文件中,典型的代表就是影碟文件格式 MPEG、音乐文件格式 MP3 和图像文件格式 JPG。但是,更多情况下压缩数据必须准确无误,人们便设计出了无损压缩格式,比如常见的 ZIP,RAR 等。压缩软件(compression software)就是利用压缩原理压缩数据的工具,压缩后所生成的文件称为压缩包(archive),体积只有原来的几分之一甚至更小。当然,压缩包已经是另一种文件格式了,如果想使用其中的数据,首先得用压缩软件把数据还原,这个过程称为解压缩。常见的压缩软件有 WinZip,WinRAR 等。

12.1.2 WinRAR 软件介绍

RAR 是一种文件压缩与归档的私有格式。RAR 的名字源自其作者 Eugene Roshal,为 Roshal Archive 的缩写。Eugene Roshal 最初编写了 DOS 版本的编码和解码程序,后来移植到很多平台,例如比较著名的 Windows 平台上的 WinRAR。Eugene Roshal 有条件公开了解码程序的源代码,但是编码程序仍然是私有的。

WinRAR 是一款功能强大的压缩包管理器。该软件可用于备份数据,缩减电子邮件附件的大小,解压缩从 Internet 上下载的 RAR,ZIP 及其他文件,并且可以新建 RAR 及 ZIP 格式的文件。

RAR 的主要特点:①WinRAR 采用独创的压缩算法,这使得该软件比其他同类 PC 压缩工具拥有更高的压缩率,尤其是可执行文件、对象链接库、大型文本文件等;②WinRAR 针对多媒体数据,提供了经过高度优化后的可选压缩算法;③WinRAR 支持的文件及压缩包大小达到 9 223 372 036 854 775 807 字节,约合 9 000 PB(事实上,对于压缩包而言,文件数量是没有限制的);④WinRAR 完全支持 RAR 及 ZIP 压缩包,并且可以解压缩 CAB,ARJ,LZH,TAR,GZ,ACE,UUE,BZ2,JAR,ISO,Z,7Z 格式的压缩包;⑤WinRAR 支持 NTFS 文件安全及数据流;⑥WinRAR 提供了 Windows 经典互交界面及命令行界面;⑦WinRAR 提供了创建"固实"压缩包的功能,与常规压缩方式相比,压缩率提高了 10%～50%,尤其是在压缩许多小文件时更为显著;⑧WinRAR 具备使用默认及外部自解压模块来创建并更改自解压压缩包的能力;⑨WinRAR 具备创建多卷自解压压缩包的能力;⑩WinRAR 提供了众多的功能,例如设置密码、添加压缩包及文件注释,即使压缩包因物理原因损坏也能修复,并且可以通过锁定压缩包来防止修改,身份认证信息可以作为安全保证来添加,WinRAR 会储存最后更新的压缩包名称的信息。

12.1.3 好压软件介绍

好压压缩软件(HaoZip)是强大的压缩文件管理器,完美支持 Windows7,是完全免费的新一代压缩软件,相比其他压缩软件占用更少的系统资源,拥有更好的兼容性,压缩率更高。

好压压缩软件的功能包括强力压缩、分卷、加密、自解压模块、智能图片转换、智能媒体文件合并等功能,支持鼠标拖动及外壳扩展。

好压压缩软件能解压 RAR,ACE,UUE,JAR,XPI,BZ2,BZIP2,TBZ2,TBZ,GZ,GZIP,TGZ,TPZ,LZMA,Z,TAZ,LZH,LZA,WIM,SWM,CPIO,CAB,ISO,ARJ,XAR,RPM,DEB,DMG,HFS 等多达 45 种格式文件,这是同类软件无法比拟的,并提供了对 ZIP,7Z 和 TAR 文件的完整支持。

好压压缩软件使用非常简单方便,配置选项不多,仅在资源管理器中就可以完成想做的所有工作,并且具有估计压缩功能,可以在压缩文件之前得到用 ZIP,7Z 两种压缩工具各三种压缩方式下的大概压缩率;还有强大的历史记录功能;而资源占用相对较少,强大的固实压缩、智能图片压缩和多媒体文件处理功能是大多压缩工具所不具备的。

12.2 下载工具软件

下载(download)是通过网络进行传输文件,把互联网或其他电子计算机上的信息保存到本地电脑上的一种网络活动。下载可以显式或隐式地进行,只要是获得本地电脑上所没有的信息的活动,都可以认为是下载。

12.2.1　下载原理简介

Web 下载方式分为 HTTP 与 FTP 两种类型,它们是计算机之间交换数据的方式,也是两种最经典的下载方式,该下载方式原理是用户使用两种规则(协议)和提供文件的服务器取得联系并将文件搬到自己的计算机中来,从而实现下载的功能。

BT 下载实际上是 P2P 下载,该种下载方式与 Web 方式正好相反,该种模式不需要服务器,而是在用户机与用户机之间进行传播,也可以说每台用户机都是服务器,讲究"人人平等"的下载模式,每台用户机在自己下载其他用户机上文件的同时,还提供被其他用户机下载的作用,所以使用该种下载方式的用户越多,其下载速度就会越快。

P2SP 下载方式是对 P2P 技术的进一步延伸,它不但支持 P2P 技术,同时还通过检索数据库这个桥梁把原本孤立的服务器资源和 P2P 资源整合到了一起,这样下载速度更快,同时下载资源更丰富,下载稳定性更强。

12.2.2　下载方式

HTTP 是最常见的网络下载方式之一。大部分软件的下载采用的就是 HTTP 方式。对于这种方式,一般可以通过 IE 浏览器或网际快车(FlashGet)、网络蚂蚁(NetAnts)等软件来下载。

FTP 也是一种很常用的网络下载方式。它的标准地址形式如

```
ftp://218.79.9.100/down/freezip23.zip
```

FTP 方式具有限制下载人数、屏蔽指定 IP 地址、控制用户下载速度等优点,所以,FTP 更显示出易控性和操作灵活性,比较适合于大文件的传输,如影片、音乐等。

RTSP 和 MMS 方式分别是由 Real Networks 和微软所开发的两种不同的流媒体传输协议。对于采用这两种方式的影视或音乐资源,原则上只能用 Real Player 或 Media Player 在线收看或收听;但是为了能够更流畅地欣赏流媒体,网上的各种流媒体下载工具也应运而生,像 StreamBox VCR 和 NetTransport(影音传送带)就是两款比较常用的流媒体下载工具。

ED2K 方式是一种 P2P 软件的专门下载方式,地址的标准形式如

```
ed2k://|file|abc.avi|695476224|7792363B4AC1F3763999E930BBF3D1|
```

地址一般是由文件名、文件大小和文件 ID 号码三个部分组成,这种地址一定要通过 Emule 或 Edonkey 等 P2P 软件才能进行下载。

12.2.3　迅雷软件介绍

迅雷于 2002 年底由邹胜龙先生及程浩先生始创于美国硅谷。2003 年 1 月底,创办者回国发展并正式成立深圳市三代科技开发有限公司(三代)。由于发展的需要,三代于 2005 年 5 月正式更名为深圳市迅雷网络技术有限公司(迅雷)。

迅雷使用的多资源超线程技术基于网格原理,能够将网络上存在的服务器和计算机资源进行有效的整合,构成独特的迅雷网络,通过迅雷网络各种数据文件能够以最快的速度进行传递。多资源超线程技术还具有互联网下载负载均衡功能,在不降低用户体验的前提下,迅雷网络可以对服务器资源进行均衡,有效降低了服务器负载。

迅雷软件的工作界面,如图 12.1 所示。

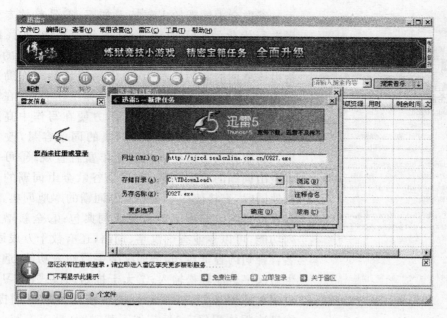

图 12.1　迅雷 5 工作界面

12.3　翻译工具

无论是平时浏览网页还是阅读文献都会或多或少遇到几个难懂的英文词汇,这时就要翻词典,或是借助计算机的翻译工具来翻译。计算机翻译工具主要分为翻译软件、在线词典和在线翻译三类。

12.3.1　翻译软件

翻译软件是安装在本地计算机上的,程序中附带了词汇表及词汇的基本信息,所以翻译软件的基本功能不依赖于网络;但如果遇到专业词汇,并且软件提供的基本词义不符合翻译的要求时,用户往往希望了解同行业的专业人员对这个单词的理解,在这种情况下,翻译软件就需要借助网络连接到软件公司的服务器,为使用者提供这个单词更为丰富的信息。

翻译软件的使用方法大同小异,主要翻译方法都是将要翻译的英文单词或是中文词语输入搜索栏中,再单击**查词**按钮,使用者马上就能看到该单词(词语)的翻译结果。有些翻译软件支持"屏幕取词"功能,即将光标移动到想要翻译的单词(词语)时,翻译的结果就会在光标的尾部弹出。

1. 谷歌金山词霸

谷歌金山词霸是金山与谷歌面向互联网翻译市场联合开发,适用于个人用户的免费翻译软件,如图 12.2 所示。

谷歌金山词霸分 5 M 极速版和本地增强版。5M 极速版体积仅 5.07 M,不带本地词典包;本地增强版则带 50 M 基础本地词典包。无论是极速版还是增强版,都可以通过谷歌金山词霸官网下载更多本地词典扩展包来添加更多本地词典。

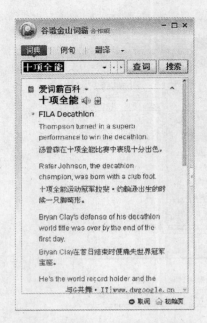

图 12.2　**谷歌金山词霸**工作界面

谷歌金山词霸的主要特点如下：①是首款专为写作翻译进行优化的金山词霸，全新的句库功能，90％以上的例句、情景会话有真人语音朗读，根据单词查例句的同时还会给出该单词的常用搭配组合；②新设计的写作助手交互方式，双击 Alt 键即可唤出、隐藏写作助手界面，在小巧的界面内快速查询、比较单词、释义，方便在写作中高速查词和输入；③扩大了英汉双向大词典的词条容量，改善查词结果。新版查词结果页面内容更丰富且直观；④可导入老版本金山词霸的本地词典，在享受谷歌金山词霸的全新功能特性同时，直接使用专业版金山词霸的本地词典，同时也可以通过官网下载更多免费专业词典包；⑤全新增加汉语系列功能，可以专业查询汉字、词语，还有数十万成语、诗词和名言警句内容资料；⑥增加汉字手写输入功能，遇到奇怪的生僻汉字也能轻松输入；⑦无干扰划词模式，若习惯在阅读时用鼠标划来划去，不会再被频繁弹出的划词提示骚扰；⑧极速版体积仅 5 M，节省下载时间，易于安装；⑨增加换肤功能，安装包自带三套风格皮肤，官网提供更多可更换的皮肤下载，让谷歌金山词霸充满活力。

2. 有道词典

有道词典结合了 Internet 在线词典和桌面词典的优势，除具备中英、英中、英英翻译、汉语词典功能外，创新的"网络释义"功能将各类新兴词汇和英文缩写收录其中，依托有道搜索引擎的强大技术支持及独创的"网络萃取"技术，配合以全面的 OCR 屏幕取词功能，提供最佳的翻译体验。有道词典工作界面，如图 12.3 所示。

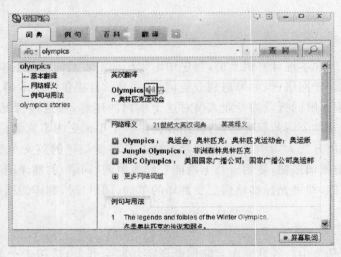

图 12.3　**有道词典**工作界面

3. 灵格斯

灵格斯（LINGOES）是一款简明易用的词典与文本翻译软件，支持全球超过 80 多个国家语言的词典查询、全文翻译、屏幕取词、索引提示和语音朗读功能。作为一个知识聚合访问平台,加入了图文并茂的百科全书、例句搜索、网络释义、简繁体中文自动转换等多项高级功能,为学习和工作,提供更加全面的知识和参考。

灵格斯提供了最直观的使用方法,帮助快速查询包括英语、法语、德语、西班牙语、俄语、中文、日语、韩语在内的 60 多种语言的翻译结果。使用灵格斯创新的屏幕取词功能,只需将鼠标指针移动到屏幕中的任何有单词的位置,按下 Ctrl 键,灵格斯就能智能地识别出该单词的内容及其所属的语言,即时显示出相应的翻译结果。

灵格斯是免费的,可以自由使用。它拥有当前主流商业词典软件的全部功能,并创新地引入了跨语言内核设计及开放式的词典管理方案,同时还提供了大量语言词典和词汇表下载,是学习各国语言、了解世界的最佳工具。灵格斯的工作界面,如图 12.4 所示。

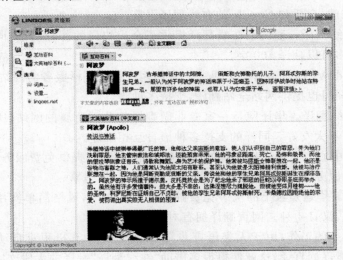

图 12.4　**灵格斯**的工作界面

12.3.2　在线词典

(1) 金山爱词霸。它是目前最好的线上词典工具之一。词汇量涵盖了 150 余本词典辞书,70 余个专业领域,28 种常备资料,中、日、英网际大辞海,提供在线及时更新,第一时间掌握流行词汇表。

(2) 海词在线词典。它由中国留学生范剑淼创建。正式使用于 2003 年 11 月 27 日。虽然它的词汇量没有爱词霸庞大,但是它提供了大量例句并配有真人发音,可以帮助矫正发音问题。

(3) 译典通。它的网站的所有者为英业达(上海)有限公司。译曲通提供了较大量的词汇并配有真人发音,同时可以查询同义词/反义词、词形变化等。另外还可以查询日语词汇,并配有日语、英语学堂。

(4) 雅虎字典。它一个最大的好处是能翻译网络词汇。在互联时代,像汉字一样,很多旧词有了新解,这时候就可以通过网络词汇来查找它的含意了。

(5) 百度词典。它的释义同样来自译典通,虽然没有太大改进,但其与搜索引擎的结合使百度词典拥有相当的用户。百度词典类似于 Handbook 一类的工具书。

(6) 星际译王。它提供了大量的词汇翻译,支持多语言翻译。不过要使用他的全部功能必须注册成为会员。星际译王还提供了 Firefox 插件。

（7）洪恩在线。在其中输入英文，可以查询英文常用词义、词根、词缀、词性、特殊形式、详细解释与例句、同义词、反义词、相关短语等；输入中文，可以查询对应英文单词。

12.3.3 在线翻译

（1）Google 在线翻译。Google（谷歌）的语言工具提供多种语言互译，包括阿拉伯文、保加利亚文、波兰语、朝鲜语、丹麦语、德语、俄语、法语等。同时还提供了全站翻译等。

（2）雅虎在线翻译。和谷歌相似，提供多种语言的全文翻译，翻译准确率较高。雅虎在线翻译提供了短句翻译与全文翻译两种功能。

（3）百度在线翻译。提供了比较简单的翻译功能，并可以使用 Google 的翻译工具。百度在线翻译使用了雅虎、金桥和 Google 的在线翻译引擎。

（4）爱词霸在线翻译。爱词霸在线翻译提供了金山快译的部分功能，同样提供了多种语言的互译，每次最多可以翻译 500 字。

（5）微软 Windows Live 翻译。它是一个专门用于提供翻译服务的网站，微软的翻译每次最多翻译 500 字，同时也提供网站全站翻译，支持多种语言。

（6）华译网在线翻译。华译网是一家专业做翻译的公司所属的网站，所提供的服务也比较专业。不过界面不太友好。同样的支持多种语言互相翻译。

（7）金桥翻译中心。它是比较老牌的线上翻译服务公司，提供免费服务和收费服务两种。收费服务属于人工服务。免费的服务采用了 Google 的翻译引擎。

（8）联通华建。华建是较早的从事免费翻译的网站之一，风格简单实用。短文翻译只提供英汉、汉英、日汉、汉日 4 种。网页翻译拥有对照功能。

翻译是一项复杂的工作，由于人类语言非常丰富，使得计算机很难自动从语言中找到语义，所以计算机只能逐词直译，这就使得很多借助"在线翻译"翻译的大段文字都出现缺少句子成分（缺少谓语的情况居多）。

12.4 多媒体播放软件

通常多媒体播放软件是指能播放以数字信号形式存储的视频或音频文件的软件。除了少数波形文件外，大多数多媒体播放软件携带解码器以还原经过压缩媒体文件，还要内置一整套转换频率以及缓冲的算法。早期的多媒体软件如 Winamp，Real Player，以及 Windows 自带的 Media Player 等都被称为"播放软件"，因为用户需要自己四处搜集音频和视频文件，而"播放软件"只是负责将这些文件播放出来。现在的多媒体软件在拥有传统"播放软件"功能的基础上，软件的开发公司还设立了服务器，为用户提供大量的多媒体资源。并且，由于网络技术的发展，用户已经可以不将多媒体文件下载到自己的计算机上，而是通过网络播放软件直接在线播放。

12.4.1 多媒体播放软件类别

（1）专门播放音频的播放器，如 Foobar 2000，Win MP3 Exp，Winamp，KuGoo，以及千千静听等。

（2）专门播放视频的播放器，如 KMPlayer，Real Player，Windows Media Player，

QuickTime,以及迅雷看看、变色龙万能播放器、暴风影音、影音风暴、超级兔子快乐影音和QQ影音等。

（3）网络电视播放专用的播放器，如 PPlive,PPStream,QQlive,以及沸点网络电视等。

（4）Flash 播放器，如 Adobe Flash Player 等。

（5）网页播放器。网页播放器是一种网页插件,Adobe Flash Player 运行制作好的页面后,它会调用系统自带的 Windows Media 播放器来播放事先设定好的歌曲。

12.4.2　暴风影音软件介绍

暴风影音采用 NSIS 封装,为标准的 Windows 安装程序,特点是单文件多语种(目前为简体中文＋英文),具有稳定灵活的安装、卸载、维护和修复功能,并对集成的解码器组合进行了尽可能的优化和兼容性调整,适合普通的大多数以多媒体欣赏或简单制作为主要使用需求的用户;而对于经验丰富或有较专业的多媒体制作需求的用户,建议自行分别安装适合自己需求的独立软件,而不是使用集成的通用解码包。

暴风影音提供对常见绝大多数影音文件和流的支持,包括 RealMedia,QuickTime,MPEG2,MPEG4(ASP/AVC),VP3/6/7,Indeo,FLV 等流行视频格式;AC3,DTS,LPCM,AAC,OGG,MPC,APE,FLAC,TTA,WV 等流行音频格式;3GP,Matroska,MP4,OGM,PMP,XVD 等媒体封装及字幕支持等。配合 Windows Media Player 最新版本可完成当前大多数流行影音文件、流媒体、影碟等的播放而无需其他任何专用软件。

12.4.3　酷狗音乐软件介绍

酷狗(KuGoo)是国内最大也是最专业的 P2P(点对点)音乐共享软件,拥有超过数亿的共享文件资料,深受全球用户的喜爱,拥有上千万使用用户。给予用户更多的人性化功能,实行多源下载,提升平时的下载速度。其工作界面,如图 12.5 所示。

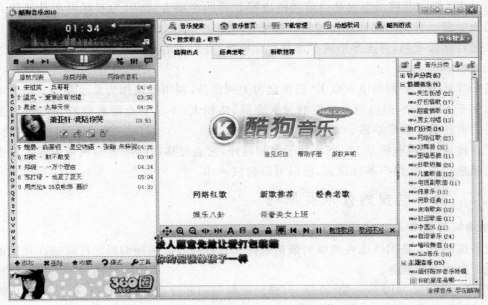

图 12.5　**酷狗音乐 2010** 工作界面

酷狗软件经测试,最快可以达到 500 Kb/s,可以更快、更高效率地搜索下载歌曲。它在国内最先提供在线试听功能,方便用户进行选择性的下载,减少下载不喜欢的歌曲。娱乐主页每天会提供大量最新的娱乐资讯,欧美、中文和日韩的最新大碟,单曲排行下载轻松掌握最前卫的流行动态,充分享受酷狗的精彩娱乐生活。酷狗还开放了音乐酷吧,让喜欢同一个歌手的歌迷们聚在一起。

酷狗具有强大的搜索功能,支持用户从全球酷狗用户中快速检索所需要的资料,还可以与朋友间相互传输影片、游戏、音乐、软件、图片。

酷狗拥有强大的网络连接功能,支持局域网、外网等各种网络环境,支持断点续传,实现超高速下载。它还具备聊天功能,并且可以与好友共享传输文件,让聊天,音乐,下载变得更加互动,还附带多功能的播放器。其文件共享让用户可以立即与伙伴之间共同分享自己电脑里的文件、数据、音乐等。为用户建立一个自由、自主、安全的世界局域网。

12.5 网络电视

网络电视又称 IPTV(interactive personality TV),它将电视机、个人电脑及手持设备作为显示终端,通过机顶盒或计算机接入宽带网络,实现数字电视、互动电视等服务,网络电视的出现给人们带来了一种全新的电视观看方法,它改变了以往被动的电视观看模式,实现了电视按需观看、随看随停。

12.5.1 网络电视的形式

从总体上讲,网络电视可根据终端分为 PC 平台、TV 平台(机顶盒)和手机平台(移动网络)三种形式。

通过 PC 机收看网络电视是当前网络电视收视的主要方式,因为互联网和计算机之间的关系最为紧密。目前已经商业化运营的系统基本上属于此类。基于 PC 平台的系统解决方案和产品已经比较成熟,并逐步形成了部分产业标准,各厂商的产品和解决方案有较好的互通性和替代性。

基于 TV 平台的网络电视以 IP 机顶盒为上网设备,利用电视作为显示终端。虽然电视用户大大多于 PC 用户,但由于电视机的分辨率低、体积大(不适宜近距离收看)等缘故,这种网络电视目前还处于推广阶段。

严格地说,手机电视是 PC 网络的子集和延伸,它通过移动网络传输视频内容。由于它可以随时随地收看,且用户基础巨大,所以可以自成一体。

12.5.2 网络电视的技术及原理

1. 视频编解码技术

视频编码技术是网络电视发展的最初条件。只有高效的视频编码才能保证在现实的互联网环境下提供视频服务。

H.264 或称为 MPEG-4 第 10 部分(高级视频编码部分)是由 ITU-T 和 ISO/IEC 再次联手开发的最新一代视频编码标准。由于它比以前的标准在设计结构、实现功能上作了进一步改进,使得在同等视频质量条件下,能够节省 50% 的码率,且提高了视频传输质量的可控性,并具有较强的差错处理能力,适用范围更广。在低码率情况下,32 Kb/s 的 H. 264 图像质量相当于 128 Kb/s 的 MPEG-4 图像质量。H. 264 可应用于网络电视、广播电视、数字影院、远程教育、会议电视等多个行业。

除了 ITU-T 和 ISO/IEC 两个国际标准化组织制定的视频编码标准以外,美国微软公司和 Real Network 公司都有自己的视频编码标准,是常用的网络电视标准。

2. 流媒体技术

流媒体(streaming media)技术是采用流式传输方式使音视频(A/V)及三维(3D)动画等多媒体能在互联网上进行播放的技术。流媒体技术的核心是将整个 A/V 等多媒体文件经过特殊的压缩方式分成一个个压缩包,由视频服务器向用户终端连续地传送,因而用户不必像下载方式那样等到整个文件全部下载完毕,而是只需要经过几秒或几十秒的启动延时,即可在用户终端上利用解压缩设备(或软件),对压缩的 A/V 文件解压缩后进行播放和观看。多媒体文件的剩余部分可在播放前面内容的同时,在后台的服务器内继续下载,这与单纯的下载方式相比,不仅使启动延时大幅度缩短,而且对系统的缓存容量需求也大大降低。流媒体技术的发明使得用户在互联网上获得了类似于广播和电视的体验,它是网络电视中的关键技术。

3. 内容分发技术

Internet 最初是一种数据通信网,主要提供点对点的传递服务。基于这种模式提供电视广播服务,不仅造成服务器资源、带宽资源的大量浪费,而且使得服务质量难以控制。为此,需要在互联网中采用类似于广播的内容分发技术(CDN),来降低服务器和带宽资源的无谓消耗,提高服务品质。CDN 中的关键技术包含以下几个方面:①内容发布,它借助于建立索引、缓存、流分裂、组播(multicast)等技术,将内容发布或投递到距离用户最近的远程服务点(POP)处;②内容路由,它是整体性的网络负载均衡技术,通过内容路由器中的重定向(DNS)机制,在多个远程 POP 上均衡用户的请求,以使用户请求得到最近内容源的响应;③内容交换,它根据内容的可用性、服务器的可用性以及用户的背景,在 POP 的缓存服务器上,利用应用层交换、流分裂、重定向(ICP, WCCP)等技术,智能地平衡负载流量;④性能管理,它通过内部和外部监控系统,获取网络部件的状况信息,测量内容发布的端到端性能,如包丢失、延时、平均带宽、启动时间、帧速率等),保证网络处于最佳的运行状态。

CDN 的工作使 Internet 具有广播电视网的特征,从而为网络电视的发展开辟了道路。

4. 数字版权管理技术

网络电视要实现产业化发展,必须要具备类似于电视条件接收(CA)那样的技术,实现有偿服务。数字版权管理(DRM)就是类似的授权和认证技术,它可以防止视频内容的非法使用。DRM 主要采用数据加密、版权保护、数字水印和签名技术。

数据加密采用一定的数字模型,对原始信息进行重新加工,使用者必须提供密码。版权保护是,先将可以合法使用作品内容的条款和场所进行编码,嵌入文件中,只有当条件满足时,作品才可以被允许使用。数字水印将代表著作权人身份的特定信息、发行商的信息和使用条款嵌入数据中。即使数据被破坏,只要破坏不严重,水印都有效,它能给作品打上水印记,防止使用者非法传播。

12.5.3 流行网络电视软件

PPLive 是最流畅的网络视频。PPStream 是能点播的网络电视。QQ 网络电视(QQlive)

是边聊边看的网络电视。

天人网络电视是一款万能 P2P 网络电视软件，提供 NBA 直播、CCTV5 在线直播、英超直播、网络电视直播等服务，是国内最大的网络电视服务提供商，聚合了 pps 网络电视下载、pplive 网络电视、UUSee 网络电视、QQlive 等十几种软件的在线直播。

UUSee 网络电视是"悠视网"研发的网络电视。TVUPlayer 有很多频道，还有台湾、英文频道。当 CCTV5 没直播，一般网络电视没直播，用户会发现在 Sopcast 上有。

沸点网络电视是一款免费、高速的网络电视软件，提供丰富的体育、娱乐、资讯类节目。

中华网视 CCIPTV 是中国最大的新一代网络电视门户软件，这里拥有众多的国内外网络电台、网络电视频道。

TVants 是一种全新的流媒体播放软件，它的核心技术类似于现在非常流行的 BT（BitTorrent），即一个播放结点同时和数个播放结点交换（提供或索取）数据，使得带宽的占用达到最大化，获得最佳的播放效果。

聆讯网络电视是一款用于 Internet 上大规模视频直播的共享免费软件，该软件采用多点下载，网状模型的 P2P 技术，具有人越多播放越流畅的特性。

12.5.4　PPStream 软件介绍

PPStream 是一套完整的基于 P2P 技术的流媒体大规模应用解决方案，包括流媒体编码、发布、广播、播放和超大规模用户直播。能够为宽带用户提供稳定和流畅的视频直播节目。与传统的流媒体相比，PPStream 采用了 P2P-Streaming 技术，具有用户越多播放越稳定，支持数万人同时在线的大规模访问等特点。

PPStream 客户端可以应用于网页、桌面程序等各种环境。PPS 播放器是 PPS 网打造的一款全新网络电视收看软件，用户使用 PPS 播放器可以免费收看 1 500 多路新颖频道，共计 3 000 多个精彩节目。PPStream 提供精简、标准、全屏、双倍 4 种播放模式，窗口大小可以任意调节，置顶播放方式，避免无关操作影响观看。

12.6 聊 天 软 件

聊天软件又称 IM 软件或者 IM 工具，主要提供基于互联网络的客户端进行实时语音、文字传输。从技术上讲，主要分为基于服务器的 IM 工具软件和基于 P2P 技术的 IM 工具软件。

Instant messaging（即时通信，实时传讯）的缩写是 IM，这是一种可以让使用者在网络上建立某种私人聊天室（chatroom）的实时通信服务。大部分的即时通信服务提供了状态信息的特性——显示联络人名单，联络人是否在线及能否与联络人交谈。目前在 Internet 上受欢迎的即时通信软件包括百度 Hi，QQ，MSN Messenger，AOL Instant Messenger，Yahoo! Messenger，NET Messenger Service，Jabber，ICQ 等。

通常 IM 服务会在使用者通话清单（类似电话簿）上的某人连上 IM 时发出信息通知使用者，使用者便可据此与此人透过互联网开始进行实时的通信。除了文字外，在频宽充足的前提下，大部分 IM 服务也提供视讯通信。实时传讯与电子邮件最大的不同在于不用等候，不需要每隔两分钟就单击一次**传送与接收**，只要两个人都同时在线，就能像多媒体电话一样，传送文字、档案、声音、影像给对方，只要有网络，无论对方在天涯海角，或是双方隔得多远都没有距离。

12.6.1 主要的聊天工具

（1）Jabber。Jabber 是一个以 XML 为基础，跨平台、开放原始码，且支持 SSL 加密技术之实时通信协议。Jabber 的开放式架构，让世界各地都可以拥有 Jabber 的服务器，不再受限于官方。不仅如此，一些 Jabber 的爱好者，还尽心研发出 Jabber 的协议转换程序，让 Jabber 使用者还能与其他实时通信程序使用者交谈，这是其他知名实时通信软件无法做到的。

（2）IRC。IRC 是 Internet relay chat 的缩写，一般说来，它就是多人在线实时交谈系统，也就是一个以交谈为基础的系统。在 IRC 之中，可以好几个人加入某个相同的频道，来讨论相同的主题，这类频道称为 channel。一个人可以加入不止一个频道，这点与 News 的特色是非常类似的。IRC 是由芬兰的 Jarkko Oikarinen 在 1988 年开发的。起初的目的是要让他的布告栏（bulletinboard）使用者除了可以看文件之外，还可以做在线实时的讨论。当 IRC 被用来报导现实生活的 Gulf 战争（1991 年）之后，IRC 就有慢慢分家的趋势。到如今，IRC 已经是一个与布告栏脱离的独立系统。至今，已经有超过 60 个的国家使用这套系统。

（3）ICQ。ICQ 的意思是 I seek you。1996 年 7 月，Yair Goldfinger（26 岁）、Arik Vardi（27 岁）、Sefi Vigiser（25 岁）和 Amnon Aimr（24 岁）4 个以色列年轻人在使用 Internet 时，深感实时和朋友联络十分不便，于是为了在 Internet 上建立一个实时的联络方式，而成立了 Mirabilis 公司。1996 年 11 月，第一版 ICQ 产品在 Internet 上发表。立刻被网友们接受，然后就像传道一样，一传十、十传百地在网友间互相介绍这样产品。由于反映出奇地好，这家刚成立不久的公司，就拥有 Internet 历史上最大的下载率。到了 1997 年 5 月就有 85 万个使用者注册，在一年半后，就有 1 140 万个使用者注册，其中有 600 万人有在使用 ICQ，每天还有将近 6 万人进行注册。1998 年 6 月，美国知网络服务公司（American Online，AOL）公司看准了这个 1 000 多万的人潮，花了 4 亿美金，收购了研发 ICQ 的以色列 Mirabilis 软件公司，这个记录创下了网络发展史上的另一个奇迹。

（4）MSN。MSN 是 Windows live Messenger 的缩写。MSN 是一种 Internet 软件，它基于 Microsoft 高级技术，可使用户更有效地利用 Web。MSN 是一种优秀的通信工具，使 Internet 浏览更加便捷，并通过一些高级功能加强了联机的安全性。这些高级功能包括家长控制、共同浏览 Web、垃圾邮件保护器和定制其他。

（5）QQ。QQ 是深圳腾讯公司于 1999 年 2 月 11 日推出的一款免费即时通信软件及其相关娱乐工具。QQ 支持在线聊天、视频电话、点对点断点续传文件、共享文件、网络硬盘、自定义面板、QQ 邮箱等多种功能。并可与移动通信终端等多种通信方式相连。QQ 在线用户由 1999 年的 2 人到现在已经发展到上亿，在线人数超过一亿，是目前使用最广泛的聊天软件之一。

（6）百度 Hi。2008 年 2 月 29 日，各大技术类网站都发表消息，传闻已久的百度 IM 软件终于开始了内测，名字确定为"百度 Hi"。随之而来的是铺天盖地的媒体报道，而百度官方并未自行公布细节。根据各大网站的资料分析，由于内测的关系，安装后暂时只能看看其安装目录的文件以及界面。安装文件不大，只有 5.24 M，安装目录的文件也不多，表情有 58 个，头像有 28 个（包括 6 个群头像）。百度 Hi 是一款集文字消息、音视频通话、文件传输等功能的即时通信软件，通过它可以方便地找到志同道合的朋友，并随时与好友联络感情。百度推出 IM 目的在于为百度进军 C2C 市场做出提前准备，IM 作为电子商务最有效的一种沟通工具，百度自然不可能使用其他企业的产品作为用户交流工具。另外还有一个推出 IM 的原因，那就是强化百度社区、百度贴吧用户群体的稳定性。

(7) 商讯 BB。商讯 BB 又名商讯宝贝、商讯宝宝、商讯贝贝,是重庆中商科技集团耗时三年半,投资数百万潜心研发的一款功能强大的 Web 通信软件。它具有安全可靠、技术稳定等特性,同时具有无需下载即可使用、操作简便,适应用户日常使用习惯的特点。商讯 BB 拥有语音、视频、文件传输、离线短信息通知、免费电话回呼和手机登录客户端管理等一系列强大的即时通信功能,可以轻松满足用户在线咨询、在线交流、互动聊天、在线交易、交好友等上网需求;适用于各大电子商务网站,如 B2B 网站、B2C 网站和 C2C 模式网站的在线应用,同时也非常适用于各大娱乐、资讯门户网站,如博客网、社区网站、交友网站和各大行业综合门户网站。商讯 BB 通信软件平台,可以根据网站的不同需求,完全定制和 OEM,客户端界面、聊天窗口等都是可以自定义设计的,同时可以为网站带来如下新赢利模式,关键字广告、精准搜索广告、内容页聊天窗口广告、系统消息平推广告、客户端广告和聊天窗口广告、电信增值业务等。

(8) 阿里旺旺。阿里旺旺是将原先的淘宝旺旺与阿里巴巴贸易通整合在一起的新品牌,是淘宝网和阿里巴巴为商人度身定做的免费网上商务沟通软件。它能帮助用户轻松找客户,发布、管理商业信息;及时把握商机,随时洽谈做生意!这个品牌分为阿里旺旺(淘宝版)与阿里旺旺(贸易通版)、阿里旺旺(口碑网版)三个版本。

(9) 新浪 UC。UC(universal communication)是新浪 UC 信息技术有限公司开发的,融合了 P2P 思想的下一代开放式即时通信的网络聊天工具。

12.6.2　常见的盗号手段

目前,不法分子常用的盗号手段主要包括三种类型。

(1) 传播病毒。不法分子通过制作或购买盗取 QQ 等即时通信工具密码的病毒,即盗号木马,并利用操作系统漏洞等方式入侵用户电脑,当用户登录即时通信工具时,密码就会被不法分子获取。目前,计算机病毒是最主要的盗号原因。

(2) 对简单密码的试探和暴力破解。有些用户设置的密码过于简单,如 123456 等,盗号者通过试探常见的简单密码可以"猜中"密码。此外,盗号者还可能使用大量枚举密码的工具软件暴力破解某些用户的密码。

(3) 骗取密码。不法分子可能会假冒用户的好友用即时通信工具询问密码或与密码相关的内容。例如,"hi,还记得我吗,我的 QQ 怎么传不了文件了,把你的 QQ 给我用一下吧,传完文件就还给你好吗?"

还有一类常见的骗取密码方法是通过制作一个假冒官方网站,诱骗用户输入账号和密码登录。当用户登录时,输入的账号和密码就被发送到不法分子预先指定的邮箱地址。这种形式被安全业界人士称为网络钓鱼,也常被应用在假冒的网络银行网站上。

12.7 系统处理工具软件

系统处理工具软件主要介绍光盘刻录工具、数据恢复工具和系统备份与恢复工具。

12.7.1　光盘刻录工具

光驱可以用来刻录光盘,但并非所有的光驱都可以刻录光盘,可以刻录光盘的光驱称为光盘刻录机,如 CD-R 和 CD-RW 都是光盘刻录机。CD-R 光盘刻录机只能使用 CD-R 光盘,而且只能刻录一次;而 CD-RW 光盘刻录机器则可以使用 CD-R 和 CD-RW 光盘。使用 CD-RW 光盘时,可以重复多次刻录资料。除了买光盘刻录机外,还要安装光盘刻录软件,如 Easy-CD Pro,Nero,WinOnCD 等,都是常用的刻录软件。通常购买光盘刻录机,都会附赠刻录软件。有了光盘刻录机和刻录程序后,就可以刻录光盘了。

目前市面上存在着 DVD-R,DVD-RW,以及 DVD+R,DVD+RW 等不同格式的盘片。DVD-R/RW 是日本先锋公司研发出的,被 DVD 论坛(目前的 DVD 格式标准主要由这个组织确定)认证的 DVD 刻录技术之一。DVD-R 的全称为 DVD-Recordable(可记录式 DVD),为区别于 DVD+R,它被定义为 write once DVD(一次写入式 DVD)。DVD-RW 的全称为 DVD-ReWritable(可重写式 DVD),为区别于 DVD+RW,被定义为 re-recordable DVD(可重记录型 DVD)。

DVD+R/RW 是由索尼、飞利浦、惠普共同创建的 DVD+RW Alliance 组织(区别于上文提到的 DVD 论坛,是与之相抗衡的另一 DVD 标准制定组织)研发的。为了与 DVD-R/RW 区分,DVD+R 被称为 DVD Recordable(可记录式 DVD),DVD+RW 被称为 DVD ReWritable(可重写式 DVD)。DVD+R/RW 跟 DVD-R/RW 仅仅是格式上不同,因此售价也相差不多。

NERO 是光盘刻录界中比较知名的刻录软件,在刻录机用户中的使用率极高。NERO 在功能上来说并非只是单一的光盘刻录,在影音刻录和媒体格式转换方面,NERO 也是有一套很齐全的插件的。等于说只要是跟光盘刻录沾边的事情,NERO 都能帮助您解决,就连最近的光雕盘片刻录,NERO 都能提供良好的支持。

12.7.2　数据恢复工具

电子数据恢复是指通过技术手段,将保存在台式机硬盘、笔记本硬盘、服务器硬盘、存储磁带库、移动硬盘、U 盘、数码存储卡、MP3 等设备上丢失的电子数据进行抢救和恢复的技术。

1. 分区

硬盘存放数据的基本单位为扇区,可以理解为一本书的一页。当装机或买来一个移动硬盘,第一步便是为了方便管理进行分区。无论用何种分区工具,都会在硬盘的第一个扇区标注上硬盘的分区数量、每个分区的大小、起始位置等信息,术语称为主引导记录(MBR),也有人称为分区信息表。

当主引导记录因为各种原因(硬盘坏道、病毒、误操作等)被破坏后,一些或全部分区自然就会丢失不见了,根据数据信息特征,可以重新推算计算分区大小及位置,手工标注到分区信息表,将“丢失”的分区找回来。

2. 文件分配表

为了管理文件存储,硬盘分区完毕后,接下来的工作是格式化分区。格式化程序根据分区大小,合理地将分区划分为目录文件分配区和数据区,就像书本,前几页为章节目录,后面才是真正的内容。文件分配表内记录着每一个文件的属性、大小、在数据区的位置。对所有文件的操作,都是根据文件分配表来进行的。

文件分配表遭到破坏以后,系统无法定位到文件,虽然每个文件的真实内容还存放在数据区,系统仍然会认为文件已经不存在。数据丢失了,就像一本小说的目录被撕掉一样。要想直接去想要的章节,已经不可能了,要想得到想要的内容(恢复数据),只能凭记忆知道具体内容的大约页数,或每页(扇区)寻找需要的内容。

3. 格式化与删除

向硬盘里存放文件时,系统首先会在文件分配表内写上文件名称、大小,并根据数据区的空闲空间在文件分配表上继续写上文件内容在数据区的起始位置。然后开始在数据区写上文件的真实内容,一个文件存放操作才算完毕。

删除操作却简单得很,当需要删除一个文件时,系统只是在文件分配表内在该文件前面写一个删除标志,表示该文件已被删除,它所占用的空间已被"释放",其他文件可以使用。所以,当删除文件又想找回它(数据恢复)时,只需用工具将删除标志去掉,数据被恢复回来了。当然,前提是没有新的文件写入,该文件所占用的空间没有被新内容覆盖。

格式化操作和删除相似,都只操作文件分配表,不过格式化是将所有文件都加上删除标志,或干脆将文件分配表清空,系统将认为硬盘分区上不存在任何内容。格式化操作并没有对数据区做任何操作,目录空了,内容还在,借助数据恢复知识和相应工具,数据仍然能够被恢复回来。

注意 格式化并不是 100%能恢复,有的情况磁盘打不开,需要格式化才能打开。如果数据重要,千万别尝试格式化后再恢复,因为格式化本身就是对磁盘写入的过程,会破坏残留的信息。

4. 理解覆盖

数据恢复工程师常说:"只要数据没有被覆盖,数据就有可能恢复回来"。因为磁盘的存储特性,当不需要硬盘上的数据时,数据并没有被拿走。删除时系统只是在文件上写一个删除标志,格式化和低级格式化也是在磁盘上重新覆盖写一遍以数字 0 为内容的数据,这就是覆盖。

一个文件被标记上删除标志后,它所占用的空间在有新文件写入时,将有可能被新文件占用覆盖写上新内容。这时删除的文件名虽然还在,但它指向数据区的空间内容已经被覆盖改变,恢复出来的将是错误异常内容。同样文件分配表内有删除标记的文件信息所占用的空间也有可能被新文件名文件信息占用覆盖,文件名也将不存在了。

当将一个分区格式化后,拷贝上新内容,新数据只是覆盖掉分区前部分空间,去掉新内容占用的空间,该分区剩余空间数据区上无序内容仍然有可能被重新组织,将数据恢复出来。

同理,克隆、一键恢复、系统还原等造成的数据丢失,只要新数据占用空间小于破坏前空间容量,数据恢复工程师就有可能恢复需要的分区和数据。

5. 硬件故障数据恢复

硬件故障占所有数据意外故障一半以上,常有雷击、高压、高温等造成的电路故障,高温、振动碰撞等造成的机械故障,高温、振动碰撞、存储介质老化造成的物理坏磁道扇区故障,当然还有意外丢失损坏的固件 BIOS 信息等。

硬件故障的数据恢复当然是先诊断,对症下药,先修复相应的硬件故障,然后根据修复其他软故障,最终将数据成功恢复。

电路故障需要有电路基础,需要更加深入了解硬盘详细工作原理流程。机械磁头故障需要 100 级以上的工作台或工作间来进行诊断修复工作。另外还需要一些软硬件维修工具配合来修复固件区等故障类型。

6. 数据恢复软件 EasyRecovery

EasyRecovery 是世界著名数据恢复公司 Ontrack 的技术杰作。其 Professioanl(专业)版更是囊括了磁盘诊断、数据恢复、文件修复、E-mail 修复 4 大类目 19 个项目的各种数据文件修复和磁盘诊断方案。

　　EasyRecovery 支持的数据恢复方案包括：①高级恢复，使用高级选项自定义数据恢复；②删除恢复，查找并恢复已删除的文件；③格式化恢复；从格式化过的卷中恢复文件；④Raw 恢复，忽略任何文件系统信息进行恢复；⑤继续恢复，继续一个保存的数据恢复进度；⑥紧急启动盘，创建自引导紧急启动盘。

　　EasyRecovery 支持的磁盘诊断模式包括：①驱动器测试，测试驱动器以寻找潜在的硬件问题；②SMART 测试，监视并报告潜在的磁盘驱动器问题；③空间管理器，磁盘驱动器空间情况的详细信息。

　　EasyRecovery Professioanl 版的工作界面，如图 12.6 所示。

图 12.6　EasyRecovery Professioanl 版的工作界面

12.7.3　系统备份与恢复工具

　　备份与恢复工具承担着事前备份与事后恢复的职能。在当前高速发展的网络环境下，任何一个网络上的信息系统都不可能保证绝对的安全。只要有网络存在，就会有来自网络的形形色色的威胁。为了抵御网络的攻击和入侵，虽然引入了日趋成熟的入侵检测系统、防火墙系统等，黑客们的入侵手段也日益高明，他们总能找到这些系统的安全漏洞及不足进行入侵，因而网络入侵所引起的安全事件呈逐年增加之势。

　　在这种情况下，用户难以保证网络中关键系统的绝对安全，因而就需要采用备份及恢复技术。备份及恢复技术就是使用存储介质和一定的策略，定期将系统业务数据备份下来，以保证数据意外丢失时能尽快恢复，将用户的损失降到最低点。它是信息安全学科中一种非常重要的核心技术。

　　Ghost(general hardware oriented software transfer，面向通用型硬件系统传送器)软件是美国赛门铁克公司推出的一款出色的硬盘备份还原工具，可以实现 FAT16，FAT32，NTFS，OS2 等多种硬盘分区格式的分区及硬盘的备份还原，俗称克隆软件。

　　Ghost 的备份还原是以硬盘的扇区为单位进行的，也就是说可以将一个硬盘上的物理信息完整复制，而不仅仅是数据的简单复制；克隆人只能克隆躯体，但 Ghost 却能克隆系统中所有的数据,包括声音、动画、图像,连磁盘碎片都可以复制。Ghost 支持将分区或硬盘直接备份到一个扩展名为 gho 的文件里(赛门铁克将这种文件称为镜像文件),也支持直接备份到另一个分区或硬盘里。

　　新版本的 Ghost 包括 DOS 版本和 Windows 版本。由于 DOS 的高稳定性,且在 DOS 环境中备份 Windows 操作系统,已经脱离了 Windows 环境,建议备份 Windows 操作系统,使用 DOS 版本的 Ghost 软件。因为 Ghost 在备份还原是按扇区来进行复制,所以在操作时一定要小心,不要把目标盘(分区)弄错了。

　　Ghost32 11.0 的工作界面,如图 12.7 所示。

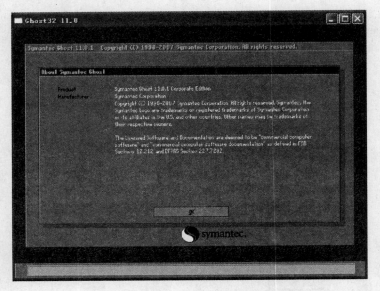

图 12.7　Ghost32 11.0 的工作界面